Kohlhammer

Walter L. Schönwandt

Planung in der Krise?

Theoretische Orientierungen
für Architektur, Stadt- und Raumplanung

Verlag W. Kohlhammer

Die Deutsche Bibliothek – CIP-Einheitsaufnahme

Schönwandt, Walter:
Planung in der Krise : theoretische Orientierungen für Architektur, Stadt- und Raumplanung / Walter L. Schönwandt. – Stuttgart : Kohlhammer, 2002

ISBN 978-3-8348-1635-1   ISBN 978-3-663-01234-4 (eBook)
DOI 10.1007/978-3-663-01234-4

Most theory embryos never attain adulthood, either because they are killed by empirical data, or because the people handling them do not know how to cultivate them ...

Mario Bunge

Alle Rechte vorbehalten
© 2002 W. Kohlhammer GmbH Stuttgart
Umschlag: Gestaltungskonzept Peter Horlacher
Gesamtherstellung: W. Kohlhammer Druckerei GmbH + Co. Stuttgart

Inhalt

Vorwort 7

Teil I: Konstrukte zur Beschreibung von Planung

1	Sieben Planungsmodelle	13
	Das rationale Planungsmodell	13
	Das Modell der Advokatenplanung	17
	Das (neo)marxistische Planungsmodell	20
	Das Modell der sozial gerechten Planung	21
	Das Modell des sozialen Lernens und des kommunikativen Handelns	22
	Das radikale Planungsmodell	26
	Das liberale Planungsmodell	28
2	Grundriss einer Planungstheorie der „Dritten Generation" ...	30
	Drei Generationen von Planung	30

Teil II: Konstrukte zur Bearbeitung von Planungsaufgaben

3	Das semiotische Dreieck - Ein gedankliches Werkzeug beim Planen	62
3.1	Die Komponenten des semiotischen Dreiecks	69
3.2	Das Bilden von Begriffen	78
3.3	Relationen	85
3.4	Wirkungsmechanismen	86
3.5	Das Bilden von Konstrukten	107
3.6	Schemata, mentale Modelle, Metaphern und Analogien	110
3.7	Bedeutung von Konstrukten	117
3.8	Die Beziehungen im semiotischen Dreieck	125
3.9	Attribute von Konstrukten	129
3.10	Konsequenzen für die Planung	134
3.11	Fehlermöglichkeiten	138
3.12	Planerische Regeln	148
3.13	Fazit	162
4	Literatur	165

Verzeichnis der Abbildungen

Abbildung 1:	Der Funktionskreis	38
Abbildung 2:	Grundschema Planung	40
Abbildung 3:	Grundschema Planung mit ergänzenden Stichworten	47
Abbildung 4:	Das semiotische Dreieck	65
Abbildung 5:	Arten von Konstrukten	77
Abbildung 6:	Ein System möglicher Stadtmodelle von Gerd Albers	123
Abbildung 7:	Das semiotische Dreieck (erweitert)	125

Verzeichnis der Tabellen

Tabelle 1:	Denkfallen beim Planen	54/55
Tabelle 2:	Rationales Planungsmodell versus Planungstheorie der „Dritten Generation": Vergleich einiger Annahmen	56
Tabelle 3:	Konstrukte und Gegenstände	67
Tabelle 4:	Arten semiotischer Interpretation	129
Tabelle 5:	Wie wird eine planerische Regel auf der Grundlage einer Zusammenhangsaussage gebildet?	153

Vorwort

Jeder plant. Jeder Bauherr, jede Gemeinde, jede Stadt, jedes Land und jede Firma muss die eigenen Aktionen planen, um die begrenzten Ressourcen – zum Beispiel Geld, Flächen usw. – möglichst vorteilhaft einzusetzen; letztlich setzt jede Art von Investition ein Mindestmaß an Planung voraus.

Während wir also tagtäglich planen, hat sich zwischen Theorie und Praxis eine erhebliche Kluft aufgetan. Die Bemühungen, Planungen wissenschaftlich zu begleiten und zu unterstützen, scheinen in den vergangenen Dekaden an neuralgischen Punkten auf der Stelle zu treten.

Dieses Buch konzentriert sich auf zwei dieser neuralgischen Punkte im Zusammenhang mit dem Thema „Konstrukte". Was sind Konstrukte? Dieser Ausdruck umfasst im Wesentlichen Begriffe, Propositionen (Aussagen), Kontexte und Theorien. Konstrukte sind die Träger unseres Wissens und zugleich der konzeptuelle Kern einer Planungsaufgabe, vor allem leiten sie unsere Planungshandlungen. Sie bieten somit Erkenntnis und Orientierung.

Folgende Thesen liegen dem Text zugrunde:

Erstens: Was die Konstrukte zur Beschreibung von Planung – „constructs of planning" – angeht, fehlt es gegenwärtig an Ansätzen, möglichst viele Aspekte, die beim Planen eine Rolle spielen, möglichst schlüssig zu integrieren. Solche Ansätze sind nicht zuletzt deshalb von Nutzen, weil sie helfen, wichtige Aspekte beim Planen nicht zu übersehen.

Zweitens: Bei den Konstrukten zur Bearbeitung von Planungsaufgaben – „constructs in planning" – haben wir es häufig mit folgender Schwierigkeit zu tun: Obwohl Konstrukte der konzeptuelle Kern einer Planungsaufgabe sind und deshalb einen entscheidenden Einfluss sowohl auf die Beschreibung der Ausgangssituation beim Planen als auch auf die jeweils in Betracht gezogenen Lösungen haben, gibt es bisher kaum Arbeiten, die Hilfestellung bei der Erarbeitung dieser Konstrukte bieten. Es wäre deshalb von erheblichem Nutzen, theoretisch fundierte Hilfsmittel zur Verfügung zu haben, welche die Bearbeitung von Konstrukten unterstützen und leiten.

Vor dem Hintergrund dieser beiden Thesen ist das Buch in zwei Teile gegliedert, die sich, was den Detaillierungsgrad der Darstellung angeht, unterscheiden.

Um die erste These auch für jene Leser nachvollziehbar zu machen, die sich nicht oder nur am Rande mit der einschlägigen Literatur befasst haben, werden zu Beginn des ersten Teils dieses Buches – mit dem Titel „Konstrukte zur Beschreibung von Planung" – zunächst diejenigen Planungsmodelle in knapper Form umrissen, welche die Diskussionen im Fachgebiet Planungstheorie in den vergangenen vier Jahrzehnten maßgeblich beherrscht haben; dieser Überblick spiegelt zumindest ansatzweise die Spannweite planungstheoretischer Themenstellungen wider. Die beschriebenen Planungsmodelle haben jeweils in einem bestimmten historischen Kontext bedeutsame Anstöße geliefert und sind auch heute keineswegs überholt.

Diese Darstellung illustriert jedoch auch, dass – seit der Abkehr vom „rationalen" Planungsmodell – die Diskussionen in der Planungstheorie meist dadurch geprägt sind, dass vor allem Einzelaspekte des Planungsprozesses betont und damit in den Vordergrund gerückt werden. Die Diskussionen haben sich bisher nicht zu einem Ansatz verdichtet, der möglichst viele Aspekte, die beim Planen eine Rolle spielen, möglichst schlüssig integriert und in einen systematischen Zusammenhang stellt.

Aus diesem Grund wird als nächstes eine systemische „Planungstheorie der 'dritten Generation'" in ihren Grundzügen vorgestellt, welche der Vielschichtigkeit des Planungsprozesses möglichst weit gerecht werden soll; sie geht im Wesentlichen auf Claus Heidemann beziehungsweise Jakob von Uexküll zurück. Diese Theorie umfasst die inhaltlichen, das heißt räumlichen, sozialen, politischen, ökologischen und wirtschaftlichen Aspekte der jeweiligen Planungsaufgabe, außerdem schließt sie die Restriktionen unserer Wahrnehmungsfähigkeit und unseres Denkvermögens ein, ebenso die Grenzen planerischer Eingriffsmöglichkeiten. Darüber hinaus stellt sie den Bezug zum relevanten theoretischen Hintergrund her, besonders den semiotischen, epistemologischen und ethischen Komponenten des Planens. Die Darstellung konzentriert sich auf die Grundzüge dieser Theorie, mit der Folge, dass die Erläuterungen der einzelnen Bestandteile stichwortartig und lückenhaft bleiben; was die Einzelaspekte angeht, werden jeweils nur ein oder zwei Punkte angerissen, schließlich bietet fast jedes einzelne Teilthema dieser Theorie genug Substanz für mehrere Bücher.

Vor dem Hintergrund der zweiten oben beschriebenen These, wird im zweiten Teil dieses Buches – mit dem Titel „Konstrukte zur Bearbeitung von Planungsaufgaben" – ein Teilthema dieser „Planungstheorie der ‚dritten Generation'" herausgegriffen und detailliert beschrieben: Beim Planen geht es – abstrakt formuliert – meist darum, irgend etwas an einer als nachteilig empfundenen Sachlage durch überlegtes Handeln zu verbessern. Das allerdings setzt voraus, dass der Planer ein möglichst zutreffendes Verständnis dieser „Sachlage" hat. Benötigt werden deshalb geeignete Konstrukte zur Beschreibung des Planungsproblems. Schließlich geht es beim Planen keineswegs immer um die Anwendung „gebrauchsfertiger" Konstrukte, vielmehr muss das benötigte Wissen oft erst erarbeitet oder an die jeweilige Planungssituation angepasst werden. Während es jedoch beispielsweise eine Vielzahl von Arbeiten gibt, in denen dargelegt wird, wie Bewertungsprozesse, Kommunikationsprozesse etc. beim Planen strukturiert und organisiert werden können, fehlt es bislang an Erläuterungen, die Hilfestellung bei der Erarbeitung der Konstrukte zur Beschreibung einer Planungsaufgabe bieten, dem Ausgangspunkt unserer Planungsempfehlungen und -handlungen. Im zweiten Teil dieses Buches wird deshalb ein „Denkwerkzeug" erläutert, welches diese Arbeit – der Struktur des semiotischen Dreiecks entsprechend – in dem Sinne unterstützt und leitet, dass das, was wir sagen, denken und tun möglichst übereinstimmt.[1]

An dieser Stelle ist eine Anmerkung zum so genannten wissenschaftlichen Materialismus (scientific materialism) von Mario Bunge angebracht. Dieser Denkansatz ist vor allem im zweiten Teil dieses Buches Grundlage der Argumentation – mitunter allerdings in einer für unsere Zwecke vereinfachten Form. Die intensive Beschäftigung mit diesem Ansatz bringt es mit sich, dass – wie könnte es anders sein – so mancher Satz, den der Verfasser heute denkt, ausspricht oder schreibt, auf Mario Bunge zurückgeht, und zwar ohne dass er immer in der Lage wäre, die jeweilige Zitatstelle exakt anzugeben. Freilich, für die Fehler, die durch die vorgenommenen Vereinfachungen oder auf andere Weise entstanden sind, ist der Verfasser naturgemäß selbst verantwortlich.

Mario Bunge hat dieses Buch auch auf andere Weise indirekt geprägt, und zwar durch seinen sehr direkten und präzisen Schreibstil. Versucht man, seine Aussagen ins Deutsche zu übersetzen, verlieren sie meist an Klarheit. Deshalb sind in diesem Buch englische Zitate in der Regel nicht ins Deutsche übersetzt.

Schlussendlich ist den Mitarbeiterinnen und Mitarbeitern des Instituts für Grundlagen der Planung der Universität Stuttgart zu danken: Jens-Peter Grunau, Wolfgang Jung, Joachim Kieferle, Klaus Korpiun, Manfred Josef Pauli, Sabine Müller-Herbers, Sylvia Stieler, Katrin Voermanek und Peter Wasel. Sie haben jeweils zumindest Teile dieses Textes gelesen und kritisch wie konstruktiv kommentiert.

---

[1] Teile dieses Buches wurden bereits an anderer Stelle veröffentlicht. „Sieben Planungsmodelle" ist 2000 in einer stark gekürzten Fassung in der Zeitschrift RaumPlanung erschienen. „Grundriss einer Planungstheorie der ‚dritten Generation'" wurde 1999, ebenfalls in einer stark gekürzten Fassung, in der Zeitschrift DISP und in einer etwas ausführlicheren Fassung von Voigt und Walchhofer (2000) veröffentlicht.
Grundlage des zweiten Teils dieses Buches ist ein 1997 in der Zeitschrift Bauwelt erschienener Aufsatz von Schönwandt und Wasel, der erheblich überarbeitet und um mehrere Kapitel erweitert wurde. Zu danken ist den jeweiligen Redaktionen für ihre Zustimmung zur Veröffentlichung der von ihnen betreuten Textteile in diesem Buch.

Teil I

Konstrukte zur Beschreibung von Planung

---

1 Sieben Planungsmodelle[1]

Einführung

Verschiedene Planungsmodelle haben die Diskussion in der Planungstheorie in den vergangenen vier Jahrzehnten maßgeblich beherrscht.[2] Im ersten Abschnitt dieses Buches werden die wichtigsten sieben kurz zusammengefasst. Es sind – mit einer Ausnahme – normative, politische Planungsmodelle. Im Einzelnen werden vorgestellt:
- Das rationale Planungsmodell
- das Modell der Advokatenplanung
- das (neo)marxistische Planungsmodell
- das Modell der sozial gerechten Planung
- das Modell des sozialen Lernens und des kommunikativen Handelns
- das radikale sowie
- das liberale Planungsmodell.[3]

Entwickelt wurden diese Modelle, mehr oder weniger aufeinander aufbauend, innerhalb von etwas mehr als vier Jahrzehnten. Alle Modelle werden – dies sei ausdrücklich betont – auch heute noch in der Planungspraxis benutzt, wenn auch nicht immer innerhalb eines einzelnen (National)Staates.

Das rationale Planungsmodell

Das rationale Modell ist der Ausgangspunkt für die meisten anderen Planungsmodelle, die entweder eine Modifikation dieses Modells sind oder eine (Gegen)Reaktion darauf. Meyerson und Banfield beispielsweise beschreiben in ihrem Klassiker „Politics, Planning, and the Public Interest" (1955, 315 ff) die wesentlichen Schritte dieses Modells wie folgt:
1. Analyse der Situation
2. Festlegung der Ziele

---

[1] In diesem Abschnitt „Sieben Planungsmodelle" wird der Begriff „Planungsmodell" im Sinne von „Planungsverständnis" benutzt.
[2] Der Text dieses Abschnitts folgt im Wesentlichen den Veröffentlichungen von Alexander 1992; Flyvbjerg 1998; Hall 1988; Hudson 1979; Mandelbaum, Mazza, Burchell 1996; Muller 1992; Poulton 1991a, b; Sandercock 1998; Sorensen, Day 1981 sowie Sorensen 1983.
[3] Der Abschnitt befasst sich nicht mit fachplanerischen Modellen, zum Beispiel im Städtebau, in der Verkehrs- oder Landschaftsplanung etc., oder interdisziplinären beziehungsweise systemtheoretischen Ansätzen, die sich um einen Brückenschlag zwischen den einzelnen Fachdisziplinen bemühen.

1 Sieben Planungsmodelle

3. Entwurf möglicher Handlungen
4. Vergleichende Beurteilung der Konsequenzen dieser Handlungen.

In der Folgezeit wurde dieses Modell in zahllosen Varianten präsentiert und diskutiert. Man findet bei verschiedenen Autoren unterschiedliche Bezeichnungen für die einzelnen Phasen, die manchmal feiner oder gröber unterteilt wurden; am Prinzip änderte sich dadurch jedoch nichts (vgl. dazu zum Beispiel Simon 1965 oder Muller 1992).

Der Planungsprozess wird dabei nicht immer in der genannten Reihenfolge ausgeführt, und jeder Einzelschritt impliziert mehrfache Iterationsschleifen sowie die Bearbeitung von Unteraufgaben. Auch gibt es fast immer verschiedene Möglichkeiten, eine Teilaufgabe zu bearbeiten: So lässt sich die Analyse der Planungssituation, je nach Aufgabe oder zur Verfügung stehender Zeit, beispielsweise durch Inaugenscheinnahme, durch Analyse von Sekundärdaten, durch eigene empirische Untersuchungen oder durch alle drei Vorgehensweisen bewerkstelligen.

In der englischsprachigen Fachliteratur wird dieses Modell auch als das „synoptische" (vgl. zum Beispiel Hudson 1979, 388) oder das „rational-umfassende" (rational-comprehensive) Planungsmodell bezeichnet (vgl. zum Beispiel Sandercock 1998,169).[4]

Die Begriffe „rational" beziehungsweise „rationale Entscheidung" definieren Meyerson und Banfield – in Anlehnung an Herbert Simon (1947, 67) und Talcott Parsons (1949, 58) – dabei folgendermaßen:

„By a *rational* decision, we mean one made in the following manner:
1. the decision-maker considers all of the alternatives (courses of action) open to him; i. e., he considers what courses of action are possible within the conditions of the situation and in the light of the ends he seeks to attain;
2. he identifies and evaluates all of the consequences which would follow from the adoption of each alternative; i. e., he predicts how the total situation would be changed by each course of action he might adopt; and
3. he selects that alternative the probable consequences of which would be preferable in terms of his most valued ends." (Meyerson und Banfield 1955, 314)

Nach Lindblom sind die Kennzeichen dieses Ansatzes folgende: „The hallmarks of these procedures ... are clarity of objective, explicitness of evaluation, a high degree of comprehensiveness of overview, and, wherever possible, quantification of values for mathematical analysis." (Lindblom 1959/1995, 36 f)

Von 1945 bis etwa 1970 hielt das rationale Planungsmodell Einzug in vielen Fachgebieten. Benutzt wurde es nicht nur in der Architektur und Stadtplanung, sondern auch in privaten Unternehmen, in der Politik und in (nicht städteplanenden) öffentlichen Verwaltungen: Spezielle Ansätze wie beispielsweise Operations-Research, Kybernetik und die so genannte Systemanalyse

---

[4] Die Bezeichnung rational-umfassend (rational-comprehensive) wurde vermutlich von Charles Lindblom eingeführt: „[this] approach ... might be called the rational-comprehensive method." (Lindblom 1959/1995, 37)

Das rationale Planungsmodell

verfeinerten seine methodischen Grundlagen und Instrumente. In jenen Jahren war dieses Modell so dominant, dass westliche Planungsmethodik mit dem rationalen Planungsmodell gleichgesetzt wurde: „... much of the 1950s and 1960s, Western planning thought became almost coterminous with the Rational ... model ..." (Weaver et al. 1985, 157 f). Dabei waren die Erwartungen, was mit dieser Art von Planung bewirkt werden könne, beträchtlich: Auf den „golden optimism" (Catton 1980, xii) der fünfziger Jahre folgten die „soaring '60s" (Catton 1980, xiii) – nahezu alles schien durch Planung erreichbar: „there are no problems, only solutions." (Catton 1980, xiii)

Die damaligen Anwender dieses Planungsmodells gingen wie selbstverständlich davon aus, dass Wissenschaft und Technologie dazu eingesetzt werden können, die Welt „besser funktionieren" zu lassen. In diesem Modell ist der Planer der „Fachmann", der sich auf die „Objektivität" fachlicher „Expertisen" stützt, um das zu tun, was das Beste für „die Öffentlichkeit" ist. Er sollte die Bedürfnisse der „beplanten" Menschen kennen oder zumindest herausfinden können. Er hat zudem die Aufgabe, Politikern zuzuarbeiten: „speaking truth to power", wie es Wildavsky 1979 formulierte. Zu dieser Zeit war Planung en vogue. Man vertraute auf die Möglichkeit, das öffentliche Interesse wahrnehmen zu können. Begriffe wie „öffentliches Interesse" oder „Öffentlichkeit" wurden von den Planern damals kaum kritisch überprüft, und „Öffentlichkeit" implizierte für die allermeisten von ihnen eine undifferenzierte, homogene Gruppe, in der zum Beispiel soziale, ethnische oder geschlechtliche Unterschiede als unbedeutend angesehen wurden. Zu diesem Modell gehörte damals auch die Annahme, dass die Akteure der jeweiligen Planungsinstitutionen nicht nur genügend Autonomie und Autorität haben, Planungsentwürfe durch „rationale" Analyse entwickeln zu lassen, sondern auch die Macht, diese Pläne anschließend umzusetzen.

Ende der sechziger, Anfang der siebziger Jahre kam die Ernüchterung: Die Grenzen dessen, was die mehr technisch und weniger sozio-politisch orientierten Planungsmodelle leisten konnten, wurden erkennbar. Entsprechend häuften sich die Stimmen, die sich kritisch mit dem Modell und seinen Voraussetzungen, so wie es damals angewandt wurde, auseinander setzten. Widerlegt wurde beispielsweise die Annahme, dass die einzelnen Schritte des Modells (Analyse der Situation, Festlegung der Ziele, Entwurf möglicher Handlungen, vergleichende Beurteilung der Konsequenzen dieser Handlungen) getrennte und voneinander unabhängige Phasen seien. In besonderem Maße entzündete sich die Diskussion jedoch an umstrittenen Begriffen wie „objektiv", „rational", „optimal" oder „Expertenwissen". Man stellte fest, dass es kein „objektives" Wissen, keine „rationalen" Entscheidungen, keine „optimalen" Lösungen gibt, und dass jedes „Expertenwissen" auf Werten und Normen basiert, also auf schwankendem Grund operiert. (Vgl. dazu Lindblom 1959, Simon 1968, March 1978 und 1982, Alexander 1984, Popper 1987 oder Mandelbaum, Mazza und Burchell 1996.) Die Vorwürfe an das rationale Modell lauten deshalb: zu positivistisch, das heißt wissenschafts- und technikgläubig, ahistorisch und vor allem apolitisch. Dass Planung we-

15

sentlich mit Werten und Normen – also mit Politik – zu tun hat, wurde bei diesem Modell im Grunde ignoriert. „[T]he Rational ... model ... attempted to apply logical positivism to society. It defined rationality exclusively in terms of positive knowledge and instrumental calculation. Such knowledge was claimed to be objective and universal." (Weaver et al. 1985,157 f) Kritisiert wurde auch die antidemokratische Form des Planens „von oben herab". Außerdem waren manche mit diesem Modell nicht einverstanden, weil es nach ihrer Auffassung dazu anhielt, den politischen Status quo zu akzeptieren, das politische Establishment zu unterstützen und zur Erhaltung der Werte der Ober- und Mittelschicht beizutragen.

Zahlreiche Theoretiker haben versucht, die Schwächen des rationalen Modells zu mindern. Die Liste reicht von Herbert Simon (1976) mit seinen Konzepten der „eingeschränkten (bounded) Rationalität" und der „zufriedenstellenden (satisficing) (statt optimalen) Lösungen", über Charles Lindblom (1959) mit seiner Strategie der „successive limited comparisons" beziehungsweise des „muddling through", bis hin zu Amitai Etzioni (1967) mit seinem Ansatz des „mixed scanning". In dieser Kombination beider erstgenannten Strategien akzeptiert Etzioni die von Lindblom beschriebene Vorgehensweise des „Durchwurstelns" (muddling through) als eine realitätsnahe Beschreibung konkreter Planungsentscheidungen, zugleich aber schlägt er vor, das pragmatische Vorgehen Lindbloms in langfristigere Planung einzubetten.

Eine Anmerkung

An dieser Stelle ist eine Anmerkung angebracht. Das vorstehende Kapitel offenbart bei genauerem Hinsehen einen Widerspruch: Auf der einen Seite wird das rationale Planungsmodell kritisiert, und zwar für die vorwiegend technischen, apolitischen und ahistorischen Planungen, die damit erarbeitet wurden. Dass der „mainstream" damaliger Planungen nicht nur auf diesem Modell basierte, sondern tatsächlich auch vorwiegend technisch, apolitisch und ahistorisch betrieben wurden, ist auch aus heutiger Sicht unbestritten. Von daher ist die Kritik damaliger Planung berechtigt.

Auf der anderen Seite zeigt sich aber, dass die Definition dieses Modells – nämlich: 1. Analyse der Situation, 2. Festlegung der Ziele, 3. Entwurf möglicher Handlungen, 4. Vergleichende Beurteilung der Konsequenzen dieser Handlungen (vgl. Meyerson und Banfield 1955, 315 ff oder Muller 1992) – eine derartige Ausrichtung der Planungsarbeit keineswegs vorgibt. Planungen, die auf der Grundlage dieses Modells durchgeführt werden, müssen nicht zwangsläufig technisch, apolitisch oder ahistorisch sein. Das heißt, dem Modell wurde – und wird zum Teil noch heute (vgl. Sandercock 1998) – etwas unterstellt, was es nicht beinhaltet.[5]

---

[5] Wie Faludi (1996, 71) nachgewiesen hat, geht diese Unterstellung so weit, dass die entsprechende Textpassage aus Meyerson und Banfield (1955) von Lindblom (1959) offensichtlich sinnentstellend zitiert wird.

Dieses Modell verfügt nämlich über eine unübersehbare Stärke. Auch seine Kritiker können nicht umhin, bei Planungen die gleichen oder zumindest ähnliche Aufgabenstellungen zu bearbeiten: Auch sie müssen, auf die eine oder andere Art und Weise, eine Analyse der Planungssituation vornehmen, die gewünschten Zustände (Ziele) benennen, Handlungsmöglichkeiten entwerfen, die Konsequenzen dieser Handlungen vergleichend beurteilen und sich für eine der Möglichkeiten entscheiden.

Die Schwierigkeit ist, dass viele Autoren, die heute zum Thema „Planungstheorie" publizieren, sich mit den theoretischen (und praktischen) Implikationen dieser Aufgabenstellungen – „1. Analyse der Situation" etc. – oft nur am Rande beschäftigen: So trivial sie auf den ersten Blick erscheinen mögen, so gravierend sind die theoretischen, methodologischen und normativen Probleme, die sie tatsächlich in sich bergen. Seni beispielsweise formuliert diese Abstinenz der Planungstheoretiker so: „However, the term ‚planning theory' belongs to a body of literature in public administration and environmental planning, and it would be wrong to assume that this broad and rambling literature ... provides the full context for what planning is in fact." (Seni 1996, 148) Nicht zuletzt deshalb gibt es derzeit nur wenige Vorschläge, wie die tauglichen Elemente des rationalen Planungsmodells bewahrt und die zu Recht kritisierten Aspekte überwunden werden können (vgl. dazu zum Beispiel Faludi 1987 oder Schönwandt 1999).

Im hiesigen Zusammenhang bedeutet dies: Der nachfolgende Text lässt die in dieser „Anmerkung" angeschnittenen Themen zunächst beiseite, sie werden im zweiten Kapitel dieses Buches diskutiert (vgl. auch Schönwandt 1999 oder Seni 1996). Statt dessen konzentrieren wir uns hier darauf, die Planungsmodelle so darzustellen, wie sie in der planungstheoretischen Fachliteratur diskutiert werden. Dabei werden nur die Hauptentwicklungslinien der planungstheoretischen Diskussion nachgezeichnet; selbstverständlich gibt es darüber hinaus viele verschiedene Planungsansätze[6] und „... any list of planning forms and styles could be extended almost indefinitely." (Hudson 1979, 390)[7] Ansätze jenseits dieser Hauptentwicklungslinien werden nicht weiter berücksichtigt.

Kehren wir deshalb – nach dieser Anmerkung – zur Darstellung der Planungsmodelle zurück.

Das Modell der Advokatenplanung

Eine der ersten Alternativen zum rationalen Modell war das Konzept der Advokatenplanung, das Mitte der sechziger Jahre in den USA als Reaktion auf die allzu technokratischen und politisch „von oben herab" gesteuerten Pla-

---

[6] Für die Unterscheidung beispielsweise zwischen „prozeduralen" und „substantiellen" Theorien vgl. Faludi 1973 oder Seni 1996.

[7] „[I]ndicative planning, bottom up planning, ethnographic planning methods ... basic needs strategies" (Hudson 1979, 395) und so fort.

nungen auftauchte. Publik wurde das Modell vor allem durch zwei Artikel: „A Choice Theory of Planning" (Davidoff und Reiner 1962) und „Advocacy and Pluralism in Planning" (Davidoff 1965).

Grundlage dieses Modells war die Einsicht, dass „die Gesellschaft" keine homogene Gruppe ist, sondern aus verschiedenen Interessengruppen besteht. Auch wurde nun bedacht, dass die Macht und der Zugang zu Ressourcen innerhalb dieser pluralistischen Gesellschaft keineswegs gleich verteilt ist, schließlich gibt es Reiche und Arme, Gebildete und weniger Gebildete etc. Da Fragen der Zielsetzung von Planungsaufgaben beziehungsweise Fragen danach, um wessen Interesse es sich beim „öffentlichen Interesse" eigentlich handelt, also keine Domäne (wissenschaftlicher) Planung, sondern Fragen der Politik sind, drängte Davidoff die Planer folgerichtig dazu, in der politischen Arena mitzumischen.

Als Konsequenz aus dieser Sichtweise verlangte die Advokatenplanung nach *mehreren* Plänen, in denen die unterschiedlichen Interessen jeweils anders berücksichtigt werden, und zwar anstelle *eines* (Master)Planes sowie nach einer ausführlichen Diskussion der politischen Interessen und Werte, die diesen Plänen zugrunde liegen. Damit rückte die Verteilungsfrage („Wer bekommt was beziehungsweise wie viel und warum?" sowie „Wer ist bevorzugt, wer benachteiligt?") in den Vordergrund – eine Frage, die in dieser Schärfe von den Anwendern des rationalen Modells bis Ende der sechziger Jahre fast immer vermieden wurde.

Funktionieren sollte dieser Ansatz analog zum Rechtssystem: Ein Anwalt (Advokat, in diesem Fall der Planer) hilft den Schwächeren beim Durchsetzen ihrer Interessen gegen die Stärkeren. Der Ansatz geht davon aus, dass Planungsentscheidungen vor allem durch politische Aktionen konkurrierender Interessengruppen beeinflusst werden. Investoren und Hausbesitzer beispielsweise verfügen über den entsprechenden Einfluss, nicht jedoch die Armen, an die sie ihre Häuser vermieten, so argumentierte man. In diesem Aushandlungsprozess ist der Planer Sprecher der Benachteiligten, der in ihre Wohngebiete geht, um herauszufinden, was dieser Teil der Bevölkerung will und braucht. Er unterstützt die Bewohner dieser Gebiete mit den Expertisen, die sie benötigen, um ihre Interessen durchzusetzen, und bringt die Ergebnisse zurück in die Planungsämter und Stadtverordnetenversammlungen.

Ein wesentlicher Fortschritt dieses Modells war, dass von nun an explizit über „die Benachteiligten", „die Unterrepräsentierten" nachgedacht sowie Werten und Normen, die einer Planung zugrunde liegen, mehr Aufmerksamkeit gewidmet wurde. Außerdem fanden die Neben- und Nachwirkungen von Planungen größere Beachtung, vor allem wenn sie zusätzliche Härten für die ohnehin Benachteiligten bedeuteten. Im Vergleich zum rationalen Modell führte das Modell der Advokatenplanung damit zu einer deutlichen Veränderung dessen, was Planer tun.

In der Praxis waren die Erfahrungen mit dem Advokatenplanermodell allerdings eher ernüchternd. Schnell zeigte sich, dass es den Benachteiligten nicht primär an technischen Fähigkeiten und Fertigkeiten fehlte, welche die

Advokatenplaner anboten, sondern vor allem an Macht, ihre Vorstellungen durchzusetzen. Aber auch die Advokatenplaner verfügten nicht über die Macht, die Benachteiligten erfolgreich zu vertreten.

Es gab auch andere, weniger grundsätzliche Schwierigkeiten: So erwies sich das aus der Jurisprudenz übernommene Modell – der Planer als Advokat beziehungsweise Anwalt – als ungeeignet: Bei politischen Auseinandersetzungen gibt es im Grunde nie die unabhängige dritte Instanz des Richters, der auf der Grundlage entsprechender Gesetze in einem Konflikt entscheiden und damit Auseinandersetzungen beenden kann. Politische Konflikte lassen sich nur durch Kompromisse und politische Vermittlung oder Schlichtung lösen. Folgerichtig wurde die Arbeit der Advokatenplaner in Frage gestellt, wenn kein Kompromiss zustande kam. In der Praxis warf man ihnen vor, Planungsvorhaben zu blockieren, statt brauchbare Alternativen anzubieten.

Weiter zeigte sich, dass die Neigungen und Präferenzen der Planer selbst eine entscheidende Rolle spielten. Peattie zum Beispiel beschrieb Projekte, in denen Planer den Betroffenen zu helfen suchten, um deren Anliegen ein größeres politisches Gewicht zu verschaffen. Er charakterisierte deren Arbeit später als „Manipulatormodell" (Peattie 1968): Planer legten die politische Agenda fest, definierten das Problem und die Begriffe, mit denen die Lösung des Problems gesucht werden sollte und so fort. Es stellte sich heraus, dass primär die für Planer nutzbringenden Punkte bearbeitet wurden und nicht solche, die den Betroffenen am wichtigsten waren. Da die Planer aus den zuständigen Ämtern kamen, waren sie nicht selten mehr an ihrer eigenen Karriere interessiert als an den Wünschen und Bedürfnissen ihrer Klienten – oft mit der Folge, dass sie die Bürger dazu anhielten, Konflikte mit der Planungsadministration zu vermeiden.

Eine der schärfsten Kritiken am Advokatenplanungsmodell stammt von Robert Goodman. In seiner Arbeit „After the Planners" (1972) beschreibt er die Planer als soziale Kontrolleure, als die „soft cops" des politischen Systems. Nach Goodmans Auffassung führt die Einbindung der Benachteiligten in Planungsprozesse nicht dazu, dass sie an Macht gewinnen, sie werden vielmehr kontrolliert und damit ihrer Macht beraubt.

Mit der Advokatenplanung hatte Davidoff – im Vertrauen auf eine aufgeklärte pluralistische Demokratie – ein Modell entworfen, das anscheinend im Widerspruch zu seinem Vorläufer stand, faktisch jedoch dazu benutzt werden konnte, dieses zu perfektionieren. Die Hauptschwierigkeit dabei war folgende: Das Konzept lieferte letztlich keine konkrete Hilfe für die Lösung tatsächlich auftretender Interessenskonflikte; die Advokatenplanung hatte zwar die Rolle der Planer verändert und ausgedehnt, die herrschenden Machtstrukturen jedoch beibehalten. Eine der Kernfragen war somit: Soll beziehungsweise kann die Advokatenplanung wirklich so weit gehen, wie es nötig wäre, um die ungleiche Verteilung von Macht und Ressourcen zu korrigieren und beispielsweise Eigentums- beziehungsweise Landreformen vorschlagen?

1 Sieben Planungsmodelle

Aus ihren Erfahrungen mit der Advokatenplanung haben verschiedene Planer unterschiedliche Schlussfolgerungen gezogen, sie entwickelten mehrere Modelle, die in den nachfolgenden Abschnitten beschrieben werden:

(a) Ende der sechziger, Anfang der siebziger Jahre tauchte ein Planungsmodell als Reaktion auf (neo)marxistische Analysen der Beziehung zwischen Planung und kapitalistischer Gesellschaft auf: das „(neo)marxistische Planungsmodell".

(b) Einige Planer, wie Norman Krumholz und Pierre Clavel, waren von der Leistungsfähigkeit der Advokatenplanung überzeugt und versuchten, dieses Modell zu verbessern: Planer sollten sich dazu mit gleichgesinnten Politikern verbünden: das Modell der sozial gerechten Planung (Krumholz 1994, Clavel 1994).

(c) Andere begannen, die Rolle des Planers neu zu überdenken. Sie verlagerten ihren Arbeitsschwerpunkt und konzentrierten sich fortan auf den Prozess der Entstehung von Plänen. Dies führte zum „Modell des sozialen Lernens und des kommunikativen Handelns".

(d) Eine vierte Gruppe ging so weit, das Advokatenetikett gänzlich fallen zu lassen. Sie kehrten der Planungsadministration den Rücken und wechselten vollständig auf die Seite der Benachteiligten und Unterrepräsentierten – sie praktizierten das „radikale Planungsmodell".

(e) Parallel dazu plädierte eine fünfte Gruppe dafür, überhaupt weniger zu planen und statt dessen den Kräften des freien Marktes mehr Spielraum zu lassen – das „liberale Planungsmodell".

Das (neo)marxistische Planungsmodell

Ende der sechziger, Anfang der siebziger Jahre des zwanzigsten Jahrhunderts entstand in einigen „kapitalistischen" Ländern ein Planungsmodell als Reaktion auf (neo)marxistische Analysen der strukturellen Beziehung zwischen Planung und kapitalistischer Gesellschaft. Zwei Beispiele dieser Denkrichtung sind die Veröffentlichungen von Henri Lefebvre „Le Droit à la ville" (1968, 1972) und Manuel Castells „The Urban Question" (1977). Aus dieser Sicht war beziehungsweise ist Planung zuvorderst eine politische Aktivität innerhalb eines kapitalistischen Staates. Entsprechend ist der Planer nicht länger ein Experte oder Fachmann, sondern vielmehr ein Handlanger des Kapitals mit eher naiven Vorstellungen, was die eigenen politischen Möglichkeiten und die realen Machtverhältnisse angeht, in die er tief und nahezu unentrinnbar eingebunden ist.

Die Arbeiten dieser (neo)marxistischen Denkrichtung standen mit ihrer massiven Kritik an der so genannten bürgerlichen Planung als einer Funktion des kapitalistischen Staates für einige Jahre an vielen Planungsfakultäten im Rampenlicht. In einer viel beachteten Fallstudie über die Entwicklung einer französischen Stadt konstatierte Manuel Castells drei Funktionen von Planung (Castells 1978): Danach war Planung ein Instrument

(a) der Rationalisierung und Legitimierung,
(b) der Verhandlung und Mediation der unterschiedlichen Ansprüche der verschiedenen Fraktionen des Kapitals und
(c) ein Regulator oder Ventil für den Druck und den Protest der beherrschten Klassen.

Gleichgültig, welches der Analysegegenstand der (neo)marxistischen Theoretiker war: Produktion, Konsum, die Rolle des Staates in Bezug auf die Akkumulation des Kapitals oder bei der Verteilung von Gütern etc.; was die Funktion der Planung angeht, war die Schlussfolgerung immer die gleiche: Planung steht vor allem im Dienste des Kapitals, und die Hoffnung, daran etwas ändern zu können, ist eine Illusion, solange das System so bleibt, wie es ist.

Das Auftauchen dieser Denkrichtung war einerseits eine deutliche Herausforderung für die traditionellen Planerschulen. Andererseits vergrößerte sich dadurch die ohnehin latent bestehende Kluft zwischen Planungspraktikern und Planungstheoretikern. Während einige Planungsfakultäten versuchten, diesen Ansatz in der Praxis anzuwenden, bezweifelten andere seine Relevanz. Im Laufe der Zeit wurde immer deutlicher, dass dieser Denkansatz einen paralysierenden Effekt auf politische Debatten zu haben schien.

Der Wert des (neo)marxistischen Modells ist deshalb auch eher auf der Ebene der theoretischen Kritik als auf der Ebene konkreter Planungen zu sehen: Insbesondere hat dieser Ansatz den Begriff des „öffentlichen Interesses" erneut in Frage gestellt und deutlich gemacht, dass meist Klasseninteressen die treibenden Kräfte sind. Wie auch immer: Eine Schwäche dieses Ansatzes war, dass er keine neue Definition des Aufgabenfeldes der Planer lieferte, keine Hinweise, was sie konkret tun sollten – außer in den Klassenkampf einzutreten. Allgemeine Antworten wie „Der Planer kann ein Enthüller der Widersprüche sein und dadurch ein Agent sozialer Innovationen" (vgl. Castells 1978, 88) waren zu schwach, um eine Generation von Planern ausreichend zu inspirieren.

Das Modell der sozial gerechten Planung[8]

Die Advokatenplaner der sechziger Jahre agierten hauptsächlich außerhalb der Rathäuser und Stadtverwaltungen. Die Entscheidungen jedoch wurden nach wie vor innerhalb der Administration getroffen. Deshalb versuchten andere, einen Weg innerhalb der Administration zu gehen: Ihr Ansatz war, mit gleichgesinnten und (in ihrem Sinne) progressiven Politikern zusammen zu arbeiten, um den Benachteiligten zu mehr Gerechtigkeit zu verhelfen. Ihre These war: Die Stadtverwaltung ist eine Arena, in der eine politische Agenda „ausgefochten" wird, und Planer können vor allem dann einiges erreichen, wenn sie sich *innerhalb dieser Arena* für die Interessen der Benachteiligten einsetzen. In Deutschland wurde dieses Vorgehen relativ selten explizit beschrieben, dafür aber um so häufiger praktiziert.[9] Die prominentesten Re-

---
[8] „Sozial gerechte Planung" ist eine Übersetzung von „equity planning".
[9] Diese Aussage gründet auf der langjährigen Erfahrung des Verfassers in der Planungspraxis.

präsentanten dieses Modells in den USA sind Norman Krumholz als Chefplaner der Stadt Cleveland und Robert Mier als Planer in Chicago.

Die Anwender dieses Planungsmodells versuchen bewusst, Macht, Ressourcen und die Möglichkeiten der Partizipation umzuverteilen, und zwar weg von den Mächtigen einer Kommune hin zu den Benachteiligten und Unterrepräsentierten. Einen ausführlichen Erfahrungsbericht über diese Art des Planens gibt Krumholz in dem Buch „Making Equity Planning Work" (Krumholz und Forester 1990), in dem neben den Chancen auch die Restriktionen eines solchen Planungsansatzes beschrieben werden. Im Grundsatz wird dabei – wie beim Modell der Advokatenplanung – davon ausgegangen, dass Planung nicht *gegen* die offizielle Politik agiert, sondern ihr zuarbeitet. Die Verfechter des Modells der sozial gerechten Planung wählen jedoch bewusst diejenigen Politiker aus, mit denen sie zusammenarbeiten wollen. Dieses Modell geht im Kern davon aus, dass der Planer – wie beim rationalen Modell – der Experte ist und als Hauptakteur im Zentrum steht. Während die Advokatenplaner jedoch vor allem in den Wohngebieten arbeiteten, um herauszufinden, was die dortige Bevölkerung will und braucht, konzentrieren sich die Planer nach dem Modell der sozial gerechten Planung auf die politische Arena. Die Verfechter dieses Modells betonen die Bedeutung des Gesprächs, und zwar innerhalb wie außerhalb der Verwaltung: Natürlich sprechen Planer auch mit den Betroffenen, vor allem aber geben sie Interviews und schreiben Reden für Bürgermeister, Planungsdezernenten oder Ratsmitglieder. Sie sammeln Informationen und Analysen und formulieren das Problem. Sie sind also Kommunikatoren, unermüdliche Propagandisten. Durch diese Fähigkeit haben sie die Macht, die Aufmerksamkeit auf bestimmte Themen zu lenken und Diskussionen in ihrem Sinne zu gestalten. Allerdings sind die Anwender dieses Modells nach wie vor mit Politik „von oben" befasst – und mit „speaking truth to power".

Mit diesem Ansatz sind einige Risiken für die Planer verbunden: Wechselt beispielsweise die Regierungsmehrheit in einer Stadt, müssen Planer (zum Beispiel in Deutschland) gegebenenfalls damit rechnen, in eine unbedeutende Abteilung versetzt und damit „kaltgestellt" zu werden. In den USA kann ein solcher Wechsel den Verlust des Arbeitsplatzes zur Folge haben. Das heißt, Planer müssen mobil sein, weil sie nur so lange effizient arbeiten können, wie sie die Unterstützung der jeweiligen Stadtregierung haben.

Das Modell des sozialen Lernens und des kommunikativen Handelns

Paul Davidoff setzte mit seiner Idee der Advokatenplanung auf die Öffnung des politischen Prozesses für die von Planungen betroffenen Menschen und proklamierte dabei den Wettbewerb zwischen mehreren Plänen. Zu diesem Zweck stellten die ersten Advokatenplaner den Benachteiligten ihre (technischen) Fähigkeiten und Fertigkeiten zur Verfügung. Im Laufe der Zeit lernten einige Advokatenplaner dabei allerdings eine andere Lektion, die John Friedmann 1973 in seinem Buch „Retracking America" beschrieb und die zu dem Modell des sozialen Lernens und des kommunikativen Handelns führte.

Diese Planer stellten nicht nur fest, dass die Bewohner der beplanten Stadtviertel sehr wohl über technische Fähigkeiten verfügten, sondern sie erlebten vor allem die tiefe Kluft zwischen den so genannten Experten und ihren Klienten, die durch die unverständliche Fachsprache noch verschlimmert wurde. Angesichts dieses Konflikts zwischen dem so genannten Expertenwissen der Planer und dem persönlichen Erfahrungswissen der Bewohner schlussfolgerten sie, dass keine der beiden Parteien *alle* Antworten bieten könne. Als Lösung schlugen sie vor, beide Parteien in einem Lernprozess zusammenzubringen, in dem die anstehenden Themen gemeinsam erarbeitet werden und beide einander ergänzen sollten. Friedmann nannte dieses Vorgehen „Planung durch Verhandlung" (transactive style of planning). Charakteristisch für diese Art des Planens sind der Dialog, die Reflexion der Werte und gegenseitige Akzeptanz. Dabei nähern sich Denkweisen und moralische Bewertungen im Laufe der Zeit einander an, außerdem führt gegenseitiges Einfühlungsvermögen dazu, dass Konflikte gemeinsam bearbeitet und durchgestanden werden können.

Ausgehend von der gleichen grundlegenden Beobachtung, nämlich, dass Planung wesentlich eine interaktive beziehungsweise kommunikative Tätigkeit ist, bildete sich in den siebziger und achtziger Jahren eine weitere Denkrichtung heraus, die Planung als kommunikative Praxis definierte. Angeregt durch Arbeiten etwa von John Forester (vgl. Forester 1989) und basierend auf dem Habermas'schen Konzept des kommunikativen Handelns, favorisierte diese Gruppe statt des rationalen Planungsmodells ein Modell der „kommunikativen Rationalität". John Forester nannte seine Theorie „kritische Planung" (critical planning). Für ihn geht es beim Planen primär darum, Fragen zu stellen und kritisch zuzuhören, um in einem Dialog gemeinsam zu lernen und die eigene „Aufmerksamkeit zu schärfen". Ein entscheidender Aspekt dabei ist die Selbstreflexion des Planers, der überprüfen muss, wie er seine eigene Macht gebraucht. Ihn interessiert, welche Geschichte zu einer Planungssituation erzählt wird, weil dadurch nicht nur Sachzusammenhänge sichtbar werden, sondern auch die jeweiligen Machtverhältnisse. Auf diese Weise wird erkennbar, welche Planungsalternativen überhaupt möglich sind und wie sie sich gegebenenfalls umsetzen lassen.

Der dabei benutzte Habermas'sche Ansatz basiert auf der so genannten kritischen Theorie der Frankfurter Schule (vgl. dazu zum Beispiel Habermas 1981, 1983). Diese Theorie geht davon aus, dass Wissenschaft beziehungsweise wissenschaftliche Methodik nicht einfach „Wahrheit" produziert.[10] Wissenschaft ist vielmehr ein Werkzeug, das zur Manipulation eingesetzt werden kann, sie ist geprägt durch die Macht in der Gesellschaft. Sie kann Wahrheit nicht nur aufzeigen, sondern genauso verschleiern: Während es „da draußen"

---

[10] Vgl. dazu vor allem auch Feyerabend (1975/1979), Kuhn (1962/1981), Toulmin (1972/1978).

1 Sieben Planungsmodelle

eine Realität oder Wahrheit geben mag, ist sie für uns Menschen hinter sozial konstruierten Übereinkünften (Annahmen, Theorien) verborgen. Diese Übereinkünfte repräsentieren die Machtbeziehungen in einer Gesellschaft. Sie können die Lebenswelt dominieren und uns blind machen für irgendwelche anders gearteten oder „tiefer" liegenden „Realitäten". Dieser Grundgedanke hat zur Folge, dass die kritischen Theoretiker eine gegen das so genannte Wertfreiheitsprinzip der Wissenschaft gerichtete Auffassung vertreten. Das heißt, die in der These der Wertfreiheit der Wissenschaft mitbehauptete Trennung von Wissenschaft und Politik[11] lässt sich danach nicht mehr durchhalten (vgl. Kambartel 1996, 270). Habermas legt – folgerichtig – seiner Arbeit ein eigenes Verständnis von „Wahrheit" zugrunde; er versucht damit nicht nur Wahrheitsfragen, sondern auch Fragen der Rechtfertigung von Interessen und Normen zu beantworten. Nach Habermas lässt sich die Begründung (wissenschaftlicher) Behauptungen ebenso wie die Rechtfertigung von Normen durch eine ohne Zwang gewonnene universelle Übereinstimmung herstellen – ein pragmatisches Konzept von „Wahrheit": Wahr ist das, was die Teilnehmer in einer „unverzerrten" Kommunikation beziehungsweise einer so genannten idealen Sprechsituation als wahr akzeptieren. Die wesentlichen Kriterien für eine solche Sprechsituation sind, dass alle Mitglieder der Gruppe die gleichen Informationen haben sowie alle Sichtweisen repräsentiert sind. Außerdem müssen die Bedingungen so sein, dass nicht die Macht eines Individuums in der Gruppe, sondern die Macht eines Argumentes der entscheidende Faktor sein kann. Diese Form des Lernens beziehungsweise der Wissensbildung wird von Habermas als kommunikative Rationalität bezeichnet. Validität (Gültigkeit) und Wahrheit ergeben sich dabei durch die rationale Argumentation innerhalb eines Diskurses: Die Stärke eines Argumentes ist dadurch bestimmt, ob es in einem Diskurs in der Lage ist, die Teilnehmer zu überzeugen, das heißt, ob es sie dazu veranlasst, die Gültigkeit der Behauptung zu akzeptieren. Die einzige Macht, die in einer idealen Sprechsituation beziehungsweise in der kommunikativen Rationalität aktiv ist, ist deshalb die „Macht des besseren Arguments".

Für Planer ist die Idee der kommunikativen Praxis attraktiv, weil dieser Ansatz nicht dazu nötigt, eine wert-neutrale Expertenrolle zu suchen. Er bietet die Möglichkeit, sich nach normativen, politischen Grundsätzen zu verhalten. Er enthält eine umfassende soziale Komponente und bietet weitgehende Freiheiten, den Inhalt planerischen Arbeitens selbst zu bestimmen. Die Betonung liegt weniger darauf, was Planer wissen, sondern mehr darauf, wie sie ihr Wissen gebrauchen und wie sie es verteilen; weniger auf ihrer Fähigkeit, Probleme zu lösen, und mehr darauf, wie man Debatten über bestimmte Themen eröffnet und führt. In diesem Planungsmodell geht es um Rede, Argument und das Schärfen von Aufmerksamkeit.

Das Neue an diesem Ansatz war vor allem – wie oben beschrieben – ein geändertes Verständnis von „Expertenwissen" beziehungsweise „Wissen"

---

[11] Vgl. hierzu den so genannten Positivismusstreit (siehe zum Beispiel Thiel 1972).

Das Modell des sozialen Lernens und des kommunikativen Handelns

überhaupt. Das Monopol der von Fachleuten erarbeiteten Expertisen wurde aufgelöst, und der Wert des Erfahrungswissens und des lokalen Wissens anerkannt. Zudem wurde statt eines Konzeptes von Wissen als festem, statischem Wissen ein dynamisches Konzept des Wissens und des Lernens favorisiert. Es ging also nicht mehr darum, die Bewohner sorgfältig zu analysieren und ihre Bedürfnisse und Wünsche zu definieren, sondern sie intensiv in die Planung einzubeziehen, um ihre Kenntnisse und Fertigkeiten mit einzubringen. Die Theorie des kommunikativen Handelns war der Versuch, demokratische Aspekte in der Planung und Wissensbildung zu stärken, indem Kommunikationsbarrieren beseitigt und offene Diskurse geschaffen wurden.

Bei genauerem Hinsehen zeigt dieses Modell jedoch einige Schwächen, die weniger in ihm selbst als vielmehr im theoretischen Konzept von Habermas liegen: Zum einen besteht beim Habermas'schen Wahrheitskriterium (siehe oben) die Gefahr des Konventionalismus, an der bereits die so genannte Kohärenztheorie als Wahrheitskriterium gescheitert ist (vgl. Groeben und Westmeyer 1975,142 ff). Das heißt, Wahrheit ist nicht durch Übereinkunft (Konvention) zu treffen, weil Konventionen beliebig sein können und deshalb als alleiniges Kriterium nicht ausreichend sind. Auch macht Habermas in seiner Diskurstheorie keinen Unterschied zwischen dem Wissen (zum Beispiel dem Inhalt von Begriffen, Aussagen, Theorien etc.) und den sozialen Determinanten der Erarbeitung von Wissensinhalten, was mitunter dazu führt, dass diejenigen Planer, die diesen Ansatz anwenden, sich konzeptuell vorwiegend mit diesen sozialen Determinanten beschäftigen, und dabei die Ausarbeitung konzeptueller Inhalte beziehungsweise Konstrukte ins Hintertreffen gerät (siehe Teil II dieses Buches). Weiter können gruppendynamische Prozesse Eigendynamik entwickeln, zum Beispiel erhöht sich durch diese Eigendynamik unter bestimmten Umständen die Bereitschaft der am Planungsprozess Beteiligten, Risiken einzugehen, oder es findet eine voreilige Harmonisierung der Beurteilung einer Sachlage statt (vgl. Janis 1972, Hayes 1996, 158 ff oder Brown 1997). Und nicht zuletzt wird das Konzept der „idealen Sprechsituation" kritisiert, weil eine solche Situation in der Realität nicht vorkommt. Flyvbjerg hat die Rahmenbedingungen dieser Sprechsituation zusammengestellt: Wahrheit, Validität und Konsens sind nach Habermas gewährleistet, wenn die Teilnehmer in einem Diskurs fünf prozessuale Schlüsselanforderungen der Diskursethik respektieren:

(a) Keine Partei, die vom Inhalt eines Themas betroffen ist, sollte vom Diskurs ausgeschlossen werden.
(b) Alle Teilnehmer sollten die gleiche Möglichkeit haben, Validitätsbehauptungen in einem Diskursprozess zu präsentieren und zu kritisieren.
(c) Alle Teilnehmer müssen willens und in der Lage sein, Einfühlungsvermögen für jede Validitätsbehauptung einer anderen Partei zu haben und zu zeigen.
(d) Bestehende Machtdifferenzen zwischen den Teilnehmern müssen neutralisiert sein, und zwar so, dass diese Differenzen die Herstellung des Konsenses nicht beeinflussen.

(e) Die Teilnehmer müssen ihre Ziele und Intentionen offen darlegen und in diesem Zusammenhang auf strategische Handlungen verzichten (vgl. Flyvbjerg 1998, 188).

Diese Auflistung macht die Grenzen dieses Ansatzes deutlich. Habermas erkennt zwar das Problem der Macht und der strukturellen Ungleichheit innerhalb der Gesellschaft an, setzt es anschließend aber vor die Klammer, indem er einen machtfreien Diskurs proklamiert. Es gibt jedoch keinen machtfreien Bereich, schon gar nicht in der Planung. Habermas wünscht sich eine ideale Situation, sagt aber nicht, wie man dort hinkommt.

Vor diesem Hintergrund befassen sich neuere Arbeiten explizit mit dem Thema Macht. Sie sehen Macht nicht nur als negative, sondern auch als produktive und konstruktive Größe. Macht ist nicht nur konzentriert in Zentren. Sie ist nicht etwas, was man besitzen kann, sondern wird als ein dichtes Netz vielfältiger Beziehungen gesehen. Eine der zentralen Fragen ist deshalb, wie Macht ausgeübt wird und weniger, wer Macht hat und warum er sie hat – der Fokus liegt eher auf dem Prozess und weniger auf der Struktur (vgl. Flyvbjerg 1998, 185 ff oder Foucault 1982, 210 ff).

Das radikale Planungsmodell

Aus den Schwierigkeiten des Advokatenmodells lernten einige Planer eine andere Lektion (vgl. zum Beispiel Heskin 1980). Advokatenplaner befanden sich gewöhnlich in einem unlösbaren Dilemma: Als Angestellte der Planungsadministration konnten sie nicht ernstlich gegen die eigenen Planungsämter kämpfen, ohne für sich selbst Nachteile befürchten zu müssen. Entsprechend schwierig war es für sie, sich bedingungslos für die Interessen betroffener Bürger zu engagieren. Wenn sie also wirkungsvoll etwas für die Benachteiligten und gegen die ungleiche Verteilung von Ressourcen, Macht usw. tun wollten, dann – so die nahe liegende Schlussfolgerung – konnten sie nicht länger Angestellte der Planungsadministration bleiben. Ein erfolgreiches Engagement war nur von außerhalb dieser Administration möglich, oft sogar nur in aktiver Opposition zu ihr.

Genau mit dieser Intention bildete sich ein weiterer Planungsansatz heraus: das radikale Planungsmodell. Die Kernpunkte dieses Modells sind im Wesentlichen folgende: Radikale Planer wenden sich, genauso wie die Verfechter des Modells des sozialen Lernens und des kommunikativen Handelns, gegen die Dominanz des Expertenwissens; sie sind offen für das Lernen durch Handlungen oder Erfahrung und erkennen den Wert dieses Wissens an. Anders als jene agieren sie jedoch in Opposition zu staatlichen Planungsorganisationen, zu ökonomischen Interessen oder zu beiden. Sie lehnen zumindest Teile des politischen Systems in der Gesellschaft ab und versuchen, die ökonomische und politische Struktur zu verändern, und zwar mit dem Ziel, systemimmanente Ungleichheiten möglichst zu beseitigen. Folgerichtig kehren radikale Planer den traditionellen Vorgehensweisen beim Planen und den parlamentarischen Prozeduren den Rücken und arbeiten außerhalb dieser Verfahren. Angewandt wurde dieses Modell in vielen Bereichen: Das Spektrum reicht von Planungen für Obdachlose über die Stadtplanung bis hin zu ökologischen Parteien/Organisationen und zur Friedensbewegung.

Radikale Planer übernehmen dabei eine neue Rolle, die ein verändertes berufliches Selbstverständnis darüber verlangt, was Planer tun, und was es heißt, ein Planer zu sein. Es geht um nicht mehr oder weniger als eine neue professionelle Identität. Diese Identität schließt ein, dass der Planer, statt im Kontext einer professionellen „Community" zu arbeiten, seinen alten Status aufgibt und sich für die Benachteiligten einsetzt. Ein radikaler Planer kann sich nicht an sein professionelles Umfeld klammern und zugleich hoffen, den Betroffenen eine Unterstützung zu sein. Um ihnen helfen zu können, darf er die Betroffenen nicht als „Klienten" ansehen, sondern muss Teil, zumindest aber Bündnispartner der jeweiligen Gruppierung werden.

Verglichen mit anderen Planungsansätzen liegt der Schwerpunkt des konkreten Handelns mehr auf gemeinschaftlichen Aktionen, die dazu geeignet sind, in möglichst kurzer Zeit konkrete Ergebnisse zu erreichen. Dabei wird das politische System meist nicht direkt herausgefordert. Operiert wird statt dessen oft – und mit Begeisterung – in jenen Bereichen, die das System als Freiräume übrig lässt.

Viele der nach diesem Modell geplanten Aktionen haben ohne jeden Zweifel Beachtliches bewirkt und entscheidende Anstöße gegeben. Dazu gehören nicht zuletzt zahlreiche Erfolge der ökologischen Bewegung. Mit dem Ansatz sind jedoch auch einige Probleme verbunden: Eine der Hauptschwierigkeiten ist, dass die durch radikale Planung erreichten Fortschritte oft sehr schnell an finanzielle und rechtliche Grenzen stoßen, vor allem, wenn mehr als nur marginale Neuerungen bewirkt werden sollen. Eine Änderung der Besteuerung des Energieverbrauchs in Wohnungen oder des motorisierten Individualverkehrs ist beispielsweise kaum von einer Position außerhalb des politischen Systems zu verwirklichen. Sollen solche Grenzen überschritten werden, sind geeignete Aktionen innerhalb des politischen System erforderlich, neue Gesetze müssen beschlossen oder alte verändert werden. Das bedeutet, in einer Gesellschaft, so wie wir sie kennen, können Planungen, die auf diesem Modell basieren, kaum mehr als ein Zwischenstadium sein, wenn nicht nur geringfügige Veränderungen verwirklicht werden sollen: Wenn radikale Planer einmal eine Auseinandersetzung gegen den Status quo gewonnen haben, können sie es meist nicht vermeiden, Teil des Systems zu werden, das sie ändern möchten.

Hinzu kommt ein weiteres Problem: Mit dem Wechsel „auf die andere Seite" haben radikale Planer oft klare und einfache Gegensätze zwischen den Fronten geschaffen. Hier sind „wir", dort „die anderen". Sie haben dabei nicht nur ihr Verhältnis zum Staat simplifiziert, sondern auch das Konzept der „Gemeinschaft" idealisiert, der sie dienen wollen. Doch die Gemeinschaft „der Benachteiligten" oder „der Unterrepräsentierten" ist keine homogene Gruppe. Bürger gehören oft gleichzeitig mehreren, sehr unterschiedlichen Gruppen an, außerdem wechselt die Zugehörigkeit von Zeit zu Zeit:

1 Sieben Planungsmodelle

Es gibt genügend Gruppierungen, die versuchen, Planung dazu zu benutzen, andere von ihren Privilegien und Ressourcen auszuschließen: Einheimische versus Ausländer, Arbeithabende versus Arbeitslose, verschiedene religiöse Gemeinschaften gegeneinander etc. Das heißt, die von radikalen Planern oft postulierte klare und dauerhafte Trennungen zwischen „uns" und „denen" ist in einer pluralistischen Gesellschaft in der Regel nicht gegeben.

Darüber hinaus hängt die Funktionsfähigkeit dieses Modells von der Gruppengröße beziehungsweise der Zahl der Akteure ab: Wenn die Aktivitäten solcher Bewegungen wachsen, benötigen sie – wie die traditionelle Planungsverwaltung auch – in der Regel klare Verantwortlichkeiten, eine formale Organisation und eine entsprechende Hierarchie, die freilich ihrerseits dazu neigt, die gleichen Schwächen zu zeigen, die am bestehenden System kritisiert werden.

Das liberale Planungsmodell

Im liberalen Planungsmodell steht der Begriff „liberal" für „laissez-faire". Im Kern gehen die Verfechter dieses Modells davon aus, dass Planung überhaupt nur dann eingreifen sollte, wenn die Mechanismen des „freien Marktes" nicht funktionieren und Planung einer Haltung des Sich-selbst-Überlassens klar überlegen wäre (vgl. hierzu zum Beispiel Sorensen und Day 1981, Sorensen 1983). Statt auf den Schutz von Mensch, Natur etc. durch Planung setzen die Verfechter dieses Modells auf die (Eigentums)Rechte des Einzelnen, auf individuelle Freiheit, auf das Interesse des Einzelnen, das eigene Wohlbefinden zu steigern, und auf die Wirkung von Verträgen, welche die Menschen miteinander abschließen.

Planung dient in diesem Modell dazu, die Handlungsfreiheiten beziehungsweise Entfaltungsmöglichkeiten innerhalb eines freien Marktes zu unterstützen und zu erweitern, die Rechte des Einzelnen zu schützen sowie unerwünschte Auswirkungen zu regulieren, die durch die Verhaltensweisen des Einzelnen entstanden sind und für erlittene Verstöße gegen individuelle Rechte zu entschädigen. Dahinter steht die Maxime einiger ökonomischer beziehungsweise wirtschaftspolitischer Theorien: so wenig Planung wie möglich und nur so viel Planung wie nötig. Entsprechend wird die Verwendung von Ressourcen für Planung als notwendiges Übel betrachtet, das möglichst vermieden werden sollte.

Dieses Modell hat eine Reihe von Stärken. Seine Verfechter verweisen auf die oft übertriebenen Hoffnungen, was mit Planung erreicht werden könne. Sie warnen nicht zu Unrecht vor übertriebener „Planungs- und Regelungswut" und proklamieren „Deregulierung". Die Schwächen dieses Ansatzes sind dagegen vor allem folgende: Das Konzept des „freien Marktes" impliziert eine Reihe von Schwierigkeiten. Einmal ist die Freiheit in diesem Markt relativ, weil er nach zahlreichen expliziten und impliziten Regeln funktioniert. Zudem ist dieser Markt nur für diejenigen frei, welche die Zugangsvoraussetzungen erfüllen: finanzielle Mittel, erforderliche Kenntnisse, Zeit etc. Allen anderen ist der Zugang verschlossen; das heißt, das Ziel, die Rechte des Einzelnen zu schützen (siehe oben), wird nur bedingt verwirklicht. Insofern beinhaltet das liberale Planungsmodell zwar ein Konzept der „Freiheit", ignoriert jedoch zugleich Konzepte wie „Gleichheit".

Als eine weitere Schwäche liegt dem liberalen Planungsmodell meist ein eingeschränkter Planungsbegriff zugrunde, indem Planung auf „öffentliche Planung" begrenzt wird (vgl. Sorensen 1983). Übersehen wird, dass zum Beispiel auch private Unternehmen ein beträchtliches Maß an Planung unternehmen müssen, um im „freien Markt" auf Dauer zu bestehen, was auch nicht anders sein kann, denn jedes verantwortungsbewusste Management privater wie öffentlicher Güter setzt schließlich Planung voraus.

Zusammenfassung

In diesem Abschnitt wurden sieben Planungsmodelle zusammengefasst, und zwar:
(a) Das rationale Planungsmodell, das als zu positivistisch, apolitisch und ahistorisch kritisiert wurde;
(b) das Modell der Advokatenplanung, welches „die Benachteiligten", „die Unterrepräsentierten" und damit die Verteilungsfrage („Wer bekommt was beziehungsweise wie viel und warum?" sowie „Wer ist bevorzugt, wer benachteiligt?") in den Mittelpunkt rückt und deshalb statt nach *einem* (Master)Plan nach mehreren Plänen verlangt;
(c) das (neo)marxistische Planungsmodell mit der entsprechenden Ideologie;
(d) das Modell der sozial gerechten Planung, das vorschlägt, Planer sollten sich mit gleich gesinnten progressiven Politikern verbünden;
(e) das Modell des sozialen Lernens und des kommunikativen Handelns, dem zufolge der Planer nicht mehr der „Experte" ist, statt dessen wird das Erfahrungswissen der Bewohner anerkannt, und beide Parteien können voneinander lernen; folgerichtig spielen Dialog, Reflexion der Werte und gegenseitige Akzeptanz eine besondere Rolle; außerdem
(f) das radikale Planungsmodell, bei dem die Planer der Planungsadministration den Rücken kehren und
(g) das liberale Planungsmodell, wonach Planung überhaupt minimiert werden und so viel wie möglich den Mechanismen des „freien Marktes" überlassen bleiben sollte.

Zu den meisten dieser Modelle gehört eine eigene Kollektion von Methoden, Datenanforderungen, professionellen Fähigkeiten und Arbeitsstilen, genauso wie eine eigene institutionelle Umgebung. Und in der Praxis werden sie vielfach nebeneinander benutzt.

2 Grundriss einer Planungstheorie der „Dritten Generation"

Einführung

Spätestens seit Ende der sechziger, Anfang der siebziger Jahre des zwanzigsten Jahrhunderts sind die Planungstheoretiker auf der Suche nach einem neuen integrierenden Ansatz zur Beschreibung ihres Arbeitsfeldes. Damals wurde von vielen Autoren – wie im ersten Kapitel aufgezeigt – die Abkehr vom „rationalen" Planungsmodell[1], also der ‚ersten Generation' der Planungstheorien gefordert. Was aber kam danach? Haben sich die Bemühungen inzwischen zu einem Ansatz verdichtet, der möglichst viele Aspekte, die beim Planen eine Rolle spielen, möglichst schlüssig integriert? Die Antwort ist nein. Den Stand der Diskussion Mitte der achtziger Jahre offenbart die vielzitierte Frage „After Rationality, What?" von Ernest Alexander 1984 im Journal of the American Planning Association, und zwölf Jahre später charakterisiert er die Lage so: „Die Planungstheoretiker sind in einem Zustand des Aufruhrs. Nichts ist akzeptiert; alles ist in Frage gestellt." (Alexander 1996, 45)

In diesem Abschnitt des Buches wird, im Anschluss an die Darstellung einiger Vorgänger-Theorien, eine Planungstheorie in ihren Grundzügen vorgestellt, die der Vielschichtigkeit des Planungsprozesses möglichst weit gerecht werden soll. Diese Theorie umfasst die inhaltlichen, das heißt räumlichen, sozialen, politischen, ökologischen und wirtschaftlichen Aspekte der jeweiligen Planungsaufgabe. Sie schließt die Restriktionen unserer Wahrnehmungsfähigkeit und unseres Denkvermögens sowie die Grenzen planerischer Eingriffsmöglichkeiten ein. Darüber hinaus stellt sie den Bezug zum relevanten theoretischen Hintergrund her, besonders den semiotischen, epistemologischen und ethischen Komponenten des Planens.

Drei Generationen von Planung

‚Erste Generation' von Planung

Aufgabe der Planungstheorie und Planungsmethodik ist, wissenschaftliche Theorien und Methoden vergleichend zu analysieren, zu entwickeln und an-

---

[1] In diesem Abschnitt „Grundriss einer Planungstheorie der ‚dritten Generation'" werden die Begriffe „Planungstheorie" und „Planungsmodell" synonym verwandt.

zuwenden, mit deren Hilfe Planungs- und Entwurfsprozesse in der Praxis bearbeitet beziehungsweise unterstützt werden. Die Entwicklungsstadien dieses Fachgebietes seit dem zweiten Weltkrieg bis in die siebziger Jahre lassen sich – grob und verkürzt – folgendermaßen skizzieren:[2] Auf den „golden optimism" (Catton 1980, xii) der fünfziger Jahre des zwanzigsten Jahrhunderts folgten die „soaring '60s" (Catton 1980, xiii) mit ihrer nahezu überschäumenden Einschätzung dessen, was durch Planung erreicht werden kann: „there are no problems, only solutions" (Catton 1980, xiii). Die Ernüchterung kam in den siebziger Jahren: Die Grenzen dessen, was mit den damaligen, mehr technisch und weniger sozio-politisch orientierten Planungsmethoden erreicht werden konnte, wurden erkennbar.

Vor diesem Hintergrund beschrieb Rittel (1972), wie zahlreiche andere Planungswissenschaftler auch, einige gravierende Schwachpunkte im damaligen Planungsverständnis. Er teilte die Planungsansätze in eine ‚erste' und eine ‚zweite' Generation. In der ‚ersten Generation', das ist die Generation, die bis zum Beginn der siebziger Jahre gelehrt und praktiziert wurde, wird der Planungsprozess in folgende Phasen unterteilt (vgl. Rittel 1970, 17; 1972, 391):

- Verstehe das Problem
- Sammle Informationen
- Analysiere die Informationen
- Entwickle Lösungen
- Bewerte die Lösungen
- Führe aus
- Teste
- Modifiziere die Lösung, falls nötig.

Man findet bei verschiedenen Autoren unterschiedliche Bezeichnungen für die einzelnen Phasen und manchmal werden die Phasen feiner oder gröber unterteilt, am Prinzip ändert sich dadurch jedoch nichts.

Dieses Planungsverständnis impliziert folgende Annahmen (vgl. Rittel 1972, 390):

- Problemformulierung und Problemlösung sind getrennte und voneinander unabhängige Phasen.
- Die Herangehensweise soll „rational" und „objektiv" sein.
- Es soll nicht nur eine Fachdisziplin beteiligt, sondern interdisziplinär geplant werden.
- Die Lösung soll „optimiert" sein, das heißt, alle relevanten Aspekte sollen am Ende in einem einzigen Maß vereint werden, das es zu maximieren gilt.

Dieser Sichtweise liegt das „rationale" Planungsmodell zugrunde. Bei diesem Modell herrscht das Bild des rational handelnden Menschen vor, der Entscheidungen aufgrund verstandesmäßig nachvollziehbarer Überlegungen und Kriterien fällt. Er kennt verschiedene Lösungsalternativen und wählt nach ra-

---

[2] Eine Darstellung der Historie des Fachgebietes über die letzten zwei Jahrhunderte gibt beispielsweise Friedmann 1996.

tionalen Gesichtspunkten diejenige mit dem größten zu erwartenden Nutzen aus. Die Voraussetzungen für den Einsatz dieses Modells sind vor allem folgende (vgl. hierzu zum Beispiel Lindblom 1959, Mayntz 1976, March 1982, Fredrickson und Mitchell 1984):
(a) Vollständigkeit der Informationen über
- die Merkmale der Planungsaufgabe
- die Lösungsalternativen
- die Auswirkungen dieser Alternativen
- die Einschätzungen der Alternativen (mit numerischen Werten) hinsichtlich der Merkmale der Planungssituation.
(b) Eindeutige Ziele und Wünsche, die folgende Eigenschaften aufweisen: Sie sind
- über einen längeren Zeitraum hinweg stabil
- von den zu bewertenden Alternativen unabhängig
- konfliktfrei oder zumindest vergleichbar
- und lassen sich unabhängig von der jeweiligen Planungssituation nach ihrer Wichtigkeit ordnen.
(c) Alle Informationen können von den Planenden vollständig verarbeitet werden.

Bereits der erste Blick auf diesen Katalog macht deutlich, dass die genannten Voraussetzungen bei vielen Planungsaufgaben völlig unrealistisch und von daher nicht einlösbar sind – das rationale Planungsmodell ist folgerichtig auch vielfach kritisiert worden (vgl. das erste Kapitel dieses Buches oder zum Beispiel Lindblom 1959, Simon 1968, Rittel 1972, March 1978 und 1982, Alexander 1984, Popper 1987 oder Mandelbaum, Mazza und Burchell 1996).[3]

‚Zweite Generation' von Planung

Rittel stellte deshalb dieser ‚ersten Generation' von Planungsmodellen die – wie er es nannte – ‚zweite Generation' gegenüber. Nach Rittel wurde in der ‚ersten Generation' meist so getan, als ginge es beim Planen um das Bearbeiten „gutartiger" Probleme. Anders seine ‚zweite Generation': Sie geht davon aus, dass wir es beim Planen fast immer mit „bösartigen" Probleme zu tun haben (vgl. Rittel 1972, Rittel und Webber 1973). Gutartige Probleme sind zum Beispiel Schachspielen oder mathematische Gleichungen lösen. Bei diesen Problemen sind die Aufgabe, die zulässigen Lösungswege und das zu er-

---

[3] Das rationale Modell beschreibt den „mainstream" innerhalb der Planungstheorie zur damaligen Zeit. Natürlich gab es auch in den fünfziger und sechziger Jahren Autoren, die einen anderen, mehr sozio-politisch orientierten Planungsansatz benutzt haben (vgl. vor allem Meyerson und Banfield 1955); deshalb ist folgender These Faludis zuzustimmen: „The idea of objective rationality is wrongly imputed to advocates of rational planning by their opponents" … „So, by claiming that rationality purports to transcend conflict, its critics have created a strawman." (Faludi 1996, 71) Wie auch immer, das rationale Modell beziehungsweise die Suche nach einer Alternative zu diesem Modell hat die Planungstheoretiker die letzten drei Jahrzehnte intensiv beschäftigt.

reichende Ziel klar und eindeutig definiert. So gibt es definierte Regeln, wie man Schach spielt oder eine mathematische Gleichung sachgerecht löst. Ebenso ist klar, wann das Schachspiel zu Ende oder die Gleichung gelöst ist, zumindest für den, der die Regeln kennt.

Anders bei den so genannten „bösartigen" Planungsproblemen. (Andere Autoren bezeichnen sie als „ill-defined problems" oder „ill-structured problems"; vgl. zum Beispiel Simon 1973.) Sie sind vor allem durch folgende Eigenschaften gekennzeichnet (vgl. Rittel 1972,392 ff):

(a) Jedes bösartige Problem ist wesentlich einzig.
(b) Für bösartige Probleme gibt es keine abschließende Definition, jede Beschreibung eines bösartigen Problems ist vorläufig und kann als Symptom eines anderen Problems gesehen werden.
(c) Die Existenz einer Diskrepanz, wie sie ein bösartiges Problem repräsentiert, kann auf zahlreiche Arten erklärt werden; die Wahl der Erklärung bestimmt die Art der Problemlösung.
(d) Bösartige Probleme haben weder eine zählbare (oder erschöpfend beschreibbare) Menge potenzieller Lösungen, noch gibt es eine gut umrissene Menge erlaubter Maßnahmen, die in die Planung mit einbezogen werden können.
(e) Lösungen für bösartige Probleme sind nicht „richtig" oder „falsch", sondern „besser" oder „schlechter".
(f) Der Planende kann nicht experimentieren, wie Wissenschaftler dies im Labor können, das heißt, er hat kein Recht auf Irrtum.
(g) Jede Lösung eines bösartigen Problems ist deshalb eine „one-shot-operation", das heißt, jeder Versuch zählt signifikant, weil es keine Gelegenheit gibt, durch Versuch und Irrtum zu lernen.
(h) Weil bösartige Probleme sich nicht abschließend definieren lassen (siehe oben), haben sie keine „Stoppregel", das heißt, es gibt keine Regel, wann sie „gelöst" sind.
(i) Es gibt keine unmittelbare und keine endgültige Überprüfungsmöglichkeit für die Lösung eines bösartigen Problems.

Dieses Rittel'sche Planungsmodell der ‚zweiten Generation' hat zweifellos eine Reihe gravierender Umschwünge gebracht. Vor allem wurde das Thema Planung auf wissenschaftstheoretische „Füße" gestellt, indem die Unsicherheit allen Wissens und die Abhängigkeit des Wissens von bestimmten metaphysischen Basisannahmen beziehungsweise Paradigmen akzeptiert wurde (vgl. dazu zum Beispiel Kuhn 1962/1981, Toulmin 1972/1978 oder Feyerabend 1975/1979), und zwar mit der Folge, dass Begriffe wie „objektive" Problembeschreibung oder „optimale" Problemlösung nicht mehr Grundlage der Diskussion sind (oder sein sollten), weil es beides nicht gibt. Überdies wurde die Bedeutung von Werten (Axiologie und Ethik) offenkundig.

Das Manko der Rittel'schen Zusammenstellung ist, dass sie auf viele der beim Planen vorkommenden Aspekte beziehungsweise Aufgaben nicht eingeht, infolgedessen bietet diese ‚zweite Generation' auch keinen systematischen

2 Grundriss einer Planungstheorie der ‚Dritten Generation'

Überblick über das Arbeitsgebiet der Planungstheorie. Eine Systematisierung widerspräche zudem der Philosophie dieser ‚zweiten Generation'; denn: einer These wie „Jedes bösartige Problem ist wesentlich einzig" (siehe oben) liegt ja die Annahme zugrunde, dass es beim Planen nichts Übertragbares gibt. Daraus folgt – zugespitzt formuliert –, dass sich beim Planen nichts systematisieren lässt. Folgerichtig stellt beispielsweise Alexander (1992,9) fest, dass Rittels ‚zweiter Generation' die These zugrunde liegt, eine systematische Theorie der Planung sei nicht formulierbar (vgl. dazu auch Mandelbaum 1979).

Reaktionen auf den Zusammenbruch des rationalen Paradigmas

Rittel war nur einer von vielen Autoren, die sich Anfang der siebziger Jahre zum Thema Planungstheorie geäußert haben. Zur gleichen Zeit und in den Jahren danach gab es viele Versuche, die Diskussion um die Nachfolge des rationalen Modells voranzutreiben. Fasst man die Ergebnisse dieser Arbeiten retrospektiv zusammen, so lassen sie sich folgendermaßen einordnen (vgl. Alexander 1984; 1996,47 ff):

(a) Relativ weit verbreitet ist die *rituelle Reaktion*. Sie beinhaltet das Festhalten am rationalen Modell. Eine Untersuchung in den USA Anfang der achtziger Jahre ergab, dass mehr als die Hälfte aller Planerschulen nach wie vor das rationale Modell lehrten.

(b) In der *Vermeidungsreaktion* wird nicht mehr nach einem integrierenden Planungsmodell gesucht. Man konzentriert sich statt dessen vielmehr darauf zu beschreiben, wie sich Planer tatsächlich verhalten, oder das rationale Modell wird geringfügig modifiziert.

(c) Mit der *Fluchtreaktion* geht meist die Feststellung einher, das rationale Modell, beziehungsweise jedes Prozessmodell auf ähnlichem Abstraktionsniveau und mit ähnlichem Allgemeinheitsgrad, sei entweder unnötig oder nicht möglich (vgl. Rittel und Webber 1973; Mandelbaum 1979) und sollte deshalb vermieden werden.[4] In einer Version dieser Fluchtreaktion wird – auf deutlich niedrigerem Abstraktionsniveau – als Ersatz postuliert, die Intuition oder die Erfahrung des Planers sei die Basis seines Planungshandelns. Oder es wird argumentiert, die Aufgabe des Planers sei ohnedies nur pragmatischer Natur und deshalb sehr begrenzt. In einer anderen Version wird das „wertneutrale" rationale Modell durch konkrete ökologische, technologische, soziale oder politische Ideologien ersetzt (zum Beispiel Neo-Marxismus, ökologischer Fundamentalismus, Cargoismus (vgl. Catton 1980) etc.).

(d) Die vierte Reaktion ist die *Suchreaktion*, deren Ansätze sich im Wesentlichen zwei Gruppen zuordnen lassen.

Die Themen der ersten Gruppe sind im hiesigen Zusammenhang *zu* allgemein: Sie betreffen zwar die Planung insgesamt und sind insofern für Planung relevant, differenzieren jedoch nicht zwischen einzelnen Teilaufgaben des

---

[4] Nicht wenige Planungstheoretiker wechselten ihren Arbeitsschwerpunkt und betonten fortan planungshistorische Aspekte.

Planens. Hierzu zählen unter anderem die Handlungstheorien (zur Beschreibung von Vorgängen beim Planen) oder die Ethik (Werte und Normen als Grundlagen jeder Planungsentscheidung) oder die so genannten kommunikativen Planungstheorien (zur Entwicklung solcher Werte und Normen)[5] etc.

Dagegen konzentrieren sich die Arbeiten der zweiten Gruppe (zu sehr) auf Einzelaspekte – Beispiel: „Planung ist Kommunikation" (Selle 1997, 40) – oder bestimmte Kombinationen dieser Einzelaspekte, die dann entweder als Polaritäten diskutiert (Beispiel: positivistische versus normative Theorien; vgl. Yiftachel 1989, 24 ff) oder dialektisch abgehandelt werden (Beispiel: These: objekt-zentrierte Sichtweise, Antithese: subjekt-zentrierte Sichtweise, Synthese: transaktive Planung; vgl. Banai 1988, 15 ff). Oder man kreuzt zwei Polaritäten zu einem Vierer-Verbund: Substantive versus prozedurale plus explanatorische versus präskriptive Theorien (vgl. Yiftachel 1989, 26 f). Oder es werden gleich fünf Gruppen gebildet, wie bei Hudsons SITAR Modell (synoptisch, inkremental, transitiv, advokatisch, radikal; vgl. Hudson 1979, 388 ff) – und so fort.

Alle genannten Themen sind relevant und hilfreich, sie präzisieren bedeutsame Einzelaspekte oder bestimmte Teilthemen. Woran es jedoch gegenwärtig vor allem mangelt, sind entsprechende Theorien im „mittleren" Bereich zwischen den (zu) allgemeinen Ansätzen (der ersten Gruppe, siehe oben) und den (zu) singulären Ansätzen (der zweiten Gruppe, siehe oben), die möglichst viele der beim Planen vorkommenden Aspekte möglichst schlüssig integrieren und in einen systematischen Zusammenhang stellen. Theorien dieses Typs werden hier als Planungstheorien der ‚dritten Generation' bezeichnet. Solche Theorien sollten als Konstrukte unser Tun beim Planen leiten (vgl. Teil II dieses Buches), und ohne solche Ansätze werden relevante Aspekte leicht übersehen.

Grundriss einer Planungstheorie der „Dritten Generation"

In diesem Abschnitt des Buches wird der Versuch unternommen, an dieser entscheidenden Stelle ein Stück voran zu kommen. Das im Folgenden beschriebene Modell wurde hauptsächlich von Heidemann (1992, 14 und 95; 1995) vorgedacht, wobei nur die erstere der genannten Quellen (1992) in Schriftform veröffentlicht ist.

Um das komplexe Thema „Planung" zu strukturieren, greifen wir zunächst auf die Systemtheorie zurück, wobei wir die Darstellung für unsere Zwecke vereinfachen. (Zum Thema Systemtheorie vgl. einführend etwa Jantsch 1992 oder Siegwart 1996, aber auch Luhmann 1996). Hier gibt es vor allem zwei unterschiedliche Ansätze. In der üblichen Definition werden Systeme in erster Linie verstanden als Netze von Beziehungen oder Relationen, die Teile zu einem Ganzen zusammensetzen; Systeme sind: „eine Menge ... von ... [Komponenten], zwischen denen eine Wechselbeziehung besteht. Beispiele sind ein Atom als System physikalischer Elementarpartikel, eine lebende Zelle als System ... zahlreicher organischer Verbindungen oder enzy-

---
[5] Vgl. zum Beispiel Forester 1989 beziehungsweise Habermas 1981, 1983.

matischer Reaktionen, eine menschliche Gesellschaft als System vieler Individuen, die in verschiedensten Beziehungen zueinander stehen." (Huber 1976, 6) Dies ist die Definition des so genannten Komponenten-und-Relationen-Modells von Systemen. Dieses Modell ist nicht unkritisiert geblieben. „Die Unzulänglichkeit dieser Systemvorstellung besteht im Wesentlichen darin, dass sie das System auf sich selbst isoliert, indem die Betrachtung ganz und gar auf die „Innenordnung" des Systems – auf die ... [Komponenten] und ihre Beziehungen zueinander und zum Ganzen – beschränkt wird, ohne jeden Bezug auf eine Umwelt." (Bäcker 1996, 68)

Das System-Umwelt-Paradigma der Systemtheorie

Dieses Manko umgeht das so genannte System-Umwelt-Paradigma. Nach diesem Paradigma bestehen Systeme aus einem Systemkern, der in eine Umwelt eingebettet ist. Die Kollektion aller Teile des Systemkerns, bestehend aus Komponenten und Relationen, wird als Zusammensetzung (Komposition) dieses Systemkerns bezeichnet (vgl. dazu zum Beispiel Bunge 1979 oder Mahner und Bunge 1997). Diese Zusammensetzung wird jedoch ergänzt durch die Menge all derjenigen Dinge, die nicht zum Systemkern gehören, das heißt durch seine Umwelt. Dieser Ansatz geht davon aus, dass die Systemtheorie notwendigerweise eine Theorie der Beziehungen zwischen Systemkern und Umwelt sein muss (vgl. zum Beispiel Luhmann 1996, 35). Der Grund dafür ist, dass Systemkerne nicht nur manchmal, sondern strukturell, also immer an ihre Umwelt gekoppelt sind und somit ohne diese Umwelt nicht bestehen können. Ein System ist deshalb immer ein „Systemkern-in-einer-Umwelt" (vgl. Bäcker 1996, 67).

Bei der Modellierung eines Systems muss freilich normalerweise nicht der ganze Rest des Universiums als Umwelt in Betracht gezogen werden, sondern nur diejenigen Komponenten der Umwelt, die den Systemkern beeinflussen oder die vom Systemkern ihrerseits beeinflusst werden. Der Ausdruck „Umwelt" ist in diesem Modell somit nicht holistisch gemeint, wie bei Plato, den Stoikern oder Hegel, weil innerhalb dieser Umwelt zwischen einer direkt relevanten und einer allgemeinen unterschieden wird. Nur die Kollektion derjenigen Dinge außerhalb des Systemkerns, die mit diesem Kern verbunden sind, wird als Umwelt des Systems bezeichnet. Das heißt, der Begriff „Umwelt" wird hier stets im Sinne von „direkter oder unmittelbarer" Umwelt verwendet (vgl. Mahner und Bunge 1997, 25).

Es gibt keine Planung „per se"

Diesem Abschnitt liegt des Weiteren folgende These zugrunde: Es gibt keine Planung „per se". Planung wird immer von Menschen gemacht, die bestimmte biologische und psychologische Eigenschaften besitzen, als Planende fast immer in Organisationen oder Kooperationen interagieren, in einem sozialen und kulturellen Umfeld leben und arbeiten und bestimmte Fähigkeiten, Fertigkeiten und Fehler beziehungsweise Restriktionen haben.

Zu diesen Restriktionen gehört beispielsweise, dass unsere Wahrnehmung prinzipiell nur selektiv beziehungsweise ausschnitthaft ist und nicht kognitions- und damit theorieunabhängig stattfinden kann. Dazu gehört auch, dass unsere Fähigkeit zu denken Beschränkungen unterliegt, und darüber hinaus haben wir von unseren Handlungsmöglichkeiten her nicht die Macht, alles und jedes zu verändern. Ein Planungsmodell sollte diese Bedingungen und Begrenztheiten einschließen. Sucht man nach einem Modell, das diese Aspekte berücksichtigt, so bietet sich als Grundgerüst der Ansatz von Jacob von Uexküll an. Dieser Ansatz enthält die oben beschriebene systemtheoretische Komponente und ist zudem so angelegt, dass nicht nur die Beschränkungen unserer Wahrnehmungsfähigkeit, sondern auch die Restriktionen unseres Denkvermögens sowie die Grenzen unserer Handlungsmöglichkeiten explizit thematisiert und damit ins Blickfeld gerückt werden.

Der Funktionskreis von Jacob von Uexküll

Die Systemtheorie nach dem System-Umwelt-Paradigma wird heute gelegentlich als „neuere" Systemtheorie bezeichnet (vgl. Bäcker 1996, 67). Dabei wird übersehen, dass sie eine langjährige Tradition hat: Dieses System-Umwelt-Paradigma ist bereits im so genannten „Funktionskreis" des Biologen Jacob von Uexküll (1928/1973) enthalten.[6]

Nach von Uexküll ist jedes Lebewesen – also auch der Mensch – ein Subjekt, das dank seiner speziellen Bauart aus den allgemeinen Wirkungen der Außenwelt nur bestimmte Reize aufnehmen kann, auf die es in bestimmter Weise antwortet. Diese Antworten bestehen in bestimmten Wirkungen auf die Außenwelt, und diese wiederum beeinflussen ihrerseits die Reize. Dadurch entsteht ein geschlossener Kreislauf, der Funktionskreis genannt wird (vgl. von Uexküll 1928/1973, 158).

Dieser Funktionskreis lässt sich wie folgt gliedern (siehe Abb. 1): Die Reize, die auf das Lebewesen einwirken, bilden dessen *Merkwelt*, die es mit Hilfe seiner speziellen so genannten Merkorgane wahrnehmen kann. Die Merkwelt erstreckt sich somit nur auf diejenigen Merkmale der Umwelt, die für die Merk- beziehungsweise Wahrnehmungsorgane der Akteure feststellbar sind. Reize, die nicht empfangen werden können, sind für die Akteure nicht existent und stehen somit für Interpretationen nicht zur Verfügung.

---

[6] Es mag manche Leser irritieren, dass hier auf ein Modell aus den zwanziger Jahren zurückgegriffen wird. Natürlich gibt es neuere Versuche, Modelle für Planung nutzbar zu machen, die einige Ähnlichkeiten mit dem Uexküllschen Ansatz haben (vgl. Newell und Simon 1972, Faludi 1973 (zur Kritik an Faludi vgl. Thomas 1982) oder Stachowiak 1992). In keinem dieser Modelle ist jedoch die oben beschriebene systemtheoretische Komponente so explizit enthalten wie im Uexküllschen Ansatz. Diese Modelle wurden vielmehr oft als Analogien zur Arbeitsweise von Computern verstanden, eine Denkrichtung, die mit der Intention von Uexkülls wenig zu tun hat (vgl. dazu zum Beispiel Bechtholsheim 1993).

2 Grundriss einer Planungstheorie der ‚Dritten Generation'

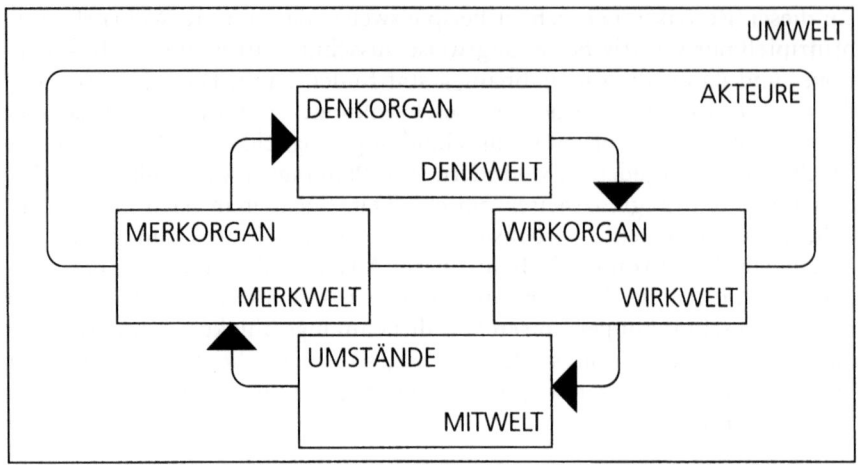

Abbildung 1 Der Funktionskreis
Quelle: Heidemann 1992, 14; (modifiziert) nach von Uexküll 1928

Die *Denkwelt* oder innere Welt des Lebewesens ist die Welt, in der es mit seinem Denkorgan die ihm eigenen und möglichen Steuerungen vornimmt.[7]

Die Wirkungen, die das Lebewesen mit Hilfe seiner so genannten Wirkorgane auf die Außenwelt ausübt, ergeben seine *Wirkwelt*. Die Wirkwelt erstreckt sich somit nur auf jenen Ausschnitt der Umwelt, der für die operative Ausstattung der Akteure beeinflussbar ist: Nur diejenigen Dinge, die für die Akteure „erreichbar" sind, können verändert werden.

Bei der *Mitwelt* der Akteure handelt es sich um alle Gegebenheiten und Prozesse innerhalb der Umwelt, die den Akteuren für Beobachtungen und/oder Einwirkungen zugänglich sind.

Merkwelt, Denkwelt, Wirkwelt und Mitwelt bilden einen rekursiven Zusammenhang.[8] (Für Details vgl. von Uexküll 1928/1973, 150 ff.)

---

[7] Von Uexkülls Funktionskreis bezieht sich auf alle Lebewesen, nicht nur auf den Menschen. Da die nachfolgende Darstellung jedoch nur auf den Menschen Bezug nimmt, werden Begriffe wie „Denkwelt" etc. verwendet. Die Sonderstellung des Menschen, was Bewusstsein und Denken angeht, wird freilich inzwischen immer mehr in Zweifel gezogen: „Tauben verhalten sich nach den Regeln der formalen Logik, ... Wüstenmäuse bilden Kategorien im Kantschen Sinne." (Halentz 1997, 60)

[8] Der Uexküllsche Funktionskreis lässt sich an dem extremen Beispiel einer Zecke (Ixodes rhicinus) verdeutlichen (vgl. dazu Riedl 1980; Süskind 1985, 26 f). Mit der Gesamtheit aller Signale der Umwelt setzt sich die Zecke nicht auseinander, dafür ist sie von ihren Merkorganen her nicht ausgestattet. Sie hat über ihre Umwelt nur zwei Informationen zur Verfügung: Den Geruch von Buttersäure und die Wahrnehmung bestimmter Temperaturen. Das ist alles, was ihre Merkwelt ausmacht. Diese „Definition" des Säugetiers im „Weltbild" der Zecke ist weder an Einfachheit noch an Treffsicherheit zu überbieten. „Ein Irrtum ist so gut wie ausgeschlossen." (Riedl 1980, 43) Auf den Geruch von Buttersäure hin lässt sie sich fallen. Nimmt sie eine Temperatur von 37 Grad Celsius wahr, bohrt sie sich in das Säugetier ein. Das heißt,

Uexküll legt somit dar, dass alle Lebewesen ganz bestimmte Beziehungen zu ihrer Umwelt haben – hier spiegelt sich das System-Umwelt-Paradigma wider (siehe oben). Die elementare Beziehung ist die, dass sie in einem bestimmten, wie er es nennt, Medium leben, das ihnen selbstverständlich ist und über ihre Merkorgane zugänglich. Entsprechend eingeschränkt ist beispielsweise auch die Aufnahme und Verarbeitung der dem Lebewesen zur Verfügung stehenden Informationen. Diese Einschränkung bei der Wahrnehmung der Umweltreize wird als „Modularisierung" bezeichnet. Fodor zum Beispiel zeigt in seiner Arbeit „The Modularity of Mind" (1979) genau dies für die menschlichen Sinne.

Nach von Uexküll sind somit alle vier Welten (Merkwelt, Denkwelt, Wirkwelt und Mitwelt) durch die Eigenarten des Lebewesens geprägt, und seine unmittelbare Umwelt besteht nur aus den Komponenten der allgemeinen beziehungsweise gesamten Umwelt, die für das Lebewesen zugänglich beziehungsweise erreichbar sind.

Das Planungsmodell

Das Uexküllsche Modell bietet die Möglichkeit, planende Menschen zu beschreiben, die wahrnehmen, denken und handeln (und in bestimmten Organisationen agieren), über ein bestimmtes Hintergrundwissen verfügen und in einer Umwelt leben, welche die Rahmenbedingungen ihres Tuns abgibt. Deshalb benutzen wir dieses Modell als Grundgerüst für unseren Planungsansatz. Der Grundgedanke des Modells lässt sich somit – mit wenigen Worten – wie folgt umreißen: Akteure, mit ihrer jeweiligen Gedankenwelt, agieren (in der Regel in Organisationen) als Systemkern im Kontext einer Umwelt und stehen auf bestimmte Art und Weise in ständigem Austausch mit den für sie relevanten Komponenten dieser Umwelt.

Anpassen der Begriffe

Der nächste Schritt zu unserem Planungsmodell ist folgender: Die bisher benutzten Begriffe wie „Merkwelt", „Wirkwelt" usw. sind für Planer fremd und werden deshalb durch andere ersetzt, die im Kontext von Planung verständlicher sind (siehe Abb. 2 sowie Heidemann 1992, 95).

Bewusst werden dabei solche Begriffe verwendet (zum Beispiel „Verständnis der Sachlage" etc.; siehe unten), die von ihrer Bedeutung her nicht allzu eng begrenzt sind, und zwar vor allem aus zwei Gründen: Zum einen sind viele der in der Planung gängigen Ausdrücke (wie „Mittel", „Ziel" etc.) Gegenstand kontroverser Diskussionen (vgl. zum Beispiel Faludi 1987, Alexander 1992, Fischer und Forester 1993 oder Dym 1994), von daher vorbelastet und für ein solches Modell ohne zusätzliche klärende Erläuterungen nicht geeignet. Zum zweiten lässt sich das Modell damit auf Planungsaufgaben der unterschiedlichsten Bereiche anwenden.

---

in ihrem Fall besteht ihre Steuerung nur darin, „abzuprüfen", ob beide Merkmale, Buttersäure und 37 Grad Celsius, gegeben sind. Ist dies der Fall, aktiviert sie das, was ihr in ihrer Wirkwelt zur Verfügung steht: Fallenlassen und Einbohren.

2 Grundriss einer Planungstheorie der ‚Dritten Generation'

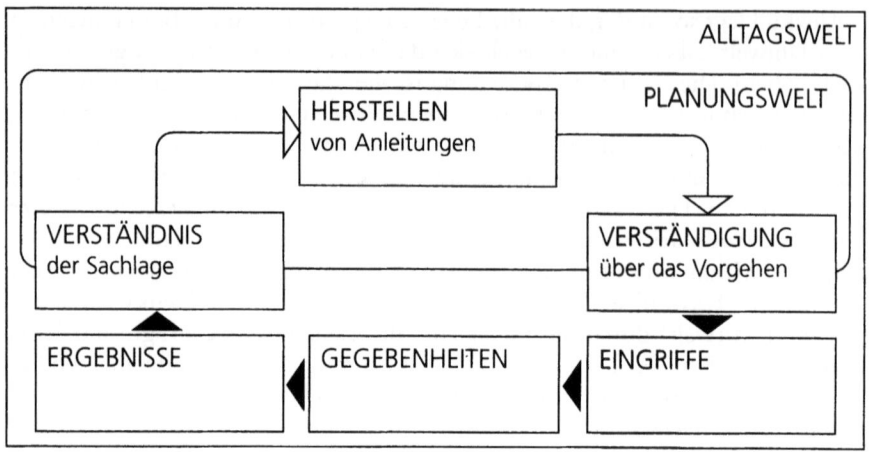

Abbildung 2 Grundschema Planung
Quelle: Heidemann 1992, 95 (modifiziert)

Die veränderten Begriffe lauten nun wie folgt (vgl. Abb. 2): Was bisher in Abb. 1 als „Akteure" bezeichnet wurde, ersetzen wir durch den Begriff „Planungswelt". Damit wird klargestellt, dass es nicht nur um die in der Planungswelt agierenden und mehr oder weniger in Organisationen kooperierenden Personen geht, sondern genauso um deren Wissen, das heißt, um die von ihnen benutzten Methoden, Begriffe, Theorien und Weltsichten.

Was in Abb. 1 als „Umwelt" bezeichnet wird, ersetzen wir durch den Begriff „Alltagswelt". Damit ist die Umwelt nach dem System-Umwelt-Paradigma gemeint, die den Rahmen beziehungsweise Hintergrund bildet für die Aktionen der „Planungswelt". Die „Alltagswelt" ist somit diejenige Welt außerhalb der Planungswelt, in die letztere eingebettet ist, wobei beide in Wechselwirkung zueinander stehen.

Die übrigen Begriffe sind in Abb. 2 folgendermaßen verändert:

Die „Merkwelt" bezeichnen wir als „Verständnis der Sachlage". Das ist der Ausschnitt der Alltagswelt, den die Akteure der Planungswelt wahrnehmen und interpretieren können. „Verständnis der Sachlage" wird somit in Abb. 2 zum Übergang von der „Alltagswelt" zur „Planungswelt" und ist daher eine der Stellen, an denen die „Planungswelt" zur „Alltagswelt" hin geöffnet ist.

Die „Denkwelt", das ist bei von Uexküll die innere Welt, in der das jeweilige Lebewesen die ihm eigenen und möglichen Steuerungen vornimmt (siehe oben), ersetzen wir im Planungsmodell durch „Herstellen von Anleitungen". Ein großer Teil der Denkarbeit beim Planen besteht schließlich meist darin, Anleitungen (also Pläne, Beschreibungen etc.) zu erarbeiten, das heißt, sich „Steuerungen" im Uexküllschen Sinne auszudenken. Mit Hilfe dieser Anleitungen sollen Dritte in der Lage sein, bestimmte Handlungen auszuführen, zum Beispiel ein Haus zu bauen oder einen Stadtteil zu sanieren.

Um das Uexküllsche Modell an die Anforderungen beim Planen anzupassen, wird die „Wirkwelt" – anders als die bisher beschriebenen Begriffe – nicht nur „übersetzt", sondern zusätzlich aufgeteilt: Beim Übergang von der „Planungswelt" zur „Alltagswelt" haben wir es nämlich mit zwei verschiedenen Teilaufgaben zu tun. Wir unterscheiden deshalb im Planungsmodell zwischen der „Verständigung über das Vorgehen" und „Eingriffen" (siehe Abb. 2). Konkret: Planung ist in unserem Zusammenhang ein sozialer Vorgang, das heißt, es geht bei diesem Übergang nicht als erstes darum, die in der „Planungswelt" erarbeiteten Anleitungen (Pläne, Beschreibungen etc.) direkt und unmittelbar durch praktische Eingriffe umzusetzen. Statt dessen ist in aller Regel zunächst die Aufgabe zu leisten, das in der „Planungswelt" Erarbeitete mit den übrigen Betroffenen beziehungsweise Beteiligten der „Alltagswelt" abzustimmen – dies schließt in vielen Fällen eine Veränderung beispielsweise der erarbeiteten Anleitung ein. Wir nennen diesen ersten Teil des Übergangs von der „Planungswelt" zur „Alltagswelt" deshalb „Verständigung über das Vorgehen".

Den zweiten Teil dieses Übergangs bezeichnen wir als „Eingriffe", weil jetzt „handgreiflich" etwas an der realen Welt verändert wird, er findet komplett in der „Alltagswelt" statt (vgl. Abb. 2).

Wie die „Wirkwelt" wird auch die „Mitwelt" in zwei Bereiche unterteilt. Der Zweck dieser Differenzierung ist, zwischen der Situation *vor* einem Planungseingriff und *danach* unterscheiden zu können: Den ersten Bereich, in dem es um die Situation vor dem geplanten Eingriff geht, nennen wir „Gegebenheiten". So wird aber nur derjenige Ausschnitt der Alltagswelt bezeichnet, der für die Beobachtungen und die Eingriffe der jeweils relevanten Akteure erreichbar ist; hier beispielsweise liegt ein wesentlicher Unterschied zu den Planungsmodellen der ‚ersten Generation', die ja davon ausgehen, dass die Merkmale der Planungssituation vollständig erfasst werden können (siehe oben). Den zweiten Teil der „Mitwelt" bezeichnen wir als „Ergebnisse" und meinen damit alles, was sich an den „Gegebenheiten" nach der Durchführung der Eingriffe verändert hat.

Zusammengefasst differenzieren wir also innerhalb der Alltagswelt drei Aspekte: „Eingriffe" greifen in bestimmte „Gegebenheiten" der „Alltagswelt" ein und bewirken (mehr oder weniger erwünschte) „Ergebnisse".

Zur Bearbeitung der Teilabschnitte des Modells

In diesem Planungsmodell werden die skizzierten Bestandteile beziehungsweise Teilabschnitte voneinander unterschieden; dies bedeutet jedoch nicht, dass sie sich voneinander trennen lassen. Das erarbeitete Verständnis einer Sachlage bildet naturgemäß die Grundlage und den konzeptionellen Rahmen für die zu erstellenden Anleitungen, diese wiederum beeinflussen die Art und Weise der Verständigung über das Vorgehen und so weiter. Die Begriffe sind in Abb. 2 so durch Pfeile verbunden, dass ein Kreislauf entsteht. Diese Pfeile geben jedoch nur die Hauptrichtung der Bearbeitung wieder. Sie stellen nicht notwendigerweise – dies sei hier ausdrücklich betont – die tatsächliche Reihenfolge beim Bearbeiten einer konkreten Planungsaufgabe dar, denn dies geschieht im Einzelfall meist in einem Vor und Zurück. Zudem verbirgt sich hinter den in Abb. 2 genannten Begriffen (zum Beispiel „Verständnis der Sachlage" etc.) oft wieder ein eigener Kreislaufprozess.

Vermeidung des Begriffs „rational"

Manchem Leser mag aufgefallen sein, dass der Ausdruck „rational" und ihm verwandte Begriffe bei der Beschreibung des Modells vermieden wurden. Heutzutage sollte kein Planungsmodell – verdeckt oder offen – irgendwelche idealistischen Rationalitätsannahmen implizieren, nicht zuletzt, weil das Konzept der Rationalität in der Philosophie so idealisiert wurde, dass es auf „normale" Menschen nicht mehr anwendbar ist (vgl. Cherniak 1992). So kommen beispielsweise Lenk und Spinner in ihrer Analyse des Begriffs „rational" auf zweiundzwanzig unterschiedliche Bedeutungsvarianten, deren Gemeinsamkeit nur darin besteht, „dass der Ausdruck „rational" sich *irgendwie* auf systematisierte Problemlösungsstrategien bezieht" (Lenk und Spinner 1989, 1; Hervorhebung vom Verfasser). Es ist deshalb auch wenig verwunderlich, dass sich der Begriff „rational" in der Planung nicht bewährt hat.

Eine These ist, dass das hier vorgeschlagene Planungsmodell, eben weil es auf elementaren biologischen beziehungsweise anthropologischen Prinzipien gründet, nicht nur auf fast alle Planungsprozesse anwendbar ist, sondern sich auch zur Beschreibung von Tätigkeiten eignet, die gewöhnlich nicht mit „rationaler" oder „vernunftgeleiteter" Planung in Verbindung gebracht werden. Im Rahmen dieses Planungsmodells ist nämlich nicht vorgegeben, wie überlegt oder fundiert die einzelnen Etappen des Schemas bearbeitet werden, ob sorgfältig planend oder ohne langes Nachdenken. Die Reichweite des Modells lässt sich überdies folgendermaßen illustrieren: Mit ihm sind auch Zustände beziehungsweise Abläufe wie Chaos, Konfusion, Ratlosigkeit und ineffiziente Betriebsamkeit beschreibbar (vgl. Heidemann 1995). Beispielsweise können sich die „Gegebenheiten" der „Alltagswelt" zum Chaotischen hin entwickeln. Ob sie tatsächlich chaotisch sind, oder ob wir nur den entsprechenden Eindruck haben, ist dabei zunächst nicht entscheidend. Angesichts einer solchen Situation kommt es nicht selten zu Wahrnehmungsfehlern, Missverständnissen, Verwirrung und Konfusion, so dass ein fundiertes „Verständnis der Sachlage" nicht entsteht oder verloren geht. Dieser Verlust wird bisweilen von einer Verunsicherung der Beteiligten begleitet. Ratlosigkeit ist die Folge. Die daraufhin zu beobachtenden Eingriffe sind dann unkoordiniertes, blindes Herumwursteln, ineffiziente Betriebsamkeit oder Hektik. Die Alltagserfahrung zeigt, dass dies keineswegs selten ist.

Unabhängig von diesem Extrem gibt es natürlich auch Zwischenstufen, bei denen einzelne Teilabschnitte des Planungsmodells auf ein Minimum reduziert werden beziehungsweise mit anderen Teilabschnitten nahezu verschmelzen.

Dazu gehört zum Beispiel das so genannte „regelbasierte Planen" (für Details vgl. Reason 1990)[9]. Bei dieser Art von Planung werden Handlungsempfehlungen wie „Probleme vom Typ X löst man mit Z!" benutzt. Zwei Beispiele: „Das Problem der Staus in Ortsdurchfahrten löst man durch Umgehungsstraßen". „Park-und-Ride-Plätze an den S-Bahnen macht man möglichst weit draußen in der Region; wenn die Autofahrer die Stadt sehen, steigen sie nicht mehr um". Beim regelbasierten Planen wird das Erarbeiten des Verständnisses der Sachlage auf einige wenige Schlüsselinformationen beschränkt, um anschließend eine Faustregel anzuwenden, was zu tun sei. Das heißt, hier werden die Teilabschnitte „Verständnis der Sachlage" und „Herstellen von Anleitungen" eng miteinander verkoppelt und zugleich auf ein Minimum verkürzt. Regelbasiertes Planen ist relativ weit verbreitet und vergleichsweise ökonomisch, was den Arbeitsaufwand beim Planen angeht, führt aber zu Fehlern, wenn die jeweilige Handlungsempfehlung nicht zur Problemlage passt.

Lindbloms „Wissenschaft vom Durchwursteln"

Auch die Vorstellungen Lindbloms (1959) sind mit dem hier vorgeschlagenen Planungsmodell beschreibbar; er gilt schließlich nach wie vor als Wortführer („chief spokesperson" Hudson 1979, 389), was die Kritik an den Planungstheorien der ‚ersten Generation' angeht. Seine „Wissenschaft vom Durchwursteln" besagt zusammengefasst: Eine Aktivität wird durch einen nicht zufriedenstellenden Zustand ausgelöst. Das Vorgehen des Planenden besteht darin, sich nur auf die tatsächlich kontrollierbaren, vorhersehbaren und planbaren Eingriffe zu beschränken, das ist zumeist die unmittelbar nächste Aktivität. Ein übergeordnetes oder langfristiges Ziel soll durch diese Aktivität nicht erreicht werden, sie dient lediglich der „Heilung" des aktuellen Problems. Dabei werden nur wenige Alternativen und nur eine geringe Anzahl möglicher Konsequenzen betrachtet. Der Versuch, das Problem insgesamt und ein konkretes Ziel zu definieren, wird gar nicht erst unternommen. Folgerichtig wird auch nicht erwartet, das jeweilige Problem abschließend zu lösen, die Problemdefinition ist vielmehr ständig neu zu formulieren. Da wesentliche Kriterien und Konsequenzen oft vernachlässigt werden, entstehen meist Nachfolgeprobleme, weshalb das Problem sich ständig verändert und in einer Folge von Problemlösungsversuchen immer wieder aufs Neue „angegangen" werden muss. Die benutzte Strategie lässt sich als „muddling through", als „Durchwursteln" bezeichnen (vgl. Lindblom 1959).

Lindblom legt vor allem Wert auf drei Aspekte:
- Das Planungsmodell wird schnell durchlaufen. Auf langwierige Analysen zur Erzeugung eines vertieften „Verständnisses der Sachlage" wird verzichtet.
- Er betont die Konzentration auf die vorzunehmenden „Eingriffe" und bevorzugt dabei solche, die ohne langes Zögern ausprobiert werden können.

---
[9] Der Begriff „Regel" wird von Reason nicht im gleichen Sinne wie unten in Kapitel 3.12 verwandt; für Details siehe dort.

- Über die Schnelligkeit des Durchlaufs ist der Planende in der Lage, Fehler relativ rasch zu korrigieren, falls seine „Eingriffe" beziehungsweise Planungsmaßnahmen nicht zu den gewünschten „Ergebnissen" geführt haben (vgl. dazu auch Popper 1987).

Alle diese Aspekte lassen sich mit dem Modell der ‚dritten Generation' abbilden.[10]

Exkurs

Bevor im nachfolgenden Kapitel etwas ausführlicher dargelegt wird, was mit Begriffen wie „Planungswelt", „Alltagswelt" sowie den einzelnen Stationen „Verständnis der Sachlage", „Herstellen von Anleitungen" etc. gemeint ist, soll verdeutlicht werden, dass das vorgestellte Planungsmodell der ‚dritten Generation' mit zwei wichtigen Theorien aus der Psychologie zur Wahrnehmung und zur Intelligenz kompatibel ist. Beide Theorien haben bei der Entwicklung des Planungsmodells Pate gestanden.[11]

Der Wahrnehmungszyklus nach Neisser

In dem Planungsmodell spiegelt sich der Wahrnehmungszyklus von Neisser (1979) wider. Einer der zentralen Begriffe ist hier der Begriff des „Schemas". „Ein Schema ist jener Teil des ganzen Wahrnehmungszyklus', der im Inneren

---

[10] Einige Argumente Lindbloms mögen dies weiter verdeutlichen:
„... [Planung] wird nicht ein für alle Mal gemacht; sie wird immer und immer wieder gemacht. ... Weder Sozialwissenschaftler, noch Politiker, noch Regierungsbeamte [noch Planer] wissen genug über soziale Phänomene. Sie können es daher nicht vermeiden, bei der Vorhersage der Konsequenzen politischer Maßnahmen immer wieder Fehler zu machen. Ein erfahrener ... [Planer] wird daher erwarten, dass durch seine Handlungen nur ein Teil von dem erreicht wird, was er zu erreichen hofft. Auch wird er erwarten, dass seine Handlungen mit unvorhersehbaren Konsequenzen verbunden sind, die er nach Möglichkeit hätte vermeiden wollen. Wenn er den Weg einer *Abfolge* inkrementaler Veränderungen wählt, dann vermeidet er auf verschiedene Art und Weise gefährliche, nachhaltig wirksame Fehler. Erstens gewinnt er aus den vergangenen Abfolgen schrittweiser Maßnahmen Wissen über die wahrscheinlichen Konsequenzen, die sich für weitere ähnliche Schritte ergeben. Zweitens braucht er zur Erreichung seiner Ziele keine großen Sprünge zu machen – was ja erfordern würde, dass er Vorhersagen macht, die sein oder das Wissen irgendeines anderen übersteigt –, weil er niemals erwartet, dass durch seine Maßnahme eine endgültige Lösung für ein Problem gefunden wird. Seine Entscheidung ist nur ein einziger Schritt, dem schnell ein weiterer Schritt folgen kann, falls der erste Schritt erfolgreich war. Drittens ist er wirklich imstande, seine ursprünglichen Vorhersagen zu testen, wenn er einen zusätzlichen Schritt vorwärts macht. Schließlich ist er häufig in der Lage, einen in der Vergangenheit gemachten Fehler relativ schnell zu korrigieren – jedenfalls schneller, als wenn sich der Prozess in weitaus verschiedenartigeren Schritten über einen größeren Zeitraum hinweg vollzöge." (Lindblom 1959/1995, 44; die Übersetzung stammt von Siegfried Gagsch)

[11] Darüber hinaus ist das Planungsmodell auch mit anderen Theorien kompatibel, beispielsweise dem Regelkreis der Kybernetik (vgl. Wiener 1948/1968) oder der klassischen Handlungstheorie, der so genannten TOTE-Einheit, von Miller, Galanter und Pribam (1960/1991) etc.

des Wahrnehmenden ist, durch Erfahrung veränderbar und ... spezifisch für das, was wahrgenommen wird." (Neisser 1979, 50) Schemata sind begriffliche Rahmen oder Wissensstrukturen, die Vorannahmen beziehungsweise Erwartungen über bestimmte Gegenstände, Menschen oder Situationen implizieren (vgl. Zimbardo 1992, 623). Der Wahrnehmungszyklus besteht laut Neisser aus drei Phasen: Die über ein Objekt der Alltagswelt verfügbaren Informationen verändern das Schema im menschlichen Denkorgan, in unserem Planungsmodell sind dies die Wissensstrukturen, Vorannahmen etc. der Akteure der Planungswelt.

Dieses Schema leitet die Erkundung, welche die beobachteten Objekte (im Planungsmodell „Gegebenheiten" der „Alltagswelt") beziehungsweise die verfügbaren Informationen (im Planungsmodell „Verständnis der Sachlage") auswählt. Die Objekte beziehungsweise verfügbaren Informationen verändern wiederum das Schema (im Planungsmodell Wissensstrukturen, Vorannahmen etc. der Akteure der „Planungswelt"). Das veränderte Schema leitet die Erkundung, die veränderte Erkundung wählt wieder neue Objekte (im Planungsmodell „Gegebenheiten" der „Alltagswelt") beziehungsweise verfügbare Informationen aus (im Planungsmodell „Verständnis der Sachlage") usw.

Bereits diese knappe Darstellung lässt erkennen, dass das vorgestellte Planungsmodell auf diesem Grundprinzip menschlicher Wahrnehmung aufbaut.

Die menschliche Intelligenz des Denkens nach Piaget

Nach wie vor ist es Piaget, der die informationsverarbeitende und adaptive Funktion der menschlichen Intelligenz richtungsweisend beschrieben hat (vgl. zum Beispiel Piaget 1974 und 1976). Er versucht, Intelligenz als adaptiven Mechanismus aus niedrigeren, nicht-bewussten biologischen Gleichgewichtsprozessen abzuleiten und schreibt ihr als Funktion die wechselseitige Anpassung des Individuums an die Umwelt sowie der aktiven Angleichung der Informationen über die Umwelt an das Individuum zu. Genauer: Nach Piaget sind an der kognitiven Entwicklung des Menschen zwei elementare Prozesse beteiligt: Assimilation und Akkomodation. Beide sind Formen der Anpassung des Individuums an seine Umwelt, das heißt, kognitive Strukturen sind sowohl das Ergebnis als auch die Voraussetzung der Anpassung. Bei der Assimilation wird die Information, die das Individuum aufnimmt (im Planungsmodell „Verständnis der Sachlage"), so verändert, dass sie sich in vorhandene Wissensstrukturen einfügt. Bei der Akkomodation werden diese Wissensstrukturen selbst verändert (im Planungsmodell die Wissensstrukturen, Vorannahmen etc. der Akteure der Planungswelt), um der Information angemessen zu sein oder um nicht zu anderen Wissensstrukturen in Widerspruch zu stehen. Beide Formen der Anpassung unterliegen einem allgemeinen Entwicklungsprinzip, dem Äquilibrationsprinzip (Gleichgewichtsmodell) (vgl. Zimbardo 1992, 65 f). Jede Akkomodation wird – so Piaget – durch eine „Perturbation" ausgelöst, das heißt durch die Erkenntnis eines

Subjekts, dass irgend etwas nicht in Ordnung ist, nicht richtig funktioniert, oder außergewöhnlich erscheint (vgl. Glasersfeld 1997, 157).
 Auch hier ist die Verwandtschaft mit unserem Planungsmodell erkennbar.
 So weit dieser Exkurs, kehren wir zurück zur Erläuterung der einzelnen Bestandteile des Planungsmodells.

Erläuterungen zu den einzelnen Bestandteilen des Planungsmodells

In diesem Kapitel wird dargelegt, was sich hinter den Begriffen „Planungswelt" und „Alltagswelt" sowie den einzelnen Stationen des beschriebenen Kreislaufs verbirgt (vgl. hierzu insbesondere Heidemann 1995). Die Darstellung muss allerdings aufgrund des gegebenen Rahmens schlaglicht- beziehungsweise stichwortartig und lückenhaft bleiben und kann jeweils nur einen oder zwei Aspekte anreißen, denn schließlich bietet fast jedes einzelne Teilthema des Planungsmodells genug Substanz für mehrere Bücher.[12]

In dem Planungsmodell haben wir es – zum einen – mit zwei „Welten" zu tun, wobei die „Planungswelt" in die „Alltagswelt" eingebettet ist und beide in Wechselbeziehung zueinander stehen (siehe Abb. 3). Darüber hinaus geht es um den Zyklus durch diese beiden „Welten": Ein bestimmtes „Verständnis einer Sachlage" ist die wesentlichste Grundlage für die „Herstellung von Anleitungen". Diese Anleitungen wiederum sind die Basis für die „Verständigung über das Vorgehen". Das Resultat dieser Verständigung führt zu den jeweiligen „Eingriffen", die in bestimmte „Gegebenheiten" eingreifen und bestimmte „Ergebnisse" bewirken. Die Interpretation dieser Ergebnisse führt dann zu einem neuen „Verständnis der Sachlage" und so weiter.

Planungswelt

Die Planungswelt ist der Bereich, in dem Pläne beziehungsweise Anleitungen erarbeitet werden. In der Regel sind daran mehrere Planer beteiligt, die in bestimmten Organisationsformen, also „Einrichtungen" agieren (Stichwort: Einrichtung; Anmerkung: Die hier und im nachfolgenden Text mit „Stichwort" gekennzeichneten Ausdrücke verweisen auf die in Abb. 3 wiedergegebenen Begriffe.) Die Planungswelt bildet den organisatorischen und theoretischen Hintergrund (Methoden, Begriffe, Theorien, Weltsichten etc.) für die Teilabschnitte „Verständnis der Sachlage", „Herstellen von Anleitungen" und „Verständigung über das Vorgehen".

Eine der Kernfragen ist: Welche verschiedenen Ansätze gibt es in der „Planungswelt" und wofür eignen sie sich jeweils? (Stichwort: Ansatz) Welcher

---

[12] Der vorliegende Abschnitt beschreibt nur die Grundzüge einer Planungstheorie der 'dritten Generation', die einzelnen Aspekte bedürfen deshalb der weiteren Differenzierung. Zudem gibt es zu vielen der nachfolgend dargestellten Themen ausführliche Diskussionen in anderen Fachgebieten (Wirtschaftswissenschaften, (Organisations)Soziologie, Politologie etc.), auf die an dieser Stelle nur verwiesen werden kann.

Drei Generationen von Planung

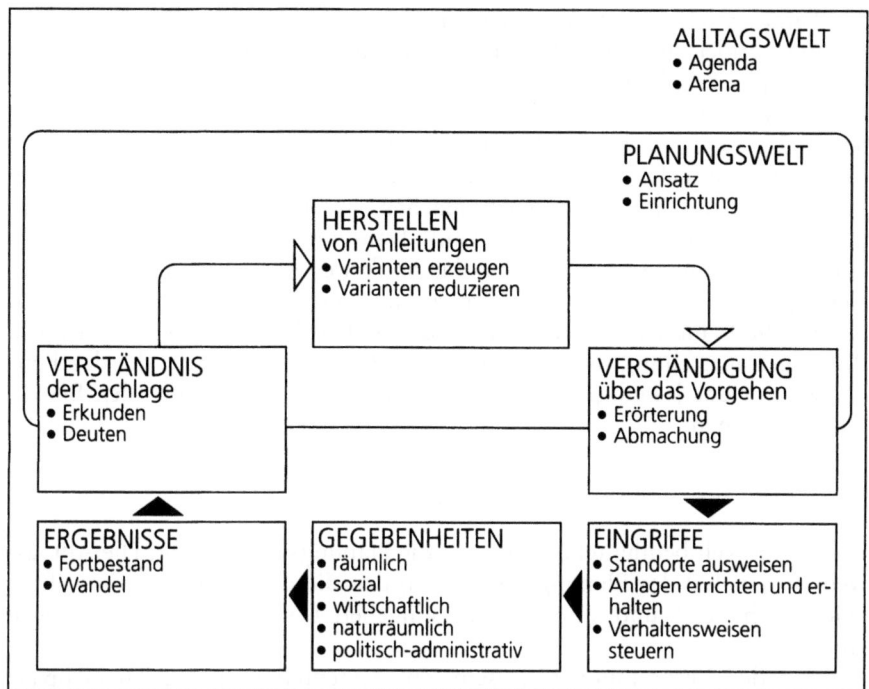

Abbildung 3 Grundschema Planung mit ergänzenden Stichworten
Quelle: Heidemann 1992, 95 (modifiziert)

Methoden beziehungsweise Vorgehensweisen bedienen sich Planer, welche Begriffe machen sie sich zu eigen, und welche Weltsichten haben sie? Jeder einzelne Planungsansatz hat ja jeweils andere methodische und theoretische Inhalte, die den Rahmen für das konkrete Vorgehen in den drei oben genannten Abschnitten der Planungswelt abstecken.

In der Stadtplanung beispielsweise werden gegenwärtig unter anderem folgende Planungsansätze einzeln oder in Kombination benutzt: Man kann die Aufgabe der Stadtplanung darin sehen, Städte beziehungsweise städtische Räume ästhetisch ansprechend zu gestalten; und/oder man kann Planung mit Hilfe so genannter städtebaulicher Leitbilder betreiben: Funktionstrennung versus Funktionsmischung, Gartenstadt versus Urbanität (Dichte), Stadt der kurzen Wege usw. Und/oder man kann das Komponenten-und-Relationen-Modell der Systemtheorie verwenden, wie etwa bei den Lärmberechnungen in der Verkehrsplanung oder bei der Berechnung von Schadstoffausbreitung in der Luft oder im Boden. Oder man kann Planung nach dem System-Umwelt-Paradigma der Systemtheorie (siehe oben) betreiben (vgl. Heidemann 1995) und so fort.

So verschieden diese Ansätze sind, so unterschiedlich sind auch fast immer die mit ihnen im Einzelfall erzielten Ergebnisse. Das heißt, was bei einer Planung herauskommt, hängt wesentlich davon ab, welchen Ansatz die Akteure der Planungswelt wählen. Vor diesem Hintergrund ist es bemerkenswert, dass es kaum vergleichende Darstellungen vorhandener Planungsansätze gibt (vgl. zum Beispiel Koschitz 1993).

Dass auch die jeweiligen Weltsichten der Planenden dabei eine entscheidende Rolle spielen, lässt sich am Beispiel der Straßenverkehrsplanung verdeutlichen. Manche Planer arbeiten daran, den Verkehr durch geeignete Steuerungsmaßnahmen flüssiger zu machen, andere dagegen denken darüber nach, wie man Verkehr vermeiden kann. Dahinter stecken fast immer jeweils höchst unterschiedliche politische, das heißt wertende Grundhaltungen beziehungsweise Weltsichten, im ersteren Fall meist die des Cargoismus (vgl. Catton 1980), im letzteren nicht selten die des Ökologismus. Letztlich ist jede Planungsfragestellung mit bestimmten Weltsichten gekoppelt, die das Fundament für das jeweilige Problemverständnis und die zu treffenden Bewertungen abgeben.

Alltagswelt

Die Alltagswelt beinhaltet all das, was die Planungswelt umgibt. Die Alltagswelt ist der Teil des Planungsmodells, in den die drei Etappen „Eingriffe", „Gegebenheiten" und „Ergebnisse" eingebettet sind (siehe unten sowie Abb. 3).

Einer der Kernpunkte in diesem Zusammenhang ist das Themenpaar Agenda und Arena. Die Agenda ist der jeweilige Katalog möglicher politischer Diskussions- oder Streitpunkte, die Anstöße für Planungsprozesse sein können (Stichwort: Agenda). Dabei sind weder diese Diskussions- beziehungsweise Streitpunkte, noch die daraus resultierenden Anlässe für Planungsprozesse, „objektiv" gegeben. Zudem sind wir aus Mangel an Zeit, Geld, Interesse etc. prinzipiell nicht in der Lage, alle theoretisch möglichen Planungsprobleme gleichzeitig zu bearbeiten. Statt dessen stehen immer nur einige ausgewählte Fragen im Vordergrund, bei deren Behandlung sich dann auch nur bestimmte Akteure hervortun. All das hat zur Folge, dass Planungsthemen entstehen und vergehen, sie durchlaufen „Karrieren" (vgl. Luhmann 1979), sie haben „Konjunktur" und „laufen sich tot". Man kann sie deshalb auch – per „Agendasetting" – regelrecht „machen" (zum Beispiel Themen wie „Stuttgart 21" oder den „Grüngürtel" in Frankfurt am Main). Genauso ist es möglich, mit einigem Geschick das Aufkommen bestimmter Themen zu verhindern, zum Beispiel vor einer Wahl.

Die jeweilige Agenda lässt sich jedoch nicht begreifen ohne die dazugehörenden Akteure, die einzeln oder in Verbünden agieren, mit ihren jeweiligen Interessen und Handlungsmöglichkeiten. Alle Akteure zusammen bezeichnen wir als Arena (Stichwort: Arena). Dazu gehören Bürger, Behörden, Firmen, Interessenverbände, Planer etc. Warum bestimmte Themen auf der Agenda so und nicht anders behandelt und entschieden werden, lässt sich oft nur durchschauen, wenn man die jeweilige Agenda und die dazugehörige Arena möglichst vollständig kennt und beide zusammen betrachtet. Genauso wichtig ist, dass sich in der jeweiligen Arena-Agenda-Konstellation alle wirtschaftlichen, politischen, sozialen und ökologischen Rahmenbedingungen einer Planungsaufgabe widerspiegeln.

Zusammengefasst: Das Planungsgeschehen im Einzelfall lässt sich in der Regel nur verstehen, wenn die konkreten Planungsschritte betrachtet werden („Verständnis der Sachlage", „Herstellen von Anleitungen" etc.; siehe unten), außerdem die in der Planungswelt verwendeten „Ansätze" einschließlich der organisatorischen Rahmenbedingungen sowie darüber hinaus die Agenda und Arena der Alltagswelt, die ihrerseits den Rahmen beziehungsweise Hintergrund abgeben für das Geschehen in der Planungswelt.

Verständnis der Sachlage

Beim Verständnis der Sachlage geht es um die Erarbeitung einer Beschreibung des Planungsproblems, und zwar so, dass sie die Planungsaufgabe möglichst valide repräsentiert. Dies geschieht normalerweise durch ein Wechselspiel von empirischer Erkundung als Untersuchung gegebener Sachlagen und der Interpretation beziehungsweise Deutung und Bewertung dieser Befunde (Stichworte: Erkunden und Deuten). Da wir keinen direkten Zugang zur Alltagswelt außerhalb unserer Denkorgane haben und die Gegebenheiten nicht „an sich" wahrnehmen können, geht sowohl das Erkunden als auch das Deuten vom jeweiligen Akteur aus, die entsprechenden Vorgänge unterliegen deshalb subjektiven Denkmustern (vgl. hierzu auch Kapitel 3.1).

Die Erarbeitung des „Verständnisses der Sachlage" nimmt exakt Bezug auf die Nahtstelle zwischen Alltagswelt und Planungswelt. Wer sich mit diesem Übergang befasst – und bei Planung lässt sich das nicht vermeiden –, hat es deshalb zwangsläufig mit einigen zentralen Fragen der Wissenschaft zu tun, die an dieser Nahtstelle beantwortet werden müssen: Was ist die Alltagswelt, woraus besteht sie? Was sind die beim Planen benutzten Gedankenmodelle? Wie werden sie gebildet? Warum werden sie gerade so und nicht anders gebildet? Wie begründet beziehungsweise „sicher" sind unsere Gedankenmodelle? Worauf beruht diese „Sicherheit"? etc. (vgl. Vollmer 1988, 3). Das heißt, auf einer abstrakteren Ebene spielt hier (wie auch in den anderen Abschnitten des Planungsmodells) folgerichtig die Semantik eine Rolle (Theorien der Bedeutung und Wahrheit), genauso wie die Epistemologie (Theorien des Wissens) und die Ethik (Theorien der Werte und der Richtigkeit von Handlungen). Zumindest die für Planer relevanten Aspekte dieser Themen sind damit im Rahmen dieses Planungsmodells benötigtes Grundlagenwissen, auch wenn sie in der Regel zunächst in deren Fachsprache übertragen werden müssen.

Im zweiten Teil dieses Buches werden einige Teilaspekte des Themas „Verständnis der Sachlage" ausführlich diskutiert.

Herstellen von Anleitungen

In diesem Teilabschnitt des Planungsmodells geht es darum, Pläne oder Beschreibungen herzustellen; wir bezeichnen sie hier allgemeiner als „Anleitungen". Diese Anleitungen zeigen auf, was alles zu tun ist, um ein angestrebtes Ergebnis herbeizuführen. Bei der Erarbeitung dieser Anleitungen gilt es, Wissensmängel, Unsicherheiten und Risiken in die entsprechenden Überlegungen so weit wie möglich mit einzubeziehen. Einfache Beispiele solcher Anleitungen sind gewöhnliche Pläne wie etwa ein Bebauungsplan als Anleitung für einen Architekten oder Werkpläne (Grundrisse, Ansichten, Schnitte) und Bewehrungspläne als Anleitung für die Bauausführung. Anleitungen sind somit Beschreibungen von Eingriffen, die dafür sorgen sollen, dass die Eingriffe auch gelingen und die letztlich erreichten Ergebnisse mit den angestrebten übereinstimmen (vgl. Heidemann 1995).

Bei der Erarbeitung dieser Anleitungen handelt es sich im Wesentlichen um ein Wechselspiel zwischen dem Erzeugen und dem Reduzieren von Lösungsvarianten (Stichworte: Varianten erzeugen und Varianten reduzieren). Beispiele hierfür sind: Welche möglichen Standorte für eine Konzerthalle oder eine Müllverbrennungsanlage gibt es und welcher davon ist der „geeignetste"? Welche Variante eines Architekturentwurfs ist die „beste"? Beim „Varianten erzeugen" suchen wir nach verschiedenen Lösungsmöglichkeiten für unser Planungsproblem, und „Varianten reduzieren" bedeutet, dass wir uns für (meist nur) eine der gefundenen Lösungsmöglichkeiten entscheiden und andere verwerfen müssen.

Was an Lösungen überhaupt möglich ist, hängt zum einen natürlich davon ab, wie das Problem definiert, das heißt, wie die Sachlage verstanden wurde. Darüber hinaus geht es jedoch vor allem darum, auf neue Ideen, neue Lösungsmöglichkeiten zu kommen. Das heißt, hier spielt die Kreativität des Planenden eine Rolle, die von ihm benutzten Kreativitätstechniken (vgl. zum Beispiel Schlicksupp 1992) und seine Fähigkeit, Kreativitätsblockaden zu vermeiden. Bei der Bewertung beziehungsweise Auswahl der „geeignetsten" Lösung steht vor allem die Frage im Vordergrund, welche Vorgehensweise dabei bevorzugt werden soll. Das Spektrum reicht hier von intuitiven über argumentative bis zu den so genannten formalen Bewertungsmethoden, mit ihren jeweiligen Stärken und Schwächen (vgl. dazu zum Beispiel Eekhoff, Heidemann und Strassert 1981).

Verständigung über das Vorgehen

Ist eine Anleitung im Entwurf erstellt, geht es darum, sich mit den Betroffenen beziehungsweise Beteiligten über das weitere Vorgehen zu verständigen – was häufig eine Veränderung der erarbeiteten Anleitung einschließt (Stichwort: Erörterung). Dabei spielen die eigentlichen fachlichen Inhalte des Entwurfs die zentrale Rolle, hinzu kommen jedoch Verhandlungsstrategien, Kommunikationstechniken, gruppendynamische Aspekte, das Problem des Einsatzes und Missbrauchs von Macht (vgl. Flyvbjerg 1998) und die verschiedenen Formen der Beteiligung (Hearing, Beiräte, Ombudsman, Planungszelle etc.).

Als Ergebnis dieser Beratungen muss es zu Abmachungen kommen, die festlegen, wer was wie wann und wo zu tun hat (Stichwort: Abmachung).

Diese Abmachungen können unterschiedliche Formen annehmen, von stillschweigenden Übereinkünften bis zu formalisierten Beschlüssen, zum Beispiel über einen Bebauungs-, Flächennutzungs- oder Regionalplan. Andere Formen dieser Abmachungen sind Verträge, wie sie etwa mit Handwerkern oder Baufirmen geschlossen werden. Hierzu zählen beispielsweise auch die so genannten Städtebaulichen Verträge, in denen sich die Vertragspartner zu bestimmten Tätigkeiten verpflichten.

Erst mit diesen Abmachungen, die den Abschluss der Planungswelt markieren, werden die Anleitungen beziehungsweise Pläne für die Beteiligten verbindlich.

Die Abschnitte in der Alltagswelt: Eingriffe, Gegebenheiten, Ergebnisse

Sind die Anleitungen erstellt und mit den Beteiligten abgestimmt, erfolgen die nächsten Aktionen in der Alltagswelt, wobei wir drei Teilabschnitte unterscheiden: „Eingriffe" greifen in reale „Gegebenheiten" ein und bewirken bestimmte „Ergebnisse".

Eingriffe

Mit dem Stichwort „Eingriffe" wird all das bezeichnet, was aufgrund der erarbeiteten Anleitungen in der Realität konkret getan wird.

Dazu gehört auch die Beantwortung der Frage, wie die Umsetzung der geplanten Eingriffe im Detail durchgeführt werden soll (Terminplanung, Detailablaufplanung, Planung des Ressourceneinsatzes etc.), etwa durch die Anwendung geeigneter Projektmanagementtechniken (vgl. Sommer 1998).

Eine Kernfrage in diesem Zusammenhang ist jedoch folgende: Welches sind eigentlich die Eingriffe, die als Ergebnis der Planung von Planern empfohlen werden? Gewöhnlich handelt es sich beim Planen um zwei Eingriffsarten: Zum einen geht es um das Festlegen von Standorten für bestimmte Nutzungen (Stichwort: Standorte ausweisen); Beispiele sind Bebauungspläne, Flächennutzungspläne, Regionalpläne etc. In solchen Plänen wird festgehalten, wo Wohngebiete, Gewerbegebiete, Schulen, Grünflächen oder Verkehrswege vorgesehen sind. Die zweite Eingriffsart ist, auf diesen Standorten (im weitesten Sinne:) „Anlagen" zu errichten und zu erhalten (genauer: die Errichtung und Erhaltung dieser Anlagen zu planen; Stichwort: Anlagen errichten und erhalten); solche Anlagen sind zum Beispiel Gebäude – das klassische Arbeitsfeld der Architekten –, aber auch Straßen, Parks etc. Aus traditioneller Sicht sind dies die beiden Eingriffsarten der Planung. Diese Lesart spiegelt sich auch in einigen klassischen Lehrgebieten wider, zum Beispiel in der Standorttheorie von Christaller und Lösch (vgl. Blotevogel 1995, 1117 ff), oder – was die Architektur angeht – in der Gebäudekunde. Ein solches Verständnis wirft jedoch Probleme auf; es verleitet nämlich nicht selten dazu, das Verhalten der Menschen, also das, was in oder auf diesen Anlagen (Gebäuden, Straßen etc.) stattfinden soll, nicht ausreichend in die Planung mit einzubeziehen. Sowohl in der Standorttheorie als auch in der Gebäudekunde werden in der Regel typisierte, „durchschnittliche" Verhaltensweisen zugrunde gelegt. Diese sind sicher in vielen Fällen zutreffend und damit hinreichend. Sie führen aber immer dann zu Problemen, wenn sich bestehende Nutzungsformen ändern oder neue entwickeln.

Nach unserer Auffassung gibt es deshalb zumindest drei Bereiche, die zu den Aufgaben der Planung gehören, und nicht nur die beiden genannten – Standorte festlegen und darauf Gebäude beziehungsweise Anlagen errichten und instand halten. Es gibt nämlich prinzipiell auch die Möglichkeit – und dies ist die dritte Eingriffsart –, das Verhalten der Nutzer zu steuern, indem beispielsweise andere Nutzungsregeln eingeführt werden, also nichts am Gebauten zu verändern, sondern nur den Umgang mit diesem Gebauten (Stichwort: Verhaltensweisen steuern). In der Praxis finden sich dazu viele Beispiele: Es gibt nicht nur Straßen, sondern auch die Nutzungsregeln dazu, die Verkehrsregeln; es gibt Anwohnerparken, Car Sharing, Car Pooling, Straßenbenutzungsgebühren, Güterverkehrsmanagement usw. All dies sind Ansätze zur Steuerung und Regelung der Nutzung bestimmter Anlagen. Dabei lässt sich die Nutzung nicht nur durch vertragliche oder gesetzliche Regeln beeinflussen, wie beim Car Sharing oder bei den Verkehrsregeln, sondern auch durch Aufklärung, indem durch Informationen verdeutlicht wird, dass bestimmte Verhaltensweisen ratsamer sind als andere. Dazu gehören zum Beispiel die Verkehrsleitsysteme im Straßenverkehr oder die Informationssysteme zum öffentlichen Verkehr (Bahn, Bus etc.). Über die bloße Weitergabe von Informationen hinaus bietet sich hier zudem die Möglichkeit, anzuregen, zu ermutigen oder aufzufordern: Zum Beispiel den öffentlichen Verkehr statt des Autos zu benutzen; Abfall zu trennen, statt ihn in eine einzige Tonne zu werfen; Wohnungen auf energiegünstige Art zu lüften; weniger Strom zu verbrauchen und so fort. Die Steuerung von Nutzungen beziehungsweise Verhaltensweisen lässt sich natürlich auch durch finanzielle Anreize (Förderprogramme, Steuervergünstigungen etc.) erreichen.

All dies bedeutet, dass auch der Bereich der Verhaltenssteuerung mit zu den Aufgaben der Planung gehört; in der Praxis begegnen wir entsprechenden Problemstellungen ohnehin ständig: Beispiele sind – wie oben beschrieben – die Bereiche Verkehr, Energie und Umwelt.

Gegebenheiten

Als „Gegebenheiten" werden hier ganz generell all die Dinge der Alltagswelt in ihrer räumlichen und zeitlichen Ausprägung bezeichnet, an denen wir mit Planung etwas verändern oder die wir bewahren wollen. Konkret geht es um den Teil der Alltagswelt, der den Akteuren der Planungswelt für Aktionen und Beobachtungen zugänglich ist. Es handelt sich dabei um alles Erhaltenswerte und alle Missstände unserer Welt – genauer: was davon durch Planung beeinflussbar ist. Wesentlich ist in diesem Zusammenhang, dass es vor allem in der Hand des Planers liegt (und zwar über die Erarbeitung des Verständnisses der Sachlage beziehungsweise den gewählten Planungsansatz; siehe oben), wie umfänglich der in eine Planungsaufgabe einbezogene Ausschnitt der Alltagswelt letztlich ist, ob alle relevanten räumlichen, sozialen, wirtschaftlichen, ökologischen und politischen beziehungsweise administrativen Aspekte in die Bearbeitung eingeschlossen werden (Stichworte: räumlich, sozial, wirtschaftlich, naturräumlich, politisch-administrativ). Das heißt: Die von ihm getroffene Auswahl entscheidet mit darüber, wie problemadäquat eine Planungsaufgabe bearbeitet werden kann.

Ergebnisse

Unter dem Stichwort „Ergebnisse" wird zusammengefasst, was sich nach der Durchführung der geplanten Eingriffe an Resultaten eingestellt hat, wobei sie den ursprünglichen Intentionen entsprechen können oder nicht; im ersteren Fall reden wir von erfolgreicher Planung. Schließlich geht es beim Planen fast immer darum, etwas an einer als nachteilig empfundenen Sachlage zu verbessern (Stichwort: Wandel) oder eine als vorteilhaft empfundene Sachlage zu erhalten (Stichwort: Fortbestand).

Eine zentrale Frage ist, wie sich prüfen lässt, ob eine bestimmte Planung tatsächlich erfolgreich war oder nicht. Erfolg oder Misserfolg einer Planungsmaßnahme lassen sich nämlich nur selten feststellen; zumindest zwei der methodischen Grundprobleme sollen deshalb hier angeschnitten werden: Die erste Frage ist, ob es „Erfolg" überhaupt gibt und in welchem Zeitraum sich ein „Erfolg" einstellt. Das ist insbesondere bei prophylaktischen Maßnahmen schwierig zu beurteilen. Bei solchen Eingriffen geht es ja nicht darum, einen schon eingetretenen Missstand oder Schaden zu eliminieren, vielmehr sollen unerwünschte Ergebnisse von vornherein vermieden werden. Wann – beispielsweise – soll der „Erfolg" einer kindgerechten Wohnumwelt eintreten? Nach einem Jahr, nach fünf, zehn … fünfzig Jahren? Solche vorbeugenden Handlungen sind ja gerade darauf ausgerichtet, dass *nichts* (Negatives) passiert.

Die zweite Frage ist, ob das beobachtete Ergebnis auch tatsächlich durch die vorgenommenen Eingriffe bewirkt wurde. Glück, Zufall oder unbekannte Ereignisse können das Planungsergebnis ebensogut verursacht haben. Strenggenommen ließe sich die Wirksamkeit eines bestimmten Eingriffs nämlich nur dann behaupten, wenn es neben dem Planungsfall einen Vergleichsfall gäbe, und sich beide Fälle ausschließlich dadurch unterschieden, dass bei dem einen der entsprechende Eingriff durchgeführt würde und beim anderen nicht. Würde sich dann herausstellen, dass sich im letzteren Fall nichts verändert hat, im Planungsfall jedoch das gewünschte Ergebnis eingetreten ist, wäre es legitim zu folgern, das Ergebnis sei durch den vorgenommenen Eingriff verursacht. Das ist jedoch reine Utopie, eine derartige Vergleichssituation ist beim Planen nie gegeben; daran zeigt sich eine weitere Schwierigkeit bei der Beurteilung von Planungsergebnissen.

Beide genannten Punkte machen deutlich, dass geeignete methodische Vorgehensweisen angewandt werden müssen (zum Beispiel Ex-ante-Analysen, Ex-post-Analysen etc.; vgl. Campbell und Stanley 1966 oder Patton und Sawicki 1993), um die Wirksamkeit gewählter Eingriffe abschätzen zu können.

Denkfallen in den einzelnen Abschnitten des Planungsmodells

Was die Bearbeitung der einzelnen Teilabschnitte des Planungsmodells („Verständnis der Sachlage", „Herstellen von Anleitungen" etc.) angeht, gibt es nicht nur einen Weg, sondern ein weites Spektrum von Handlungsmöglichkeiten. Dieses Spektrum spannt sich vor allem zwischen zwei Extremen auf, nämlich zwischen einer eher „wissenschaftlichen" und einer mehr „spontanen" Vorgehensweise. Beim Planen bewegen wir uns jedoch schon aus Zeitmangel zwischen diesen beiden Polen, oft genug ist eine wirklich sorgfältige, fundierte Bearbeitung aller Aspekte einer Planungsaufgabe nicht möglich. Vor diesem Hintergrund gewinnen solche Hinweise an Bedeutung, die uns auf typische Fehlermöglichkeiten beim Bearbeiten der einzelnen Teilabschnitte des Planungsmodells aufmerksam machen. Dazu zählen beispielsweise empirische Ergebnisse aus der Denkpsychologie, die aufzeigen, dass wir beim Planen und Denken einer ganzen Reihe unbewusster und inhärenter Denktendenzen (Denkfallen) unterliegen, die sich auch in unseren Planungsfehlern und Planungspannen widerspiegeln (vgl. Schönwandt 1986 oder Dörner 1989). In Tab. 1 sind deshalb einige dieser Denktendenzen beziehungsweise Denkfallen in Kurzform zusammengefasst und den einzelnen Teilabschnitten des Planungsmodells zugeordnet. Damit soll außerdem verdeutlicht werden, dass zusätzliche Differenzierungen innerhalb der einzelnen Teilabschnitte des Modells dabei helfen können, die Vorgänge beim Planen zu verstehen und zu beschreiben.

Tabelle 1 Denkfallen beim Planen

Verständnis der Sachlage
Wir neigen dazu,
- Probleme zu ignorieren und vorwiegend reaktiv auf offensichtliche und unleugbare Schwierigkeiten hin zu handeln,
- die meisten der potenziell verfügbaren Informationen zu übersehen,
- primär nach solchen Informationen zu suchen, die wir finden wollen, und Informationen zu unterdrücken, die unseren eigenen Annahmen widersprechen,
- die Situationsanalyse nur oberflächlich durchzuführen sowie die eigene Meinung auf der Basis weniger Schlüsselinformationen zu formen und auf dieser Grundlage ein trügerisches Gesamtbild hoch zu rechnen,
- davon auszugehen, dass sich Trends mehr oder weniger linear fortsetzen,
- unter Zeitdruck sogar solche Informationen für zutreffend zu halten, die eindeutig falsch sind,
- den zeitlichen Ablauf von Prozessen unangemessen zu erfassen.

Tabelle 1 Denkfallen beim Planen (Fortsetzung)

Herstellen von Anleitungen
Wir neigen dazu,
- mit Hilfe von Faustregeln zu planen statt sorgfältige Problemanalysen vorzunehmen,
- eine Lösungsvariante als gut/sympathisch oder schlecht/unsympathisch zu beurteilen, bevor wir sie verstanden haben,
- die erste halbwegs akzeptable Problemlösung zu implementieren, statt systematisch nach weiteren Lösungsmöglichkeiten zu fahnden,
- nach dem Scheitern der ersten Lösung nur „in der Nähe" dieser ersten Lösung nach weiteren Lösungsmöglichkeiten zu suchen,
- nicht nach erfolgversprechenderen Alternativen zu suchen, wenn sich eine Alternative als ungeeignet herausstellt, sondern statt dessen mehr in Aktivitäten zu investieren, die sich bereits als erfolglos erwiesen haben (sich „verstricken").

Verständigung über das Vorgehen
Wir neigen dazu,
- die Übereinstimmung über einen Sachverhalt in einer Gruppe mit der Richtigkeit dieses Sachverhalts zu verwechseln,
- als Gruppe die Risiken zu unterschätzen, die in einer Planung liegen („kollektive Blindheit"),
- statt sachbezogen zu entscheiden oder zu handeln, uns so zu verhalten, dass positive soziale Beziehungen zu anderen Menschen nicht belastet oder gefährdet werden.

Eingriffe
Wir neigen dazu,
- die Wirksamkeit geplanter Eingriffe zu überschätzen (Kontrollillusion),
- Nach- und Nebenwirkungen von Planungsmaßnahmen nicht angemessen zu berücksichtigen.

Gegebenheiten
- [„Gegebenheiten" sind nicht direkt erfassbar, sondern nur über das „Verständnis der Sachlage"; siehe dort.]

Ergebnisse
Wir neigen dazu,
- nach einem Planungsergebnis „ich-hab's-ja-gewusst" zu sagen, und damit unbewusst zu übertünchen, wieviel wir ursprünglich nicht wussten;
- wir haben Schwierigkeiten, die Ursachen für Planungsergebnisse sachgerecht zu beurteilen beziehungsweise die Verantwortung für Erfolge oder Misserfolge angemessen zuzuordnen (Misserfolge werden nicht selten in Erfolge uminterpretiert; Fähigkeiten und Glück werden verwechselt).

2 Grundriss einer Planungstheorie der ‚Dritten Generation'

Zur Einordnung der sieben Planungsmodelle aus Kapitel 1

Auch wenn in den vorangegangenen Kapiteln erkennbar geworden sein dürfte, wie sich die zu Beginn beschriebenen sieben Planungsmodelle in die Planungstheorie der ‚dritten Generation' integrieren lassen, soll hier eine solche Einordnung kurz skizziert werden; dabei bleibt die Darstellung auf wenige Aspekte beschränkt.

Das *rationale Planungsmodell* (Kapitel 1.) ähnelt auf den ersten Blick dem Kreislaufprozess der ‚dritten Generation', also den Teilabschnitten von „Verständnis der Sachlage" bis „Ergebnisse". Allerdings gibt es gravierende Unterschiede, von denen einige in der folgenden Tab. 2 gegenübergestellt sind.

Tabelle 2 Rationales Planungsmodell versus Planungstheorie der ‚Dritten Generation': Vergleich einiger Annahmen

Einige Annahmen, die dem rationalen Planungsmodell zugrunde liegen	Einige Annahmen, die der Planungstheorie der ‚dritten Generation' zugrunde liegen
• Informationen werden vollständig erfasst, („ganzheitlich")	• Informationen sind immer unvollständig, Problemlagen werden nur in Ausschnitten erfasst
• Herangehensweise ist „objektiv"	• Herangehensweise ist subjektiv; wir haben keinen direkten Zugang zur Alltagswelt „an sich", deshalb ist jede Wahrnehmung kognitions- beziehungsweise theorieabhängig und folglich nie „wertfrei"
• Herangehensweise ist „rational"	• Herangehensweise wird unter anderem durch Denkfallen beeinflusst
• Problemformulierung und Problemlösung sind getrennte und voneinander unabhängige Phasen	• Die einzelnen Teilabschnitte, „Verständnis der Sachlage" etc., werden unterschieden, lassen sich jedoch nicht voneinander trennen
• Lösungen sollen „optimiert" werden	• Es gibt keine „optimierten" Lösungen, vor allem, weil die jeweils Beteiligten fast immer unterschiedliche Präferenzen haben, die zudem über einen längeren Zeitraum hinweg nicht unbedingt stabil sind

Darüber hinaus werden in der Planungstheorie der ‚dritten Generation', anders als im rationalen Planungsmodell, zwei weitere Betrachtungsebene eingeführt: zum einen die „Planungswelt" mit ihren organisatorischen Rahmenbedingungen („Einrichtungen") sowie den „Ansätzen", welche den konzeptuellen Hintergrund der Bearbeitung einer Planungsaufgabe bilden, und zum zweiten die „Alltagswelt", in welche die „Planungswelt" eingebettet ist. Beide „Welten" stehen in Wechselbeziehung zueinander.

Das *Modell der Advokatenplanung*, das *Modell der sozial gerechten Planung* und das *Modell des sozialen Lernens und des kommunikativen Handelns* fokussieren das Thema „Verständigung über das Vorgehen", mit mehr oder weniger ausgeprägtem Bezug zur politischen Agenda und Arena der „Alltagswelt", indem sie den kommunikativen Aspekt beziehungsweise die von der Planung Betroffenen in den Vordergrund stellen.

Planer, die nach dem *radikalen Planungsmodell* agieren, schaffen sich eine eigene „Planungswelt", mit eigenen organisatorischen Rahmenbedingungen und eigenen konzeptuellen „Ansätzen" (Methoden, Begriffe, Theorien und Weltsichten), indem sie in Opposition zu staatlichen Planungsorganisationen handeln und den traditionellen Vorgehensweisen beim Planen und den parlamentarischen Prozeduren den Rücken kehren und außerhalb dieser Verfahren arbeiten. Für die Planer in den staatlichen Planungsorganisationen sind sie meist Akteure der „Alltagswelt", die versuchen, bestimmte Themen der Agenda durchzusetzen.

Im *(neo)marxistischen Planungsmodell* ist die (neo)marxistische Theorie beziehungsweise Weltsicht der Fokus der Betrachtung und damit der Ausgangspunkt planerischer Überlegungen. Diese Theorie/Weltsicht ist eine Teilmenge der „Ansätze" der „Planungswelt" und beeinflusst entsprechend die Bearbeitung konkreter Planungsaufgaben.

Beim *liberalen Planungsmodell* spielt, genauso wie beim (neo)marxistischen Planungsmodell, eine bestimmte Theorie oder Weltsicht als Teilmenge des „Ansatzes" der „Planungswelt" eine dominierende Rolle und bestimmt das Vorgehen beim Planen. In diesem Fall ist es die ethische Theorie des so genannten Liberalismus (für Details vgl. zum Beispiel Mill 1859, Nozick 1974 und Hayek 1976).

In einzelnen Fällen sind auch andere als die hier beschriebenen Einordnungen möglich, je nach dem, welche Facette des jeweiligen Planungsmodells in den Vordergrund gestellt wird.

Zusammenfassung

Zusammengefasst impliziert die hier umrissene Planungstheorie der ‚dritten Generation' folgende Komponenten (dabei sei betont, dass es auf das Zusammenspiel *aller* genannten Aspekte ankommt)· Planende Akteure, die in der Regel in bestimmten Organisationen agieren, bilden mit ihrer jeweiligen Gedankenwelt (Methoden, Begriffe, Theorien, Weltsichten etc.) eine „Planungswelt", die im Kontext einer „Alltagswelt" arbeitet, in der eine bestimmte Agenda von Themen von den Akteuren einer Arena behandelt wird.

2 Grundriss einer Planungstheorie der ‚Dritten Generation'

Beide „Welten" stehen auf bestimmte Art und Weise in ständigem Austausch. Der Austausch findet vor allem auf der Grundlage eines Kreisprozesses statt, bei dem folgende Teilabschnitte unterschieden werden, auch wenn sie sich nicht voneinander trennen lassen: „Verständnis der Sachlage", „Herstellen von Anleitungen", „Verständigung über das Vorgehen", „Eingriffe", „Gegebenheiten" und „Ergebnisse"; wobei die Ergebnisse wiederum Anlass sein können für ein verändertes „Verständnis der Sachlage" und damit gegebenenfalls für neue Planungsprozesse. Innerhalb dieser einzelnen Teilabschnitte sind spezielle Problemstellungen zu bearbeiten, außerdem treten in diesen Teilabschnitten typische Denktendenzen beziehungsweise Denkfallen auf.

Das Planungsgeschehen im konkreten Einzelfall lässt sich deshalb in der Regel nur erfassen, wenn die jeweiligen Planungsschritte des Planungsmodells betrachtet werden („Verständnis der Sachlage", „Herstellen von Anleitungen" etc.), außerdem die in der Planungswelt verwendeten „Ansätze" (siehe oben) und darüber hinaus die Agenda und Arena der Alltagswelt, die ihrerseits den Hintergrund abgeben für das Geschehen in der Planungswelt.

Was kann ein solches Modell leisten? Welchen Nutzen kann es haben? Einige Aspekte mögen genügen: Zunächst eignet sich dieses Modell dazu, die oft extremen Blickwinkelverengungen deutlich zu machen, die bei der Bearbeitung von Planungsaufgaben auftreten; auch kann es mit dazu beitragen, die Übersicht in einem Planungsprozess zu bewahren. Darüber hinaus kann es helfen, die Komplexität von Planungsaufgaben handhabbarer und die Abläufe transparenter zu machen sowie die Verständigung unter den Beteiligten zu verbessern. Außerdem lässt sich damit die Chance erhöhen, Teilaufgaben nicht nur von verschiedenen Personen erfolgreich bearbeiten zu lassen, sondern sie auch wieder sinnvoll zusammenzuführen.

Die hier dargestellten Überlegungen beschreiben die Grundzüge einer Planungstheorie der ‚dritten Generation', die einzelnen Aspekte bedürfen der weiteren Differenzierung. Dabei mag die Anzahl der zu berücksichtigenden Themen manchen irritieren; trotzdem, einfacher ist eine fundierte Planung – und deshalb auch eine ebensolche Planungstheorie – wohl nicht zu haben.

Teil II

Konstrukte zur Bearbeitung von Planungsaufgaben

Vorbemerkung

In der Planungstheorie der ‚dritten Generation' wurde die Erarbeitung des „Verständnisses der Sachlage" als eine Teilaufgabe beim Planen beschrieben. In diesem zweiten Teil des Buches wird ein Teilaspekt dieses Themas detaillierter analysiert. Im Kern geht es dabei um folgende Frage: Was sind die konzeptuellen Inhalte einer Planungsaufgabe und wie werden sie erarbeitet?

Dazu wird im Folgenden das so genannte semiotische Dreieck als ein „Denkwerkzeug" erläutert, mit dessen Hilfe die Bearbeitung konzeptueller Inhalte von Planungsaufgaben strukturiert und unterstützt werden kann.

Die Grundlagen werden dabei mitunter in ihrer Feinstruktur erörtert, deshalb ist nicht jeder beschriebene Aspekte bei jeder Planungsaufgabe gleichermaßen relevant.

Manche Leser könnten fragen, wieso der so genannte kommunikative Aspekt in der nachfolgenden Darstellung nicht mitdiskutiert wird – also jenes Thema, welches die Planungstheorie in den vergangenen drei bis vier Dekaden maßgeblich beherrscht hat. Die Antwort ist folgende: In der Planungstheorie der ‚dritten Generation' wurde zwischen dem „Verständnis der Sachlage" und der „Verständigung über das Vorgehen" (inkl. Kommunikation, Partizipation etc.) unterschieden, auch wenn sich beide Aspekte nicht trennen lassen. Die Integration des kommunikativen Aspektes in die Planung war und ist ohne jeden Zweifel angemessen und notwendig. Allerdings ist zu unterscheiden zwischen den *konzeptuellen Inhalten* einer Planungsaufgabe auf der einen Seite und, auf der anderen Seite, den *sozialen, psychologischen etc. Rahmenbedingungen der Entstehung beziehungsweise Bearbeitung* dieser konzeptuellen Inhalte, zu denen Themen wie „Kommunikation", „Diskurs" etc. gehören. Diese Themen werden mitunter zumindest implizit unzutreffenderweise als identisch angenommen. „Kommunikation" und „Diskurs" *beeinflussen* die Bearbeitung konzeptueller Inhalte, sie sind jedoch nicht mit konzeptuellen Inhalten *gleichzusetzen*. Schließlich ist eine fruchtbare Kommunikation bei Planungsaufgaben nur dann möglich, wenn relevante konzeptuelle Inhalte erarbeitet werden. Deshalb befasst sich der zweite Teil dieses Buches mit konzeptuellen Inhalten und nicht mit Themen wie Kommunikation, Diskurs etc.

3 Das semiotische Dreieck –
Ein gedankliches Werkzeug beim Planen[1]

Einführung

Was ist eine „Fußgängerzone"? Was ist eine „Region"? Was sind „Slumgebiete"? Was ist „Natur"? Was ist „Abfall"? Das Problem, um das es hier geht, ist: Handelt es sich dabei jeweils um etwas materiell Gegenständliches oder sind es bloß Gedanken in unseren menschlichen Denkorganen?

Stellt man diese Frage, so wird sie von Planern – aber nicht nur von diesen – auch heute noch oft so beantwortet: „Fußgängerzone", „Region", „Slumgebiete" usw. seien selbstverständlich etwas materiell Gegenständliches. Jedoch: Diese Antwort ist unzutreffend, nur ein „naiver Realist" (vgl. Bunge 1996, 354) würde sie so ohne weiteres als zutreffend bezeichnen. „Fußgängerzone", wie all die anderen zuvor genannten Begriffe auch, sind menschliche Gedanken, keine materiellen Gegenstände.

Gleichgültig welche der zahlreichen Definitionen von Planung man bevorzugt, im Kern geht es bei allen darum, dass irgend etwas an einer als misslich empfundenen Sachlage verbessert werden soll. Das allerdings setzt – trivial genug – voraus, dass der Planer ein zutreffendes Verständnis dieser „Sachlage" hat; grundlegende Fehleinschätzungen beziehungsweise Verwechslungen wie die oben genannte zwischen Gegenständen und Gedanken sollten ihm dabei nicht unterlaufen. Solche Fehleinschätzungen sind aber keineswegs die Ausnahme. Die Folge: Wenn nicht klar ist, ob der Bearbeitungsgegenstand ein Gedanke oder ein materieller Gegenstand ist, sind Komplikationen für den weiteren Verlauf der Planung und deren Umsetzung vorprogrammiert.

Der vorliegende Abschnitt konzentriert sich darauf, mit dem semiotischen Dreieck eine wissenschaftliche Grundkonstruktion zu erläutern, welche die oben genannte Verwechslung zu vermeiden hilft und als unterstützendes Instrument, als „Denkwerkzeug", bei der Erarbeitung einer „Sachlage" dienen kann – und, wie wir sehen werden, nicht nur dort. Dies gilt für alle Pla-

---

[1] Viele wissenschaftliche beziehungsweise philosophische Arbeiten haben vor allem die Analyse zum Schwerpunkt. Für Planer sind jedoch auch solche Abhandlungen hilfreich, die sich um eine Synthese bemühen, wenn sich dadurch die Verwendbarkeit des Dargestellten als gedankliches Werkzeug beim Planen steigern lässt. Vor diesem Hintergrund soll hier – zumindest in einigen Teilaspekten der theoretischen Diskussion und in Anlehnung an Bunge (1974a, b) – eine Synthese versucht werden, wobei das Risiko, dadurch offene Fragen zu produzieren, bewusst in Kauf genommen wird. Um es mit einem „Bild" zu sagen: Wir geben in dieser Abhandlung dem Baum den Vorzug, nicht dem Sägemehl (vgl. Bunge 1974a, v).

nungsebenen, von der Bau- und Stadtplanung, über den Städtebau und die Regionalplanung bis hin zur Landesplanung.

Das in dieser Einführung angeschnittene Thema (nämlich, vereinfacht gesagt, der Zusammenhang von Sprache/Zeichen beziehungsweise Ideen/Gedanken und Gegenständen) ist als philosophisches Problem keineswegs neu. Die erste Quelle dazu ist Platons Dialog „Euthyphron" (vgl. Ros 1989, 19 ff). Das Thema wird also seit etwa 2400 Jahren, nämlich seit Platon (428/427–348/347 v. Chr.) beziehungsweise Sokrates (gest. 399 v. Chr.) und Aristoteles (384–322 v. Chr.) in der Philosophie, Wissenschaftstheorie und in vielen anderen Disziplinen diskutiert. Seit dieser Zeit haben sich zahlreiche namhafte Philosophen aus den verschiedensten Perspektiven mit diesem Thema befasst; zum Beispiel Augustinus, Locke, Leibniz, Kant, Frege, Wittgenstein, Mead, Carnap, Popper, Bunge – um nur einige zu nennen (vgl. zum Beispiel Ros 1989, 1990a, 1990b). Der Ausdruck „semiotisches Dreieck" wurde relativ spät geprägt und wird deshalb nicht von allen Philosophen beziehungsweise Wissenschaftlern benutzt.

Auch heute spielt dieses Thema in vielen Fachdisziplinen eine Rolle. Und natürlich wird es – wie könnte es bei einer derartig weit zurück reichenden Geschichte anders sein – auch in einige Arbeiten zur Planungs- beziehungsweise Architekturtheorie behandelt (vgl. zum Beispiel Bense 1971).

Gleichwohl: Trotz dieser Ausgangslage dürfte ein Versuch, wesentliche Aspekte des Themas für die Planung zusammenzufassen, keineswegs überflüssig sein. Diese These stützt sich vor allem auf drei Informationsquellen, und zwar, erstens auf die langjährige Erfahrung des Verfassers in der Planungspraxis, zweitens auf die Beobachtung der Planerausbildung und nicht zuletzt auf die Durchsicht vieler Arbeiten zur Planungstheorie und -methodik.

Bevor im Folgenden das semiotische Dreieck im Detail beschrieben wird, soll zunächst versucht werden, das Kernproblem zumindest in Umrissen zu verdeutlichen und gleichzeitig zu erläutern, wieso dieses Thema für Planung relevant ist.

Ein Experiment zur Illustration

Eine der grundlegenden Unterscheidungen, die für unser Thema von Bedeutung ist, lässt sich mit einem einfachen Experiment illustrieren. Stellen Sie sich folgende Situation vor (am besten, Sie probieren das Experiment mit Bekannten aus): Sie schreiben vor einem Publikum eine arabische Zahl, beispielsweise eine „7", mit Kreide an die Tafel und stellen dazu die Frage: „Was sehen Sie da?" Sicher werden manche Zuhörer ob der Trivialität dieser Aufgabe konsterniert sein, manche werden sich „auf den Arm genommen" fühlen, andere „wittern" vielleicht eine Falle. In den meisten Fällen aber kommt relativ schnell als Antwort: „eine Sieben". Und selbstverständlich „sehen" die meisten Menschen hier eine Sieben.

Aber stimmt das denn? Natürlich nicht. Natürlich „sieht" man keine Sieben. Zu beachten ist, dass die Frage nicht lautete „Was ist das?", sondern

„Was *sehen* Sie da?". Was man tatsächlich sieht, ist eine Ansammlung eines Stoffes (Kreide) in einer bestimmten Farbe und Form auf einer Fläche; zum Beispiel Kreide: weiß, Tafel: grün. (Und bereits über den Begriff „Kreide" oder die Farbe „grün" der Tafel müsste man sich genau genommen zunächst einmal einigen.) Die Form der Kreidestriche hat Ihr Publikum dazu veranlasst, eine Sieben zu „sehen".

Dass das Gebilde an der Tafel eine Sieben ist, kann man jedoch nicht sehen, diese Sieben wurde uns vielmehr im Kindesalter beigebracht. Wir rufen dieses Gelernte ab und stellen die Sieben in unserem Denkorgan in dem Moment her, in dem wir eine solche Anordnung wahrnehmen und sprechen den Gedanken aus, beispielsweise als Antwort auf die eben gestellte Frage „Was sehen Sie da?"

Dass die in einer bestimmten Form an die Tafel gemalte Kreidefigur und die so genannte natürliche Zahl 7, um die es im Grunde geht, verschiedene Dinge sind, wird noch deutlicher, wenn man neben die arabische „7" an die Tafel eine römische Sieben, also „VII", schreibt, und dann vielleicht noch in Buchstaben das Wort „sieben": Alle drei Kreidegebilde – „7", „VII", „sieben" – sehen völlig unterschiedlich aus, und trotzdem sagen die meisten Menschen, sie „sähen" bei allen dreien das gleiche. Das kann ja wohl nicht sein. Spätestens in diesem Moment wird (über)deutlich, dass es an der Tafel keine natürliche Zahl 7 zu „sehen" gibt. Ebenso wird klar, dass die natürliche Zahl 7 mit den drei Kreideansammlungen an der Tafel direkt nichts zu tun hat, sie befindet sich deshalb auch nicht an, in oder bei den Kreidegebilden an der Tafel. Das bedeutet, es besteht ein Unterschied zwischen einem Zeichen (der Kreide an der Tafel in einer bestimmten Form) und dem Bezeichneten (in diesem Fall der natürlichen Zahl 7).

Wir nennen dieses Bezeichnete, in unserem Beispiel die natürliche Zahl 7, wir haben sie oben als „Gedanke" bezeichnet, ein „Konstrukt". (Genaugenommen handelt es sich hier um einen „Begriff", wobei Begriffe eine der vier Grundklassen von Konstrukten sind; für Details siehe unten Kapitel 3.1).

Wenn sich die natürliche Zahl 7 nicht an, in oder bei den Kreidegebilden an der Tafel befindet, wo befindet sie sich statt dessen? Die Antwort: Konstrukte, zum Beispiel die natürliche Zahl 7, befinden sich nur in unseren menschlichen Denkorganen[2], nicht außerhalb davon, nicht an der Tafel, und auch nicht irgendwo zwischen der Tafel und unseren Denkorganen. Draußen, das heißt außerhalb unserer Gehirne, gibt es keine Sieben; da gibt es sieben Gegenstände, sieben Häuser, sieben Bäume, sieben Autos, sieben „Irgendwas" – aber nicht Sieben alleine. Das, was empirisch zur natürlichen Zahl Sieben gehört, ist lediglich ein Neuronennest in unseren Gehirnen.

---

[2] Im Folgenden wird der Begriff „Gehirn" benutzt, wenn das Gehirn als biologisch-chemisch-physikalische Entität gemeint ist. Mit „Denkorgan", „kognitivem Apparat" etc. werden dagegen Denkvorgänge bezeichnet.

3 Das semiotische Dreieck – Ein gedankliches Werkzeug beim Planen

Dieses Gedankenexperiment illustriert eine wesentliche Unterscheidung in einer wissenschaftliche Grundkonzeption, die als semiotisches Dreieck bezeichnet wird. Dabei wird folgendes unterschieden:
(a) Sprache, Zeichen, hier zum Beispiel in Form der arabischen oder römischen Sieben, die mit Kreide an die Tafel geschrieben werden kann.
(b) Konstrukte, das sind die Vorstellungsgebilde in unserem Denkorgan, wie zum Beispiel die natürliche Zahl Sieben.
(c) Gegenstände (Kreideteile, Tafel, Bäume, Menschen etc.) und Ereignisse; wobei wir es dann mit einem „Ereignis" zu tun haben, wenn sich eine Eigenschaft eines Gegenstandes verändert.

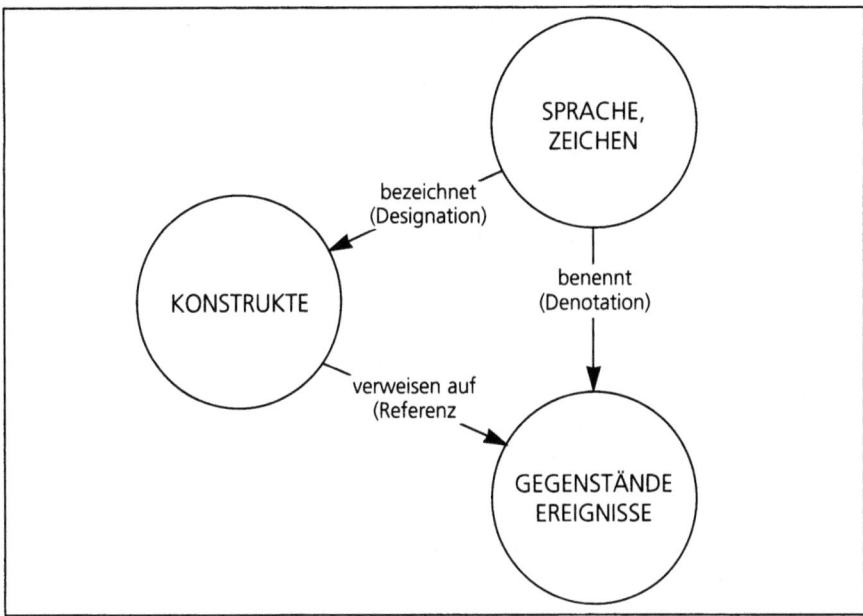

Abbildung 4: Das semiotische Dreieck
(Nach Bunge 1974 a, 1974 b; vereinfachte Darstellung)

Der Zusammenhang von Sprache/Zeichen, Konstrukten und Gegenständen/Ereignissen lässt sich als Dreieck darstellen. Abb. 4 zeigt das semiotische Dreieck mit seinen Komponenten und den zwischen ihnen bestehenden Beziehungen: Sprache bezeichnet Konstrukte und benennt Gegenstände/Ereignisse, und Konstrukte verweisen auf Gegenstände/Ereignisse. Folgendes Beispiel illustriert diese Unterscheidungen: „Paris" ist zweisilbig (→ Sprache); „Paris" ist (besser: bezeichnet) eine europäische Metropole (→ Konstrukt); in „Paris" gibt es den Eiffelturm, viele Gemälde in Museen etc. (→ Verweis auf Gegenstände).

Wenn wir Konstrukte bilden oder anwenden, sind fast immer diese drei Komponenten beteiligt: Gegenstände/Ereignisse, Sprache/Zeichen und die

3 Das semiotische Dreieck – Ein gedankliches Werkzeug beim Planen

Konstrukte selbst. Konstrukte sind deshalb auch keine isolierten Gedankengebilde. Sie stehen in Zusammenhang und in Wechselwirkung mit unseren sprachlichen Möglichkeiten, mit der Vielfalt und den Problemen der gegenständlichen Welt und mit dem bereits verfügbaren Bestand an Konstrukten.

Eco (1977, 30) hat zusammengestellt, wie das, was wir hier als Sprache/Zeichen, Konstrukt oder Gegenstand/Ereignis bezeichnen, von einigen anderen Autoren benannt wird. Für „Konstrukt" werden etwa die folgenden Begriffe benutzt: „Interpretant" (Peirce); „Referenz" (Ogden-Richards); „Sinn" (Frege); „Intension" (Carnap); „Designatum" (Morris 1938); „Significatum" (Morris 1946); „Konnotation", „Konnotatum" (Stuart Mill); „Mentales Bild" (Saussure, Peirce); „Inhalt" (Hjelmslev); „Bewusstseinszustand" (Buyssens)

Synonyme für „Sprache/Zeichen" sind: „Zeichen" (Peirce); „Symbol" (Ogden-Richards); „Zeichenhaftes Vehikel" (Morris); „Ausdruck" (Hjelmslev); „Representamen" (Peirce); „Sem" (Buyssens)

Synonyme für „Gegenstand/Ereignis" sind: „Denotatum" (Morris); „Signifikat" (Frege); „Denotation" (Russell); „Extension" (Carnap)

Trotz der sehr unterschiedlichen Begriffe geht es bei all den aufgelisteten Wissenschaftlern um die gleiche Grundkonstruktion.

Der vorliegende Text konzentriert sich darauf, die im semiotischen Dreieck getroffenen Unterscheidungen deutlich zu machen. Allerdings: Das Arbeiten mit dem semiotischen Dreieck ist – und wir betonen das hier – in der Regel ein ständiges Wechselspiel zwischen allen drei Komponenten (Sprache/Zeichen, Konstrukten und Gegenständen/Ereignissen) mit wechselseitiger Beeinflussung, wobei der Zugang fast immer über die Sprache/Zeichen geschieht. Sie bedingen sich gegenseitig. Kurz: Wir unterscheiden die drei Komponenten, auch wenn wir sie nicht trennen können.

Was Gegenstände (zum Beispiel ein Baum, ein Haus etc.) und Sprachen (zum Beispiel „Deutsch", „Englisch" etc.) beziehungsweise Zeichen sind (zum Beispiel Piktogramme, die Buchstaben des Alphabets, die Ziffern von 0 bis 9, einschließlich der 7), weiß jeder, zumindest glaubt jeder, es zu wissen. Aber nur wenige haben eine präzise Vorstellung davon, was es mit den Konstrukten auf sich hat.

Bevor wir auf die Eigenarten von Konstrukten weiter eingehen, soll vorab an einigen Beispielen illustriert werden, welche Konstrukte in der Planung verwandt werden, nicht zuletzt, um die Bedeutung der Unterscheidung zwischen den drei Komponenten des semiotischen Dreiecks für die Planung zu verdeutlichen.

Was sind Konstrukte beim Planen?

In der nachfolgenden Auflistung in Tab. 3 sind einige Konstrukte zusammengetragen, die beim Planen benutzt werden. Die Konstrukte stehen links, jeweils rechts sind beispielhaft einige Gegenstände aufgeführt, auf die das jeweilige Konstrukt, je nach Definition, verweisen könnte. Beides, Konstrukte wie Gegenstände, werden in der Tabelle natürlich mittels sprachlicher Zeichen dargestellt.

Zum Beispiel *bezeichnet* das in der linken Spalte stehende Wort „Flächennutzung" ein Konstrukt. Anders formuliert: Es gibt keinen Gegenstand namens „Flächennutzung". In aller Regel verweist ein Konstrukt, wie „Flächennutzung", auf bestimmte Gegenstände: Bauten, Erde etc. In der rechten Spalte sind solche Gegenstände aufgelistet.

Genaugenommen – und im Vorgriff auf die nachfolgenden Erläuterungen in Kapitel 3.1 – muss man das allerdings etwas anders formulieren: Die rechte Spalte enthält sprachliche Ausdrücke, die zugleich Gegenstände *benennen und darüber hinaus Konstrukte bezeichnen*. Beispiel: Der Ausdruck „Baum" benennt nicht nur einen Gegenstand, er bezeichnet zugleich ein nicht-gegenständliches Konstrukt. Worauf es an dieser Stelle jedoch nur ankommt, ist, dass die linke Spalte keine Gegenstände enthält, sondern nur Konstrukte. Dagegen enthält die rechte Spalte Gegenstände. Dass auch in der rechten Spalte Konstrukte „versteckt" sind, ist ein Punkt, auf den wir im Kapitel 3.1 (siehe unten) zurückkommen.

Tabelle 3 Konstrukte und Gegenstände (Erläuterung siehe Text)

Die sprachlichen Ausdrücke in dieser Tabelle...

bezeichnen Konstrukte	bzw.	benennen Gegenstände (und bezeichnen Konstrukte)
Abfall		verbeulte Dose, alter Autoreifen
Artenvielfalt		Vogel, Perserkatze, Ebola-Virus
Bodenpreis		Fünfhunderteuroschein, Erde
Denkmalschutz		Statue, Fachwerk, altes Gebäude
Dorfentwicklung		Marktplatz, Gebäude
Flächennutzung		Haus, Wiese
Fußgängerzone		Fußgänger, Pflasterstein
Gewerbepark		Industriehalle, Werkstatt, Kanalrohr
Landschaftsbild		bemalte Leinwand, Hügel, Baum
Markt		Tomate, Ei, Marktstand, Marktfrau
Natur		Eiche, Mensch, Aids-Virus
Naturschutz		Elch, Schild: „Naturschutzgebiet"
Region		Boden, Baum, Weißwurst, Apfelwein
Ringstraße		Teer, Kanaldeckel
Slum		Blechhütte, Holzbaracke
Stadtentwicklung		Straße, Gebäude, Baustelle, Mensch
Stadtzentrum		Hochhaus, Kirchengebäude, Rathaus
Urbanität		dicht zusammen gebaute Häuser, Mensch
Verkehr		Ampel, Auto, Mensch, Straßenbahn
Wohnung		Stein, Fensterglas, Türgriff, Fliese

3 Das semiotische Dreieck – Ein gedankliches Werkzeug beim Planen

Nehmen wir den ersten Begriff der Tab. 3. „Abfall" ist ein gedankliches Konstrukt und nichts Gegenständliches. Gerade beim Thema Abfall lässt sich zeigen, dass es genau die Um- oder Neudefinition des Konstruktes war, die die Abfallplanung voran gebracht hat. Früher verwies das Konstrukt Abfall auf Gegenstände, die in der Regel entweder verbrannt oder vergraben wurden. Heute hat sich das Konstrukt gewandelt, Wiederverwertung und Vermeidung sind als neue Aspekte hinzugekommen. Dazu werden Stoffkreisläufe mit einbezogen, Ökobilanzen aufgestellt usw. Und erst als Folge dieser Änderung des Konstruktes wurden andere beziehungsweise veränderte Gegenstände hergestellt und bestimmte Gegenstände oder Stoffe von vornherein nicht mehr benutzt, zum Beispiel weil sie nicht recycelbar sind.

Der Umgang mit dem Thema Abfall ist ein Beispiel dafür, dass Planungsaufgaben oft darin bestehen, sich erst einmal über das Konstrukt Gedanken zu machen. An den Gegenständen wird dadurch *zunächst* nichts geändert. Die Gegenstände, auf die das Konstrukt Abfall verweist, bleiben erst einmal gleich. Es waren beziehungsweise sind, nur als Beispiel, immer noch die gleichen leeren, verbeulten Blechdosen für Getränke.

Ein Beispiel aus einem anderen Bereich: Eine Wohnung ist auch ein Konstrukt und kein Gegenstand. Das zeigt sich daran, dass man die gleichen Gegenstände, auf die das Konstrukt (einer leeren, nicht möblierten) Wohnung verweist, auch als Büro nutzen kann. Entsprechend ist „Büro" ebenfalls ein Konstrukt.

Gerade Konstrukte wie „Wohnung", „Büro" oder auch „Straße" machen deutlich, dass es sich bei ihnen um etwas so Fundamentales handelt, dass wir es kaum reflektieren. Es bedarf schon gedanklicher Anstrengung, um sich zu vergegenwärtigen, dass unsere Wahrnehmung, unser Denken und unser Handeln auf elementare Weise durch Konstrukte bestimmt wird. „Blicken wir z. B. auf eine Straße, dann entsteht auf der Netzhaut unserer Augen ein Gewirr von einander vielfältig überschneidenden, sich teilweise bewegenden Reizkonfigurationen. Dies sind die Ausgangsdaten für unsere Wahrnehmung. Was wir jedoch unmittelbar sehen sind Häuser, Bäume, Geschäfte, Autos, Menschen, kurz, eine geordnete Welt. Dabei haben wir nicht den Eindruck, dass irgendwelche Verarbeitungsprozesse notwendig wären, um im Gewirr visueller Eindrücke die Ordnung der Dinge zu erkennen." (Hoffmann 1986, 12) Die visuellen Reize aktivieren vielmehr direkt die ihnen zugeordneten Konstrukte. „Das Resultat dieses Prozesses ist die Wahrnehmung der gegebenen Reizstrukturen als begriffliche Objekte. Oder anders gesagt: Wir sehen unsere Welt in den … [Konstrukten], die wir als verhaltensnotwendige Klassifizierung gebildet haben." (Hoffmann 1986, 12)

Tab. 3 (siehe oben) macht deutlich, dass eine Vielzahl derjenigen Themen, mit denen Planer zu tun haben, Konstrukte sind. Das heißt, anhand dieser Auflistung wird klar, dass es beim Planen und Entwerfen, neben anderen, immer auch um zwei Aspekte geht: Planen und Entwerfen ist immer das Arbeiten mit Konstrukten auf der einen Seite *und* das Arbeiten mit Gegenständen auf der anderen Seite, beides geschieht vor allem via Sprache/Zeichen.

Planungsarbeiten zielen zwar immer darauf, die Gegenstände (wozu zum Beispiel auch die Menschen zählen) und/oder die Lebensumstände lebender Gegenstände (Menschen, Tiere, Pflanzen) dieser Welt zu verbessern. Das aber geht nicht ohne Konstrukte, weil sie – wie wir sehen werden – die Träger unseres Wissens sind. Sie liefern uns Einsichten in Sachlagen und öffnen uns den Blick auf bestimmte Zusammenhänge, aber damit verschließen sie uns oft zugleich den Blick auf andere Zusammenhänge, die in ihnen nicht enthalten sind. Auf diese Weise diktieren sie, was als „Fakt" zählt und welche Argumente als relevant und durchschlagend akzeptiert werden, damit bestimmen sie letztlich unsere Planungshandlungen – und dies ist ein Punkt, der in seiner Bedeutung kaum überschätzt werden kann.

Wir benutzen beim Planen also immer irgendwelche Konstrukte – genauso wie in vielen anderen Lebensbereichen – gleichgültig, ob uns dies bewusst ist oder nicht, auch unabhängig davon, ob sie eine Planungssituation angemessen repräsentieren oder nicht. Die Verbesserung der Konstrukte ist deshalb ein wesentliches Mittel, um beim Planen bessere Ergebnisse zu erreichen. Dabei sind Konstrukte jeweils dann „besser", wenn sie nicht unter konzeptuellen Widersprüchen leiden, zu möglichst vielen anderen Konstrukten logisch widerspruchsfrei in Beziehung stehen (beziehungsweise möglichst viele (Teil)Konstrukte logisch integrieren), mit dem vorhandenem Faktenwissen übereinstimmen und zugleich hilfreich in Bezug auf die jeweilige Planungsfragestellung sind. In diesem Sinne „bessere" Konstrukte werden länger in Gebrauch sein, bis sie durch neuere Konstrukte abgelöst werden.

In diesem Kapitel haben wir anhand einiger Beispiele erörtert, was Konstrukte beim Planen sind und illustriert, welche Bedeutung sie für das Planen haben. Das Hauptthema des folgenden Textes werden die Konstrukte sein. Um dieses Thema jedoch entsprechend einordnen zu können, ist es erforderlich, zunächst einige kurze Erläuterungen zu „Sprache und Zeichen" sowie „Gegenständen und Ereignissen" zu geben.

3.1 Die Komponenten des semiotischen Dreiecks

Sprache und Zeichen

Die Bedeutung der Sprache ergibt sich aus der Tatsache, dass Konstrukte ausschließlich durch Sprache beziehungsweise Zeichen ausgedrückt und übermittelt werden können.

Sprachen sind Systeme codierter Zeichen, die zum Zwecke der Kommunikation benutzt werden (vgl. Bunge 1974a, 8). Sprache ist der Umgang mit Zeichen, um etwas zu verstehen oder um sich mit jemandem zu verständigen. Das Verständnis der Sachlage und die Verständigung mit den übrigen an der Planungsaufgabe Beteiligten ist Grundlage für das Gelingen einer Planung. „Verständnis ist gewonnen, wenn die Darstellung [eines Planungsproblems] so abgefasst [ist], dass sie deutlich, stimmig, schlüssig und erhellend ist. ... Verständigung ist erreicht, wenn die Fortsetzung des Austauschs von Mitteilungen [auf der Sprachebene] die Übereinstimmung im Verständnis der Beteiligten [auf der Ebene der Konstrukte] nicht mehr beeinflusst." (Heidemann 1990, 5)

Bei „Sprache" denkt man zunächst an die gesprochene oder geschriebene Sprache, das menschliche Kommunikationswerkzeug schlechthin (vgl. Signer 1994, 49). Das Thema Sprache und Zeichen lässt sich jedoch – komprimiert dargestellt – folgendermaßen erörtern (vgl. hierzu zum Beispiel auch Eco 1991, Bußmann 1990, Heidemann 1990 oder Signer 1994, 53 ff): zunächst zum Thema Zeichen.

Zeichen

Zur Definition von „Zeichen" verwenden zum Beispiel Berkeley und Peirce die gleichen Worte: Etwas, das für etwas anderes steht (vgl. Bußmann 1990, 864). In der Regel werden drei Typen von Zeichen unterschieden: Ikon, Symbol und Index.

Ikon

Die Beziehung zwischen Ikon und dem bezeichneten Sachverhalt gründet sich auf eine faktische, abbildhafte Ähnlichkeit zwischen Zeichen und Objekt. Beispiele sind Piktogramme wie die zur Bezeichnung von Sportarten oder der laufende Mensch für die Kennzeichnung von Fluchtwegen und Notausgängen. Ikone sind Nachbildungen, sie vereinfachen, heben hervor oder verzerren (vgl. Rodi 1992, 297).

Wesentlich für die Planung ist, dass Baupläne (Grundrisse, Ansichten etc.), Papp- oder Drahtmodelle beispielsweise von Gebäuden, bei denen es wegen ihrer Anschaulichkeit keiner Legende bedarf, zu den Ikonen zählen, weil sie die faktische, abbildhafte Ähnlichkeit zwischen dem ikonischen Zeichen (Plan oder Modell) und dem Gegenstand (Gebäude, Stadtviertel etc.) benutzen. Ikone stellen somit nur Gegenständliches dar. Die Folge ist, dass Pläne und Modelle als ikonische Darstellungen beispielsweise des Konstrukts „Büro" nur die gegenständlichen Teile dieses Konstrukts darstellen, nie jedoch das Konstrukt als Ganzes. Das heißt, die bevorzugten Darstellungsmittel der Planer taugen nicht zur Darstellung von Konstrukten, sie geben nur deren gegenständliche Teile wieder.

Symbol

Die Beziehung zwischen einem Symbol und dem bezeichneten Sachverhalt wird durch vorherige Vereinbarung hergestellt, durch „semiotische Interpretation" (vgl. hierzu vor allem unten Kapitel 3.8). Diese Vereinbarung beruht ausschließlich auf Konvention. Die Bedeutung eines Symbols ist in der Regel sprach- und kulturabhängig. Als Symbol gilt somit ein Zeichen, wenn es

3.1 Die Komponenten des semiotischen Dreiecks

einer Angelegenheit gemäß einer Verabredung zugewiesen, also „getauft" wurde (vgl. Heidemann 1990, 9).

Für die Planung bedeutet dies, dass diejenigen Pläne, deren Bezug zum bezeichneten Objekt nur aufgrund einer Verabredung möglich ist, zum Beispiel mittels einer Legende, zu den Symbolen gerechnet werden. Deshalb zählen auch die meisten Darstellungen in Bebauungs- und Flächennutzungsplänen zu den Symbolen, weil die im Plan dargestellten Zeichen per Verabredung „getauft" werden müssen.

Wenn wir also die Konstrukte definieren, die eine Planungsaufgabe ausmachen, nehmen wir so genannte semiotische Interpretationen vor. Dabei benutzen wir vor allem Symbole, und Symbole sind Zeichen, die prinzipiell einer semiotischen Interpretation bedürfen, schließlich beruhen Symbole per definitionem auf vorheriger Übereinkunft. Daraus folgt: Auch in der Planung symbolisieren Symbole nichts ohne semiotische Interpretation. Ein Symbol, wie die Zeichenfolge „Stadtentwicklung", muss durch Konstrukte semiotisch interpretiert werden, sonst symbolisiert diese Zeichenfolge nichts. Ohne semiotische Interpretation ist „Stadtentwicklung" inhaltsleer, es ist sinnlose Lautbildung.

Index

„Die Beziehung zwischen [einem] Index und dem bezeichneten Sachverhalt beruht nicht auf Ähnlichkeit, wie beim Ikon, oder auf Konvention, wie beim Symbol, sondern wird aufgrund von Erfahrung als kausale Verknüpfung aufgefasst." (Signer 1994, 79 f, vgl. auch Bußmann 1990, 330) Das bedeutet, dass es eine Ursache geben und diese Ursache als solche erkannt werden muss. Ein bestimmter Verlauf eines Risses im Mauerwerk ist zum Beispiel ein Index für die Absenkung des Untergrundes an einer bestimmten Stelle, und Rauch ist ein Index für Feuer.

Für die nachfolgende Darstellung sind vor allem die Symbole von Bedeutung.

Sprache

Nicht entscheidend ist, in welcher Sprache unser Wissen zu Planungsaufgaben gefasst ist, das heißt, welche Zeichensysteme dazu benutzt werden. Ob eine Sprache zweckmäßig ist oder nicht, hängt in erster Linie davon ab, ob sie dem Klärungsprozess der Konstrukte dienlich ist.

Im Hinblick auf die verwendeten Zeichensysteme lassen sich folgende Sprachen unterscheiden (vgl. Bußmann 1990):
- Natürliche versus künstliche Sprachen: Natürliche Sprachen sind zum Beispiel „Deutsch" oder „Französisch". Künstliche Sprachen sind etwa Programmiersprachen, Zeichensysteme für Netzplandarstellungen oder die Zeichen zur Darstellung logischer Operationen.
- Symbolische versus nichtsymbolische Sprachen: Symbolische Sprachen sind solche, die Symbole als Zeichen benutzen, wie zum Beispiel die natür-

lichen und künstlichen Sprachen. In nichtsymbolischen Sprachen, wie zum Beispiel in der nonverbalen Kommunikation, werden dagegen keine Symbole benutzt, die zuvor explizit per Übereinkunft „getauft" werden müssten.
Planer benutzen mehr oder weniger alle diese Sprachen.

Bei Planungsaufgaben kommen die folgenden fünf Arten von Sprache vor: Umgangssprache, Fachsprache, Objektsprache, Metasprache und Jargon (für Details hierzu vgl. Stegmüller 1983, 63 ff, Bußmann 1990 oder Signer 1994, 58 ff). Alle Sprachen, und nicht zuletzt die Übergänge von einer Sprache zur nächsten, implizieren die Gefahr, in *Jargon* zu verfallen, in „unverständliches Gemurmel" (Bußmann 1990, 361). Es werden verwässerte Ausdrücke benutzt, denen es an Klarheit und Eindeutigkeit fehlt.

Dieser kurze Abriss zum Thema Sprache und Zeichen soll in diesem Zusammenhang genügen.[3] Wenden wir uns jetzt der zweiten Komponente des semiotischen Dreiecks zu, den Gegenständen und Ereignissen.

Gegenstände und Ereignisse

Sieht man von einigen speziellen philosophischen Fragestellungen ab (vgl. zum Beispiel Vollmer 1993), etwa derjenigen, ob die reale „Außen"-Welt nur in unserer Vorstellung existiert, lassen sich die Gegenstände wie folgt charakterisieren: Gegenstände sind die Dinge der physischen Wirklichkeit, des Naturraums wie Bäume, Steine oder Menschen. Auch hergestellte Gegenstände gehören dazu wie Häuser, Papier, Pläne oder Bücher.

Gegenstände werden mit Hilfe von Eigenschaften hinsichtlich Qualität, Quantität, Raum, Zeit spezifiziert oder zu anderen Gegenständen in Beziehung gesetzt. Zum Beispiel sind Masse, Größe, Farbe oder Temperatur Eigenschaften. Eigenschaften können unterschiedliche Ausprägungen haben, so kann die Temperatur eines Gegenstandes in einem Fall fünf, in einem anderen Fall zwanzig Grad Celsius betragen. Die Summe aller Ausprägungen aller Eigenschaften nennen wir einen Zustand. Die Änderung (zumindest)

---

[3] Das Thema sprachliche und nichtsprachliche Zeichensysteme ist mit einer Erläuterung zu Zeichen oder den verschiedenen Arten von Sprache (natürliche, künstliche, symbolische, nicht-symbolische beziehungsweise Umgangssprache, Fachsprache, Objektsprache etc.) nicht erschöpfend behandelt. Dies sind zunächst nur Klassifizierungen.
Damit Sprachen als Kommunikationswerkzeuge dienen können, braucht es Regeln beziehungsweise Vereinbarungen, die ihrer Verwendung zugrunde liegen. Sprachen sind deshalb an Regelwerke gebunden, die es einer bestimmten Gruppe von Individuen ermöglicht, diese Sprache zu benutzen. Diese Regelwerke werden in der Theorie der Zeichensysteme untersucht. Dazu gehört vor allem
(a) die Syntax, die das Zeichenrepertoire und die Grammatik von Sprache zum Thema hat,
(b) die Semantik, die sich auf die Bedeutung der Sprache konzentriert und
(c) die Pragmatik, dabei geht es um die Konsequenzen der Sprache, bezogen auf das Verhalten derjenigen, die die Sprache benutzen (vgl. zum Beispiel Stegmüller 1983, 68 ff, Bußmann 1990, Eco 1991 oder einführend Miller 1981).

einer Ausprägung einer Eigenschaft nennen wir ein Ereignis, und eine Sequenz von Ereignissen nennen wir einen Prozess.

Beides, das heißt das Vorhandensein eines Gegenstandes in einem bestimmten Zustand oder das Eintreten eines Ereignisses an einem Gegenstand, nennen wir ein Faktum. „... a (real) fact is either the being of a thing in a given state, or an event occurring in a thing." (Bunge 1977, 267)

Gegenstände existieren in Raum und Zeit. Das heißt, sie haben Ausdehnung und Dauer. Wäre dem nicht so, könnten sie nicht beobachtend wahrgenommen werden. Zu den Eigenschaften von Gegenständen zählt zudem, dass sie an einem bestimmten Ort sind, Energie haben und veränderungsfähig sind.

Gegenstände sind autonome Entitäten. Sie sind für kognitive Subjekte wie denkende Menschen extern (vgl. Bunge 1977, 16 f), das heißt, sie existieren außerhalb unserer Denkorgane. Wäre dem nicht so, könnten sie nicht zu Untersuchungsgegenständen gemacht werden und das menschliche Denken wäre pure Introspektion. Das heißt, Gegenstände werden hier als selbständig angenommen in dem Sinne, dass sie unabhängig vom wahrnehmenden Subjekt existieren. Nach unserem Verständnis sind sie so, wie sie sind, und nicht abhängig von dem, was wir über sie wissen oder erkennen können. Ein Beispiel dafür sind radioaktive Stoffe wie Uran, die bereits existierten, lange bevor Menschen in der Lage waren, Radioaktivität zu messen oder diese Stoffe zu isolieren und zu nutzen.

Wesentlich ist in diesem Zusammenhang, dass wir Menschen die Gegenstände und Ereignisse dieser Welt nicht wahrnehmen können, ohne dabei Konstrukte zu verwenden. In der Wissenschaft wurde dies durch zahlreiche Analysen verdeutlicht: „Auch die einfachste (sinnliche) Wahrnehmung ist in kognitive Verarbeitungsmuster [das heißt: Konstrukte] eingebettet und unlösbar mit diesen verwoben." (Groeben und Westmeyer 1975, 141) Folgerichtig wurde durch die Diskussionen in der Wissenschaftstheorie klar, dass „Fakten ... immer abhängig von den implizierten Beobachtungstheorien" [= Konstrukten] sind (Groeben und Westmeyer 1975, 202). Das heißt, es ist uns prinzipiell nicht möglich, so genannte „harte Fakten" „an sich" wahrzunehmen, weil diese Fakten immer nur kognitions- und damit konstruktabhängig gewonnen werden (vgl. hierzu auch Kuhn 1962 und Feyerabend 1975). Deshalb erweist sich auch die von manchen „naiven Realisten" gehegte Hoffnung als Irrtum (vgl. Bunge 1996, 354), man könne Fakten wahrnehmen, ohne dabei Konstrukte zu benutzen. Wenn wir versuchen, so genannte Fakten zu erfassen oder zu bearbeiten, sind also prinzipiell immer Konstrukte involviert. Planung handelt somit nicht direkt von Gegenständen beziehungsweise Ereignissen, also Fakten, sondern von Konstrukten über Fakten – und dieser Unterschied ist gravierend. Folglich können wir beim Planen die Auseinandersetzung mit Konstrukten nicht vermeiden.

Jede *faktische* Veränderung ist natürlich nur in beziehungsweise an den Gegenständen möglich – wobei in diesem Fall auch die Menschen zu den Gegenständen zählen. Bei der Lösung von Planungsproblemen geht es ja in der

Regel darum, eine Handlungsanleitung, also einen Plan, für die Veränderung einer als misslich empfundenen Gegenstandskonstellation herzustellen. Dies geht jedoch – wie beschrieben – nicht ohne Konstrukte: Die Bearbeitung von Konstrukten ist eine notwendige Voraussetzung für eine planmäßige Veränderung der Gegenstände, und zwar, weil es die Konstrukte sind, die unser Wissen tragen und unsere Planungshandlungen bestimmen. Demgegenüber ist die Veränderung von Konstrukten per se, ohne jeglichen Bezug zu den Gegenständen und Ereignissen, nur das Verändern von Gedanken und in diesem Sinne ohne Bezug zur faktischen Realität.

Konstrukte

Was ist ein Konstrukt? Ein Konstrukt ist das vom Konstruktwort Bezeichnete und wird daher häufig seine Bedeutung genannt.

Konstrukte sind abstrakte beziehungsweise fiktive und damit *begriffliche* Objekte, im Gegensatz zu materiellen Gegenständen. (Für die nachfolgende Darstellung vgl. vor allem Bunge 1974a, 1974b, 1983a, 1996; eine kompakte Beschreibung der philosophischen Grundlagen findet sich zum Beispiel bei Bunge 1996, 241 ff.)

Einer der Ausgangspunkte für die Beschäftigung mit Konstrukten liegt darin, dass wir in der Sprache Worte verwenden, die sich nicht wie Eigennamen auf jeweils genau eine Person beziehen oder genau einen Gegenstand (zum Beispiel die „Bismarckeiche" rechts am Waldweg, der von der Stadt X zum Dorf Y führt). Sondern es gibt viele Worte, wie „Baum", „Birke" oder „Marktplatz", die Konstrukte bezeichnen, weil sie sich auf *mehrere* Gegenstände beziehen, eben alle Bäume, alle Birken oder alle Marktplätze.

Was ein Konstrukt (wie die „Sieben", „Baum", „Marktplatz", „Fußgängerzone" oder „Region") ist, lässt sich ausgrenzend auch folgendermaßen beschreiben: Wenn wir an eine Sieben denken, so haben wir dann das Konstrukt der Sieben vor uns, wenn wir absehen von

(a) der Sprache oder den Zeichen,
(b) den Gegenständen beziehungsweise Ereignissen, auf die sich das Konstrukt (eventuell) bezieht,
(c) den konkreten Prozessen im Gehirn, das heißt, den Vorgängen auf der neuronalen Ebene, die unsere Vorstellung dieser Sieben begleiten und
(d) dem physischen Prozess der Kommunikation, zum Beispiel den Veränderungen im Kehlkopf zur Lautbildung, den Schallwellen etc.

Wir sagen (vgl. Bunge 1983a, 46), dass jedes Objekt entweder gegenständlich ist *oder* ein Konstrukt, und dass *kein* Objekt gegenständlich *und* ein Konstrukt ist „… none is both." Bunge (1974a, 26)

Das heißt, es gibt sprachliche Ausdrücke – wie „Birke" –, die (erstens) ganz bestimmte Gegenstände benennen (einen Baum mit seinen Ästen, der Rinde, den Wurzeln etc.) und (zweitens) zugleich Konstrukte bezeichnen (nämlich das Konstrukt „Birke", zum Beispiel in der Definition der Fachwissenschaften, zu welcher Pflanzenart die Birke gehört, der Typ ihrer Blätter etc.). Dies gilt zum Beispiel für alle Worte, die in der rechten Spalte der Tab. 3 aufgelistet sind (siehe oben Kapitel 3.).

Darüber hinaus gibt es sprachliche Ausdrücke, die nur Konstrukte bezeichnen, zum Beispiel die Zahl 7 oder „Urbanität", denn es gibt weder einen Gegenstand mit Namen „7", noch einen mit Namen „Urbanität". Diese Konstrukte benennen keine Gegenstände. Gleiches gilt entsprechend für alle Worte, die in der linken Spalte der Tab. 3 aufgelistet sind.

Aus der Perspektive der Konstrukte beschrieben, stellt sich der selbe Sachverhalt wie folgt dar: Manche Konstrukte verweisen auf materielle Gegenstände. Das heißt, sie haben beziehungsweise verweisen auf empirische Referenten, andere nicht. So verweist das Konstrukt „Birke" auf alle Birken, also Gegenstände. Die natürliche Zahl 7 als Konstrukt „an sich" verweist demgegenüber nicht auf Gegenstände. In der gegenständlichen Welt gibt es die Sieben nicht für sich genommen; was es gibt, sind – wie gesagt – sieben Häuser, sieben Bäume, sieben „Irgendwas" – nicht jedoch „Sieben" alleine. Ähnlich verhält es sich beispielsweise mit den in der Planung oft benutzten Skalenarten: Nominalskala, Ordinalskala, Differenz- oder Intervallskala und Verhältnisskala, auch sie sind „an sich" ohne empirische Referenten.

Ein Konstrukt wird „faktisch" genannt, wenn es sich auf einen oder mehrere materielle Gegenstände beziehungsweise Ereignisse als Referenten bezieht. Ein Planungsbeispiel für ein faktisches Konstrukt mit empirischen Referenten ist das Konstrukt „Motorisierungsgrad". Hier sind die materiellen Gegenstände, auf die das Konstrukt verweist, die Personenwagen und die in einem bestimmten Gebiet wohnenden Menschen. Ein anderes Beispiel ist das faktische Konstrukt „Individualverkehr", das auf materielle Gegenstände wie Ampeln, Autos oder Menschen verweist.

Arten von Konstrukten

Wir unterscheiden vier Grundklassen von Konstrukten: Begriffe, Propositionen, Kontexte und Theorien (vgl. Bunge 1983a, 44).
(a) „Die Begriffe [im Englischen: concept] sind die Einheiten, mit denen man die Propositionen [siehe unten] konstruiert: Sie sind begriffliche Atome." (Bunge 1983a, 44) Begriffe sind Klassenbildung über Mengen von Objekten. Man erhält die jeweilige Menge, indem man alle Objekte, auf die eine bestimmte Eigenschaft zutrifft, zu einer Klasse zusammenfasst. Begriffe werden folglich gebildet, indem den zu beschreibenden Untersuchungsobjekten Eigenschaften zugeordnet werden. Beispiele für Begriffe sind „Wohnung", „Büro", „Stadtviertel", „Region" etc. Alle in der linken Spalte der obigen Tab. 3 in Kapitel 3 aufgelisteten Ausdrücke sind Begriffe und gehören somit zu dieser ersten Grundklasse von Konstrukten.
(b) Propositionen (sie werden auch als „Aussagen" bezeichnet) bringen Begriffe in einen Zusammenhang. Das heißt, Propositionen werden gebildet, indem Begriffe mit Hilfe von Relationen zueinander in Beziehung gesetzt werden. (Zum Thema Relationen siehe unten Kapitel 3.3 und 3.4.) Dazu ein Beispiel: In der Proposition „Die Zahlen sind Begriffe" stehen die

Begriffe „die Zahlen" (oder „die Menge aller Zahlen"), „sind" (oder „ist eingeschlossen in")[4] und „Begriffe" (oder „die Kategorie aller Begriffe"). Ein weiteres Beispiel: Die in der Planung benutzte mathematische Funktion der nach außen abnehmenden Bevölkerungsdichte von Städten bezeichnet Begriffe, was die Einzelelemente, die einzelnen Bestandteile dieser Funktion angeht. Als Ganzes ist sie eine Proposition und diese wiederum verweist auf ein stabiles Muster von Gegenständen beziehungsweise Ereignissen in der Realität.[5]

Auch die folgenden Sätze drücken Propositionen aus: „2 + 2 = 4", „Fußgängerzonen reduzieren den Umsatz der angrenzenden Einzelhandelsgeschäfte", „Bestimmte Bauten haben auf den Betrachter eine einschüchternde Wirkung".

Es gibt eine Fülle von Propositionen, denn nahezu jede Art von Aussagen, Sätzen, die wir tagtäglich benutzen, drücken Propositionen aus.[6]

Eine Proposition ist also das, was mit einem Satz bezeichnet wird. „Besser gesagt: Da nicht jeder Satz etwas bezeichnet, müsste man sagen, dass jede Proposition durch einen oder mehrere Sätze bezeichnet wird." (Bunge 1983a, 58) Zum Beispiel bezeichnen die Sätze „3 > 2", „III > II", „three is greater than two" und „drei ist größer als zwei" die gleiche Proposition.

Allerdings, obwohl jede Proposition durch einen oder mehrere Sätze ausdrückbar ist, ist die Umkehrung nicht richtig (vgl. Bunge 1983a, 56), denn nicht jeder Satz bezeichnet eine Proposition: Tatsächlich gibt es grammatikalisch wohlkonstruierte Sätze, die dennoch keine Proposition bezeichnen, wie zum Beispiel „Die Zahl sieben zappelt" oder „Die Quadratwurzel einer Entwurfsidee ist ein Lied" (analog Bunge 1983a, 56). Solche Sätze sind ontologisch schlecht geformt (siehe dazu unten Kapitel 3.11).

Propositionen sind also keine Sätze, Propositionen werden vielmehr durch Sätze ausgedrückt, sie sind das, was mit dem Satz inhaltlich gemeint ist.

Mit anderen Worten: „Concepts [= Begriffe]... are the units of meaning and hence the building blocks of ... discourse. We use concepts to form propositions, just as we analyse complex propositions into simpler ones and these, in turn, into concepts." (vgl. Bunge 1996, 49) Begriffe – wie zum Beispiel „Auto", „Stadtviertel" oder „Region" – sind somit die grundlegenden Einheiten und folglich die Bausteine für unsere Planungsarbeit. Wir verwenden Begriffe, um Propositionen zu bilden. Aus einfachen Propositionen bilden wir komplexere Propositionen, genauso wie

---

[4] Dies ist eine so genannte qualitative Relation; siehe dazu unten Kapitel 3.3.
[5] Mathematische Funktionen sind ebenfalls eine Teilmenge der Relationen; siehe dazu unten Kapitel 3.3.
[6] Man beachte, dass Vorschläge (proposals) keine Propositionen sind: „Note that propositions should not be mistaken for proposals, such as „Let's go" (Bunge 1996,49); gleiches gilt für „It was proposed to investigate the logic of problems" etc. (Bunge 1999a, 228).

3.1 Die Komponenten des semiotischen Dreiecks

wir komplexere Propositionen in einfachere Propositionen zerlegen und sie auf diese Weise analysieren, wobei letztere wiederum in Begriffe und Relationen zerlegt und dadurch analysiert werden. Dies bedeutet im Übrigen, dass die hier erläuterten Grundklassen von Konstrukten – und wir betonen dies ausdrücklich – nicht die Komplexität der damit erarbeitbaren Gedankengebilde einschränken (zum Thema Komplexität vgl. zum Beispiel Rescher 1998).

(c) „Ein Kontext ist eine Menge von Propositionen, die aus Begriffen mit gemeinsamen Referenten zusammengesetzt ist. Zum Beispiel die Menge der Propositionen, die sich auf […den Individualverkehr…] beziehen, ist ein Kontext." (Bunge 1983a, 44) Eine Proposition ohne Angabe des Kontextes hat keine präzise Bedeutung. Das heißt, nur durch die explizite Darstellung des Kontextes ist es möglich, alle logischen Verbindungen einer Proposition herauszufinden und so ihren Inhalt zu bestimmen.

(d) „Eine Theorie[7] ist ein hinsichtlich der logischen Operationen *geschlossener* Kontext. Mit anderen Worten ist eine Theorie eine Menge von Propositionen, die logisch miteinander verknüpft sind und die gemeinsame Referenten besitzen. Beispiel: die Theorie der Evolution durch natürliche Selektion." (Bunge 1983a, 44)

Abb. 5 veranschaulicht die vier Grundklassen von Konstrukten (vgl. Bunge 1983a, 44):

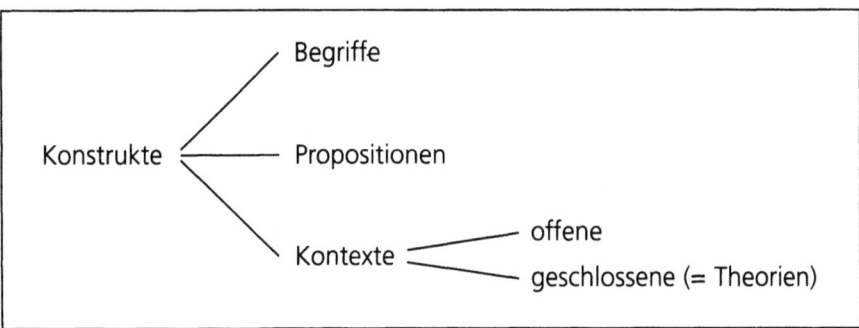

Abbildung 5 Arten von Konstrukten

---

[7] „Few concepts have fared worse ... than that of theory. The worst and most popular mistakes in this regard are the following: Theory is any discourse on generalities, however obscure or incoherent; theory is the opposite of hard fact (a vulgar belief); theories are useless: only data and actions are valuable; theories are general orientations or approaches; theories are the same as hypotheses (e. g. Popper); theories are collections of definitions (e. g., conventionalists and Parsons); all theories are generalizations from observed facts (inductivism); there are a priori theories of human behavior (e. g., von Mises 1949); the axioms of a theory are indisputably true (commonsense view); and every axiom system is abstract – that is, uninterpreted (e. g., Debreu 1959, x)." (Bunge 1996, 113) „[A]ll ten concepts of theory listed above are wrong." (Bunge 1996, 114; für Details siehe dort)

Wie die folgenden Beispiele zeigen, kommen alle vier Arten von Konstrukten beim Planen vor:
(a) Alle Planungsansätze verwenden *Begriffe* (wie zum Beispiel „Nachhaltigkeit", „Stadt" oder „Stadt der kurzen Wege").
(b) Genauso beinhalten sie *Propositionen* (Aussagen). Der Planungsansatz der „Stadt der kurzen Wege" beruht beispielsweise auf der Proposition, „..., dass dichte und funktionsgemischte Stadtstrukturen mit hoher Freiraum- und Ausstattungsqualität weniger Verkehr erzeugen" (Jessen 1996, 3).
(c) Propositionen haben wiederum ihren speziellen Kontext. Oft macht erst der Bezug zum Kontext den Inhalt der Proposition eindeutig und damit überprüfbar. So ist das Konstrukt der Nachhaltigkeit zwar im Kontext der Forstwirtschaft geeignet, ein Maß für die Nutzung des Waldes festzulegen. Ein Maß für „nachhaltigen Städtebau" lässt sich damit allerdings nicht ohne weiteres ermitteln.
(d) Darüber hinaus gibt es beim Planen einige *Theorien*, etwa die „Theorie der zentralen Orte", die „Theorie der Wachstums- oder Entwicklungspole" die „Brüter- und Filtertheorie" oder die „Theorie des regionalen Wirtschaftswachstums" (vgl. Tank 1987, 59 ff).

Alle Planungsansätze lassen sich also auf die genannten vier Grundklassen von Konstrukten zurückführen. Weil wir jedoch in der Planung nur über wenige Theorien in dem hier beschriebenen Sinne verfügen, konzentriert sich die Darstellung in diesem Teil des Buches auf die grundlegenderen Konstrukte: Begriff und Proposition einschließlich ihres Kontexts.

In diesem Abschnitt haben wir die Grundklassen von Konstrukten beschrieben: Begriffe werden – via Relationen – zu Propositionen zusammengesetzt. Mehrere Propositionen, die aus Begriffen mit gemeinsamen Referenten zusammengesetzt sind, bilden „offene" oder „geschlossene" Kontexte. Geschlossene Kontexte werden als Theorien bezeichnet. Im folgenden Kapitel wird beschrieben, wie Begriffe, die erste Klasse von Konstrukten, gebildet werden.

3.2 Das Bilden von Begriffen

Die inhaltliche Bestimmung der Begriffe, gegebenenfalls einschließlich der Beschreibung der entsprechenden Gegenstände/Ereignisse, das heißt, die Spezifizierung und Bestimmung der interessierenden Objekte, steht im Zentrum jeder zu lösenden Planungsaufgabe, schließlich beeinflusst die Wahl und Definition der Begriffe unser Planungshandeln (siehe hierzu vor allem unten Kapitel 3.9).

Eine der wichtigsten Vorgehensweisen beim Bilden von Begriffen ist das Zuordnen von Eigenschaften zu einem Objekt.[8] Da wir aber inzwischen zwei Ar-

---

[8] Vgl. dazu zum Beispiel auch DIN 2330.

ten von „Objekten" haben, nämlich Konstrukte (Begriffe, Propositionen etc.) und materielle Gegenstände, ist es erforderlich, zwei Arten von Eigenschaften zu unterscheiden. Zum einen die Eigenschaften, die sich auf Konstrukte beziehen, wir nennen sie Attribute.[9] Zum andern die Eigenschaften, die sich auf materielle Gegenstände beziehen, hier behalten wir diesen Terminus bei und nennen sie „Eigenschaften". Das führt zu folgender Unterscheidung:

Ein Mensch M besitzt die Eigenschaft E.
Das Attribut A repräsentiert die Eigenschaft E von M.

Der erste Satz bezieht sich auf den Gegenstand selbst und der zweite auf dessen Repräsentation auf der Konstruktebene (vgl. Bunge 1977, 58 f). Beim ersten Satz kann man darüber streiten, ob der Mensch M wirklich die Eigenschaft E hat. Beim zweiten Satz kann man darüber streiten, ob das gewählte Attribut A der Eigenschaft E entspricht (vgl. Signer 1994, 97).

Wesentlich ist in diesem Zusammenhang, dass wir – wie oben in Kapitel 3.1 festgestellt – die Eigenschaften der materiellen Gegenstände nicht direkt, „an sich", erfassen können, sondern nur mittels der Attribute der Konstrukte, das heißt der Begriffe, die wir auf der Konstruktebene erarbeiten.

Prädikation: Die Zuordnung von Attributen

Nach dieser Unterscheidung sind wir in der Lage, Objekten Attribute zuzuordnen.

Alle Objekte haben Attribute. Das Grundprinzip der Begriffsbildung ist einfach: Wir generalisieren von Fällen beziehungsweise Beispielen, indem wir deren Gemeinsamkeiten festhalten und gleichzeitig ihre Unterschiede ausschließen und damit für irrelevant erklären (vgl. Eysenk und Keane 1998, 235). Grundlage der Begriffsbildung sind somit die einer bestimmten Menge von Objekten gemeinsamen oder „invarianten" Attribute. Wir betrachten sie als (nur in Grenzen variable) Invarianzattribute. Durch diese Invariantenbildung werden die von Zufälligkeiten bereinigten Objektattribute definiert und für das Denken zugänglich, es sind die für das Erkennen bedeutsamen Gegenstands- oder Situationsmerkmale (vgl. Klix 1992). Ein Kind kann viele Male den selben Baum oder verschiedene Bäume wahrnehmen. Das Invariante davon bildet den Begriff „Baum". So wird der Begriff „Baum" wesentlich durch Attribute wie Stamm und Rinde, Äste, Zweige und Blätter oder Nadeln bestimmt, der einer Fußgängerzone wiederum durch deren jeweils charakteristische Attribute, wie zum Beispiel: ‚Darf nur zu Fuß benutzt werden', ‚Ausnahmen (motorisierte Fahrzeuge): Notarztwagen, Einsatzfahrzeuge der Polizei und Feuerwehr, Reinigungsfahrzeuge, Anlieferung durch Transportfahrzeuge nur zu vorgeschriebenen Zeiten etc.', ‚weitere Ausnahmen: Skateboarder, Inlineskater, Rollstuhlfahrer' etc. Ähnliches gilt für die Invarianzattri-

---

[9] Zur Frage, welche Attributtypen es gibt und in welcher Beziehung sie zueinander stehen, vgl. zum Beispiel einführend Eysenck und Keane 1998, 233 ff.

bute von Ereignissen oder Vorgängen wie Autofahren, Straßen bauen, Pläne zeichnen etc. Diese Zuordnung von Attributen zu Objekten nennt man „Prädikation" (vgl. Bußmann 1990, 597). Dadurch werden Objekte hinsichtlich Qualität, Quantität, Raum, Zeit etc. beschrieben oder in einen Zusammenhang, eine Relation mit anderen Objekten gebracht. Prädikation ist damit auch das Fundament und der Ausgangspunkt für jegliche Form von Propositionen.

Feldtkeller (1989, 85) gibt ein Beispiel für die Präzisierung des Begriffs „Wand". Zunächst ist „Wand" ein sprachliches Gebilde, das aus vier Buchstaben besteht. Der Begriff „Wand" verweist auf Gegenstände wie Holz, Stein, Glas, Metall usw. und ist selbst nichts Gegenständliches. Wand ist ein sprachlicher Ausdruck für etwas, was die folgenden Attribute besitzt, in denen Teile unseres Wissens über Wände zusammengefasst sind:
- Wärmedämmung, graduell;
- Wärmespeicherung, graduell (Transformation von Lichtstrahlung in Wärme);
- Reflexion der Wärmestrahlung von innen;
- Durchlass diffusen Tageslichts, kontrolliert;
- Durchlass direkten Sonnenlichts, kontrolliert;
- Durchlass der UV-Strahlung;
- Durchlass kosmischer Mikrowellenstrahlung;
- Lichtreflexion beziehungsweise -absorption, graduell;
- visuelle Verbindung, kontrolliert;
- Durchgangsmöglichkeit, kontrolliert;
- Schutz gegen Ungeziefer;
- Lüftung, Einlass der Sommerbrise;
- Abhalten schlechter Luft;
- Windschutz;
- Abhalten von Niederschlägen;
- Luftfeuchtigkeitsregulierung, Dampfdiffusion;
- Schutz der Wand selbst gegen zu große Durchfeuchtung durch Niederschläge oder Spritzwasser;
- Schalldämmung, graduell;
- Schallreflexion beziehungsweise -absorption, graduell;
- Widerstand gegen mechanische Beanspruchung;
- Feuerschutz." (Feldtkeller 1989, 85)

Fügt man dem so beschriebenen Begriff, dieser Attributliste, ein weiteres Attribut hinzu, zum Beispiel:
- „Durchlässigkeit für Radon, graduell", so hat man den Begriff „Wand" verändert und erweitert. Mit Hilfe dieses Begriffs „Wand" lassen sich Aussagen über reale Wände machen.

Darüber hinaus lassen sich aus gegebenen Attributen Attributkombinationen bilden, und zwar durch logische Verknüpfung; zum Beispiel
- durch Konjunktion („a und b", jemand ist erwerbstätig und weiblichen Geschlechts),

- durch Disjunktion (inklusives oder) („a oder b", entweder das eine oder das andere oder beides; Beispiel: jemand kommt mit dem Auto oder mit dem Zug zur Arbeit, oder beides: Park & Ride) und
- durch Kontravalenz oder Antivalenz (exklusives oder) („a oder b", entweder das eine oder das andere, aber nicht beides; Beispiel: jemand ist entweder weiblichen oder männlichen Geschlechts, nicht jedoch beides).

Negationen („nicht a"; jemand ist nicht erwerbstätig) definieren hingegen keine Attribute (vgl. Bunge 1996, 18). Ein Beispiel: Der Satz „Diese Ausstellung ist keine Ausstellung alten Typs" beinhaltet nur eine Negation und definiert deshalb nichts.

Konsequenzen für die Planung

Begriffe, als eine der vier Grundklassen von Konstrukten, haben ihrerseits einige Attribute, von denen hier vor allem drei von Bedeutung sind.

Erstens: Ein Attribut von Begriffen ist, dass sie nicht „wahr" oder „falsch" sein können (zur Definition des Begriffs „Wahrheit" vgl. zum Beispiel Bunge 1974b, 81 ff oder Groeben und Westmeyer 1975, 142 ff).

„... only propositions can be tested for truth. Concepts [= Begriffe] cannot be so tested, because they neither assert or deny anything. Hence there are no true or false concepts: concepts can only be exact or fuzzy, applicable or inapplicable, fruitful or barren." (Bunge 1996, 49) Begriffsdefinitionen sind also lediglich Vereinbarungen, Konventionen (vgl. Bunge 1996, 69). Das bedeutet beispielsweise, dass man jeden beliebigen Begriff erfinden kann. Gerät man dabei nicht in Widersprüche, kann niemand diesen Begriff als „falsch" widerlegen; bestenfalls wird er ignoriert, weil er für uninteressant gehalten wird. Da bei Begriffen nicht das Kriterium „wahr/falsch" gilt, enden Diskussionen über „wahre" und „falsche" Begriffe auch meist mit der Feststellung: „Es kommt darauf an, was man unter X (= dem jeweiligen Begriff) versteht." Ob eine Begriffsdefinition als „wahr" angesehen wird oder nicht, hängt statt dessen davon ab, ob die Mehrheit der jeweils Beteiligten und/oder die jeweils Mächtigen eine Begriffsdefinition für „wahr" erachten oder nicht.[10]

Diese Beliebigkeit von Begriffen wird beim Planen nicht selten ausgenutzt. Eben weil es keine „wahren" und „falschen" Begriffe gibt, bietet sich die Möglichkeit, Planungsprobleme durch das Umdefinieren von Begriffen „wegzudefinieren" und damit sozusagen „verschwinden" zu lassen, und zwar ohne dass irgend jemand sagen könnte, die neu gewählte Begriffsdefinition sei per se „falsch".

Entsprechend zeigen die folgenden Beispiele, dass bereits die Prozedur der Begriffsdefinition dazu benutzt wird, Planungsaufgaben in eine „bevorzugte" Richtung zu lenken:

---

[10] „Definitions [of concepts] are stipulations, or conventions, not assumptions. They are true by conventions, not by proof or by virtue of empirical evidence." (Bunge 1996, 69)

3 Das semiotische Dreieck – Ein gedankliches Werkzeug beim Planen

Beispiel: Wohnungsnot
Ob Kommunalpolitiker etwas gegen den Mangel an Wohnungen unternehmen, hängt nicht zuletzt auch von der Zahl der Wohnungssuchenden in einer Stadt ab. Ist deren Anzahl hoch, erzeugt dies politischen Druck, etwas zur Behebung des Wohnungsmangels zu tun, zum Beispiel neue Wohngebiete auszuweisen oder den Bau neuer Wohnungen finanziell zu fördern. Vor diesem Hintergrund war die von den Behörden offiziell verkündete Anzahl der Wohnungssuchenden in einigen deutschen Großstädten lange Zeit merkwürdig niedrig. Die Erklärung: Als „Wohnungssuchender" wurde in manchen Städten nur derjenige gezählt, der in der Kartei des Wohnungsamtes registriert war. Und wer wurde in der Kartei des Wohnungsamt als Wohnungssuchender registriert? Nur derjenige, der in der Stadt bereits eine Wohnung hatte. Das heißt, hier wurde der Begriff „Wohnungssuchender" durch zwei Attribute definiert: „ist in der Kartei des Wohnungsamtes registriert" und „hat bereits eine Wohnung in der Stadt". Eine solche Begriffsdefinition führt in Städten, in die viele Menschen von außerhalb zuziehen möchten, dazu, dass die tatsächliche Zahl der Wohnungssuchenden unterschätzt wird.

Beispiel: Trinkwasserverschmutzung
Als zulässige Verschmutzung des Trinkwassers hatte die EU vor einigen Jahren sehr kleine Mengen festgelegt – quasi Nullwerte. Nur 0,1 Mikrogramm eines Pestizides und insgesamt 0,5 Mikrogramm mehrerer Pestizide durften in einem Liter vorhanden sein. In den Ländern der EU werden jedoch nach wie vor jährlich tausende von Tonnen Pflanzenschutz- und Düngemittel auf Feldern, Wiesen und Weinbergen aufgebracht. Entsprechend haben über die Hälfte der landwirtschaftlich genutzten Flächen der EU Grundwasser, das mit Pflanzenschutzmitteln belastet ist. Abhilfe soll eine Novellierung der Richtlinie schaffen, indem die Grenzwerte angehoben werden. Das heißt, der Begriff „Trinkwasser" wird neu definiert. Die Rückstände werden dann zwar nicht geringer, dafür jedoch legal.
Dass das Umdefinieren von Begriffen auch außerhalb der räumlichen Planung für Problemlösungen genutzt wird, zeigt folgendes Beispiel.

Beispiel: Rentenreform
„Der [Arbeits]Minister bereitet eine Reform vor, die einem Zaubertrick gleicht. Er hält sein Versprechen ein, die Rente wird wieder an den Nettolohn gekoppelt. Und er schafft es trotzdem, die konkreten Zahlungen aus der Alterskasse drastisch zu senken. Wenn [der Arbeitsminister] ... sich durchsetzt, werden die Rentner über die nächsten Jahre Milliarden als Sanierungsopfer leisten. Das Konzept soll die gesetzliche Altersversicherung für die nächste Generation wetterfest machen. Und so funktioniert der Trick: [Der Arbeitsminister] ... will den Terminus „Nettolohn" in der Rentenformel einfach neu definieren. Alle privaten Altersanlagen, die auf tariflichen Verpflichtungen beruhen, von der Lebensversicherung bis zum Pensionsfonds, werden nun ebenfalls vom Bruttolohn abgezogen. Je mehr die Tarifparteien, dank staat-

3.2 Das Bilden von Begriffen

licher Förderung, für die Altersvorsorge tun, desto niedriger liegt der „neue" Nettolohn." (Sauga 2000, 28)

Solche „Problemlösungsansätze" sind möglich, weil Begriffe, wie erläutert, nicht „wahr" oder „falsch" sein können. Begriffsdefinitionen sind schließlich Konventionen. Man kann über *die Folgen* dieser neuen Begriffsdefinitionen klagen, „falsch" – im Sinne von „unwahr" – sind die neu definierten Begriffe nicht (es sei denn, sie wären widersprüchlich definiert).

Ein zweites Attribut von Konstrukten ist folgendes: Begriffe werden, wie beschrieben, durch die Zuordnung von Attributen gebildet. Dabei ist die Anzahl der Attribute, mit denen Begriffe präzisiert werden können, im Prinzip unbegrenzt. Folglich besteht immer die Möglichkeit, einen Begriff durch weitere, zusätzliche Attribute zu charakterisieren. Das heißt, es ist ein zum Scheitern verurteiltes Unterfangen, einen Begriff vollständig und umfassend definieren zu wollen. Aus diesem Grunde ist es beispielsweise unmöglich, den Begriff „Stadt" abschließend zu definieren, schließlich gibt es unendlich viele Attribute, die dabei eine Rolle spielen können.

Da die Zahl möglicher Attribute prinzipiell unbegrenzt ist, muss entschieden werden, mit welchen Attributen ein bestimmter Begriff beschrieben werden soll. Für diese Auswahl wird ein geeignetes Kriterium benötigt. Eine zweckmäßige Auswahl der Attribute lässt sich etwa vornehmen, wenn der Verwendungszweck der Begriffe klar ist: Bei Planungsaufgaben lassen sich Begriffsdefinitionen mit Bezug auf die jeweilige Planungsfragestellung definieren, und zwar werden die Attribute so ausgewählt, dass sie für die Beantwortung der jeweiligen Planungsfragestellung zweckdienlich sind. Fehlt ein solches Auswahlkriterium, besteht die Gefahr, dass entweder zu viele irrelevante oder zu wenige Attribute erarbeitet und untersucht werden. Das heißt, die Definition eines in der Planung benutzten Begriffes kann in aller Regel nur mit Bezug auf die Planungsfragestellung angemessen geleistet werden. Dies setzt voraus, dass die Planungsfragestellung hinreichend klar formuliert ist.

Vor diesem Hintergrund besteht eines der Probleme beim Planen darin (vgl. dazu auch Dörner 1976), dass die Rasterung der Attribut- beziehungsweise Eigenschaftscharakteristik – der Auflösungsgrad – unterschiedlich fein eingestellt werden kann: Für ein Kind mag die oben gegebene Begriffsdefinition für „Baum" ausreichen. Landschaftsplaner werden Teilklassen von Bäumen zu Unterbegriffen zusammenfassen, zum Beispiel Birkenarten noch einmal aufgliedern nach Eigenschaften der Rinde, der Form und Länge der Blätter etc. Botaniker mögen am gleichen Begriff geologische oder geographische Differenzierungen vornehmen, Phytopathologen Entartungen in Wuchs oder Krankheitsbefall erkennen und danach klassifizieren (vgl. Klix 1992). Den Auflösungsgrad so zu wählen, dass er der Planungsfragestellung angemessen ist, ist eine der beim Planen zu lösenden Aufgaben. Wenn man beispielsweise die Frage der Organisation des öffentlichen Personennahverkehrs angeht, kann man das – wenig erfolgsträchtig – auf der Ebene der physikalischen oder chemischen Eigenschaften der in den Fahrzeugen verwendeten Materialien (Metalle, Kunststoffe etc.) versuchen. Man wird jedoch vermutlich scheitern, weil das Ganze zu feinkörnig angelegt ist.

Letztlich bedeutet dies, dass die Attribut- beziehungsweise Eigenschaftsbildung beliebig weit getrieben werden kann – im Extremfall bis zu den Eigenschaften von Elektronen, Neutronen, Quarks oder noch kleineren Teilchen (vgl. Bührke 2000, 62 f). Daran wird deutlich, wie „offen" das Erarbeiten von Begriffen letztlich ist: Es gibt keine „objektiven", sondern nur problemadäquate, das heißt im Kontext einer Planungsfragestellung geeignete Objektbeschreibungen.

Ein dritter Punkt: Attribute spielen selbstverständlich nicht nur in der Anfangsphase einer Planung eine Rolle, das heißt bei der Begriffsdefinition. Attribute tauchen genauso in allen nachfolgenden Arbeitsschritten auf, wenn auch oft unter anderem Namen. Das, was beispielsweise in der Begriffsdefinitionsphase Attribut heißt, wird bei der Anwendung eines Bewertungsverfahrens als (Bewertungs)Kriterium bezeichnet. Kriterien sind somit eine Teilmenge aller Attribute eines Objekts; präziser: Kriterien sind diejenigen Attribute, welche zum Zwecke des Vergleichs von Objekten aus der Menge der Attribute ausgewählt werden (vgl. Strassert 1995, 30). Das heißt, alle Kriterien sind Attribute, aber nicht alle Attribute sind Kriterien.

Desgleichen kommen die bei der Begriffsbildung definierten Attribute zum Beispiel bei der Festlegung der Ziele vor, und zwar als Attribute des Sollzustandes. Genauso findet man sie bei den Kreativitätsmethoden als so genannte Parameter wieder, für welche unterschiedliche Ausprägungen gesucht werden (zum Beispiel bei der so genannten morphologischen Matrix, vgl. Zwicky 1966), und bei der Evaluation eines Planungsergebnisses werden sie als Evaluationskriterien bezeichnet.

Judith Innes hat in ihrer Dissertation am MIT die zentrale Bedeutung von Begriffsdefinitionen bei der Bearbeitung von Planungsaufgaben deutlich gemacht. Sie untersuchte Planungsfälle daraufhin, wie und unter welchen Umständen Informationen über „Indikatoren"[11] – und fast alle Indikatoren sind Begriffe – die Entscheidungen beim Planen beeinflussten. Insgesamt wurden Planungsentscheidungen natürlich durch eine Vielzahl von Aspekten bestimmt. Der nach ihrer Auffassung wichtigste Punkt war jedoch, dass ein Indikator „… that is socially constructed in the community where it is used" (Innes 1995, 185) die jeweilige Planungsentscheidung am meisten beeinflusst: „To the extent that the users of the indicators had negotiated and agreed on their definitions, they paid attention to what the indicators showed once they were applied." Und weiter: „Knowledge was linked directly to action without the intervening step of decision. Action often simply occurred once there was an agreement on the indicator and a shared understanding of the problem it reflected. Learning, deciding, and acting could not be distin-

---

[11] Indikatoren sind beobachtbare Sachverhalte, die es unter bestimmten Umständen gestatten, auf nicht unmittelbar wahrnehmbare Sachverhalte zu schließen.

guished. The ... stepwise process, assumed by the model of instrumental rationality, where policymakers set goals and ask questions, and experts and planners answer them, simply did not apply ..." (Innes 1995, 185)

Diese Erläuterung von Innes offenbart, wie viel beim Planen bereits mit Begriffsdefinitionen entschieden wird: Im Rahmen von Planungsaufgaben ist es oft weniger das Formulieren der Ziele oder das bewusste Bewerten einer Sachlage, was den Inhalt und somit den Kern der Planungsarbeit ausmacht. Vielmehr ist oft ausschlaggebend, dass Indikatoren (sprich: Begriffe) „in der Gemeinschaft sozial konstruiert werden" (Innes, siehe oben). Hat man sich auf bestimmte Definitionen von Indikatoren geeinigt, wird im Wesentlichen nur auf diese Indikatoren geachtet und entsprechend gehandelt. Ein separater Arbeitsschritt der Bewertung und Entscheidung, das heißt der Schritt, der von den meisten Planungstheorien in diesem Zusammenhang als der Wichtigste dargestellt wird, findet nicht mehr statt, weil es nichts mehr zu bewerten und zu entscheiden gibt. Die wesentlichen Entscheidungen sind nämlich bereits zuvor gefallen – allerdings oft unbemerkt –, und zwar während des Arbeitsschrittes der Definition der Indikatoren beziehungsweise Begriffe.

In diesem Abschnitt haben wir skizziert, wie Begriffe – per Prädikation – gebildet werden. Außerdem wurden einige Konsequenzen aufgezeigt, die sich für die Planung daraus ergeben. Nicht eingegangen sind wir bisher auf das Thema Relationen. Propositionen bringen Begriffe – wie beschrieben – in Zusammenhang. Sie werden gebildet, indem Begriffe via Relationen zu Aussagen zusammengefügt werden. Der nachfolgende Abschnitt nennt eine Reihe von Relationen.

3.3 Relationen

Begriffe werden mit Hilfe von Relationen zu Propositionen zusammengefügt.

Im Prinzip gibt es eine ganze Reihe von Relationen, die bei der Bildung von Propositionen eine Rolle spielen können, zum Beispiel folgende (vgl. Bunge 1983b, 305 ff):
(a) Räumliche Relation
  Beispiel: Stadt A und Stadt B liegen in einer Entfernung von vierzig Kilometern.
(b) Zeitliche Relation
  Beispiele: Die Stadt A wurde einhundertzwanzig Jahre vor der Stadt B gegründet. Mit dem Zug braucht man zwei Stunden, um von der Stadt A zur Stadt B zu gelangen.
(c) Qualitative Relationen
  Beispiele: Alle A's sind B's. Alle Häuser sind Bauwerke.
(d) Statistische Relationen
  Beispiele: Aussagen des Typs „X Prozent von A's sind B's". Es gibt eine starke Korrelation zwischen Bodenversiegelung und Hochwasserhäufigkeit.

(e) Funktionale Relationen
Beispiel: Aussagen des Typs: „Ein Ding A erreicht Punkt B zum Zeitpunkt t."
(f) Probabilistische Relationen
Beispiel: Die Wahrscheinlichkeit, dass A den Ort B um x Uhr erreicht ist y.
(g) Abstammungsrelationen (biologisches Prinzip)
Beispiele: Spezies A und B haben den gemeinsamen Vorfahren C. Kinder haben Eltern.
(h) Kausalrelationen (Angaben über die Ursachen von Ereignissen)
Beispiele: Unzufriedenheit führt zu Rebellion. PCB und Lindan schwächen das Immunsystem. Luftverschmutzung führt zu Allergien.

Die ersten beiden Relationen liefern Angaben zu Raum und Zeit. Die dritte, vierte und fünfte – (c) bis (e) – machen jeweils Aussagen darüber, was womit zusammen vorkommt („what goes with what" Bunge 1983b, 305). Die sechste (f) ist eine spezielle Art der funktionalen, das heißt der fünften Relation. Abstammungs- und Kausalrelation, die beiden letzten, geben Auskunft darüber, was woher kommt („what comes from what" Bunge 1983b, 305; siehe auch Bunge 1996, 18 ff).

Es würde im hiesigen Zusammenhang zu sehr ins Detail führen, die genannten Relationen jeweils in allen Einzelheiten zu diskutieren (für Details vgl. zum Beispiel Bunge 1983b, 305).

Für die nachfolgenden Erläuterungen ist jedoch der Begriff „Wirkungsmechanismen" von Bedeutung; er wird wie folgt definiert: „Wirkungsmechanismen" sind eine Kombination aus probabilistischer (f, siehe oben) und Kausalrelation (h). Das folgende Kapitel 3.4 ist diesem Thema gewidmet.

3.4 Wirkungsmechanismen

Einführung

Bei Planungen geht es in der Regel darum, eine als nachteilig empfundene Sachlage zu verbessern. Bei der Bearbeitung jeder Planungsaufgabe sind zahlreiche Einzelaspekte zu berücksichtigen, die wir in den vorangegangenen Abschnitten mehr oder weniger ausführlich erläutert haben.

Dieses Kapitel hat einen weiteren, grundlegenden Arbeitsschritt zum Inhalt, der bei Planungsaufgaben zu bewerkstelligen ist, und zwar folgenden: Wenn eine als nachteilig empfundene Sachlage identifiziert und darüber hinaus festgelegt wurde, in welche Richtung diese Sachlage verändert werden soll, dann stellt sich als nächstes folgende Frage: *Wodurch* kann diese Veränderung erreicht werden? Mit anderen Worten: Was *führt diese Veränderung herbei*? Was *bringt sie zuwege*? – wie auch immer man dies alltagssprachlich formulieren möchte. Präziser gefragt: Welche „Wirkungsmechanismen" lassen sich einsetzen, damit sich die als nachteilig empfundene Sachlage hin zur gewünschten vorteilhafteren verbessert?

Als Wirkungsmechanismen (dieser Begriff hat nichts zu tun mit „mechanisch"[12]) bezeichnen wir das, was die Veränderung einer Sachlage in eine andere bewirkt. Abstrakt formuliert, und das Ergebnis der nachfolgenden Diskussion vorweg zusammenfassend, können Wirkungsmechanismen – in ihrer Feinstruktur – kausal, probabilistisch oder beides sein. Was die kausalen Wirkungsmechanismen angeht, sind zwei Grundtypen zu unterscheiden: Typ 1 beinhaltet einen Energietransfer, Typ 2 ein auslösendes Signal, wie bei einem mündlichen oder schriftlichen Auftrag.

Wir unterscheiden zudem zwischen essenziellen und nicht-essenziellen Wirkungsmechanismen. Essenzielle Wirkungsmechanismen sind das, was ein System „im Kern" ausmacht – wir nennen sie einfach „Wirkungsmechanismen". Die allermeisten essenziellen Wirkungsmechanismen werden durch nicht-essenzielle Wirkungsmechanismen beeinflusst, diese nennen wir „Kräfte". Kräfte verändern die Geschwindigkeit oder die Art und Weise des Operierens eines essenziellen Wirkungsmechanismus in einem System.

Mit Bezug auf das semiotische Dreieck unterscheiden wir außerdem zwischen „Wirkungsmechanismen" beziehungsweise „Kräften" einerseits und „Erklärungen" andererseits: Die Begriffe „Wirkungsmechanismus" und „Kraft" benennen dabei das faktisch Vorhandene. Im Gegensatz dazu bezeichnet „Erklärung" die Beschreibung der jeweiligen Wirkungsmechanismen oder Kräfte auf der Konstruktebene. Da wir, wie bei Begriffen, das faktisch Vorhandene nicht direkt – „an sich" – wahrnehmen können, arbeiten wir also letztlich immer nur mit Erklärungen, von denen wir annehmen oder zumindest hoffen, dass sie die jeweiligen Wirkungsmechanismen oder Kräfte angemessen beschreiben.

Weil Wirkungsmechanismen mit verschiedenem Auflösungsgrad erarbeitet werden können, beispielsweise in nahezu beliebiger „Feinkörnigkeit", ist es beim Planen notwendig, den jeweiligen Auflösungsgrad im Einzelfall so zu wählen, dass er der Planungsfragestellung angemessen ist.

Die Erläuterungen zum Thema Wirkungsmechanismen folgen im Wesentlichen den Ausführungen von Bunge 1999b.

Welche Rolle spielen Wirkungsmechanismen beim Planen?

Wirkungsmechanismen spielen bei jeder Planung eine entscheidende Rolle. Ohne sie gäbe es nichts, was Veränderungen herbeiführen könnte, ergo wäre es unmöglich, auf der Grundlage von Planungen steuernd in irgendwelche Systeme einzugreifen. Infolgedessen wäre die gesamte Profession der Planung

---

[12] Mechanismus (im Englischen „mechanism") ist der in der Wissenschaft in diesem Kontext benutzte Begriff, vgl. Bunge 1999b oder Hedström und Swedberg 1998 (für die Definition des Begriffs Wirkungsmechanismus siehe unten in diesem Kapitel 3.4). Dieser Begriff ist nicht zu verwechseln mit „Mechanik" beziehungsweise „mechanisch" (vgl. hierzu d'Abro 1939).

3 Das semiotische Dreieck – Ein gedankliches Werkzeug beim Planen

per definitionem wirkungslos und somit überflüssig. Die Annahme, es gäbe Wirkungsmechanismen, ist also eine conditio sine qua non jeder Planung (obgleich sie nicht von allen Wissenschaftlern geteilt wird[13]). Für uns stellt sich deshalb nicht die Frage, *ob* Planungen irgendwelche Wirkungsmechanismen zugrunde liegen, *sondern nur welche*. Dies gilt für jede Art von Planung.

Nachfolgend sind zur Illustration einige Beispiele für Wirkungsmechanismen wiedergeben, wie sie derzeit in der Literatur zur Stadtplanung diskutiert werden. (Natürlich gibt es auch komplexere theoretische Ansätze (vgl. zum Beispiel Wegener 1994, 17 ff, Bossel 1994, Krätke 1995, Böventer und Hampe 1988, Tank 1987 oder Winkelmann 1998, 51 ff), in der Stadtplanungspraxis spielen sie jedoch eine eher untergeordnete Rolle.[14]) Die jeweiligen Wirkungsmechanismen werden hier nicht in ihrer Feinstruktur (A bewirkt B, B bewirkt C, C bewirkt D usw.), sondern nur verkürzt beschrieben:

„New York [erprobt] neuerdings große Anzeigetafeln in den Straßen, die die Luftverschmutzung messen und, wie in Sao Paulo bereits erfolgreich getestet, Pendler zum Umsteigen auf Bahn und Bus bewegen." (Mönninger 1999, 19) Wirkungsmechanismus: Die angezeigten Luftverschmutzungswerte bewirken, dass Pendler auf Bahn und Bus umsteigen.

„Die Demonstration von exemplarischen Bauvorhaben und Modellprojekten im Rahmen einer Bau- und Planungsausstellung Berlin-Nordost, bei der Stadtbau, Landschaftsbau, Planungs- und Umsetzungsprozess als integrale Bestandteile verstanden werden, könnte zum Motor für zukunftsweisende Entwicklungen werden und damit dem Berliner Nordosten als Innovationsraum Profil und Popularität verschaffen. Standortaufwertungen durch Verkehrs- und Landschaftsprojekte der öffentlichen Hand und experimentierfreudige Genehmigungspraxis können zur Motivierung von privaten Initiativen und Investitionen eingesetzt werden." (Kunst 1998, 210)

---

[13] Von manchen Wissenschaftlern wird die Existenz von Wirkungsmechanismen bestritten. Da die meisten Wirkungsmechanismen verborgen sind (siehe unten in diesem Kapitel 3.4) müssen sie gemutmaßt werden. „Consequently, no self-respecting empiricist (or positivist) can condone the very idea of a mechanism. In fact, consistent positivist in the Ptolemy-Hume-Comte-Mach-Kirchoff-Pearson-Duhem-Ostwald-Watson-Bridgman-Skinner tradition are descriptivists: they reject explanations in terms of hidden mechanisms, in particular causes, for regarding them as metaphysical misfits" (Bunge 1999b, 28 f). Statt sich (auch) mit Wirkungsmechanismen zu befassen, kümmern sich Empiristen (beziehungsweise Deskriptivisten) bevorzugt um die Beschreibung beobachtbarer Fakten und um Verknüpfungen zwischen direkt beobachtbaren Variablen, wie etwa Inputs und Outputs, und misstrauen Generalisierungen, die über die jeweilige Datenbasis hinausgehen. Insbesondere haben sie seit David Hume die Existenz kausaler Wirkungsmechanismen bestritten und letztere statt dessen oft als eine in zeitlicher Hinsicht regelmäßige Verbindung oder Folge definiert.

Dass diese empiristische Sichtweise eine eher eingeschränkte ist, zeigt folgendes Beispiel: Man stelle sich vor, was geschehen wäre, wenn Newton das Postulieren von Unbeobachtbarem wie Masse und Gravitation und deren Wirkungen aufeinander vermieden und sich statt dessen auf beobachtbare Eigenschaften und Ereignisse und deren statistische Korrelation konzentriert hätte.

[14] Diese Aussage gründet auf der langjährigen Erfahrung des Verfassers in der Planungspraxis.

3.4 Wirkungsmechanismen

Wirkungsmechanismus: Exemplarische Bauvorhaben, Modellprojekte im Stadtbau, Landschaftsbau, Verkehrs- und Landschaftsprojekte der öffentlichen Hand und eine experimentierfreudige Genehmigungspraxis bewirken, dass private Investoren in Berlin-Nordost investieren.

„... die Planung [geht] ... davon aus, dass die urbane Funktion der früheren Leipziger Straße [in Kassel] durch die Wiederherstellung der historischen Platzfolge so attraktiv wird, dass über den endogenen Bedarf des Gebiets hinaus zusätzliche spezifische Kaufkraftströme angezogen werden."
(Hellweg 1998, 283)

Wirkungsmechanismus: Attraktiv gestaltete historische Platzfolgen bewirken, dass auch Käufer, die nicht in dem Gebiet wohnen, in den dortigen Läden einkaufen.

Um möglichst wirkungssichere Planungshandlungen vorschlagen zu können, muss man das System, in welches eingegriffen werden soll – eine Organisation, ein Verkehrssystem, einen Stadtteil etc. – zumindest ansatzweise verstanden haben. Man muss eine möglichst zutreffende Vorstellung davon haben, wie dieses System „funktioniert". Dabei reicht es nicht, nur die in diesem System ablaufenden *Veränderungen* als Sequenzen von Ereignissen zu erfassen und zu beschreiben. Benötigt werden zusätzlich Informationen darüber, *was diese Veränderungen* jeweils *herbeigeführt oder gewünschte Veränderungen verhindert* hat. Und wie werden solche Veränderungen erklärt? Indem die Wirkungsmechanismen dargelegt werden, die das jeweilige System „antreiben".

So lange die Wirkungsmechanismen unbekannt sind, kann es kaum effektive Eingriffe geben – außer durch Zufall oder Glück –, weil im Wesentlichen „blind", also ohne Kenntnis dieser Wirkungszusammenhänge gehandelt wird. Das gilt für alle planerischen Eingriffe, sei es in Organisationen, Verkehrssysteme oder Stadtquartiere. Zu einer professionellen Planungsarbeit gehört deshalb eine möglichst stringente Beschreibung der jeweils benutzten Wirkungsmechanismen.

Dieses Thema Wirkungsmechanismen impliziert – bewusst – eine Abkehr von solchen planerischen „Methoden", „Instrumenten", „Maßnahmen", „Leitbildern"[15], „strategischen Leitvorstellungen" etc., bei denen nicht zumindest ansatzweise klar ist, was sie bewirken und wie sie diese Wirkungen im einzelnen erreichen (vgl. zum Beispiel ARL 2000, 9). Sicher, dieses Verständnis wird nie lückenlos sein, vor allem haben wir es in der Regel mit einer Ansammlung von Wirkungsmechanismen zu tun, die in Form von Wirkungsketten oder -netzen mit Rückkopplungsschleifen verknüpft sind und deshalb

---

[15] „Leitbilder bleiben weitgehend unwirksam, solange sie sich auf einer allgemeinen und unpräzisen Ebene bewegen. Deshalb sind auch schlagwortartige Formeln wie „humane Stadt", „Stadt der kurzen Wege" oder „Stadt der urbanen Vernunft" weitgehend wirkungslos. Sie lassen durch ihren großen individuellen Interpretationsspielraum zwar ahnen, wohin die Reise gehen könnte, aber die mit guten Planungen immer verbundene Abwägung zwischen konkurrierenden Zielen, *eine Darstellung möglicher Folgen und der zur Realisierung erforderlichen Maßnahmen finden meist nicht statt.*" (Eppinger 1998, 224; Hervorhebung vom Verfasser)

letztlich einen hohen Grad an Komplexität erreichen können. Entsprechend machen sich Planer meist angreifbar, wenn sie vorschlagen, bestimmte Wirkungsmechanismen anzuwenden. Trotzdem, wenn Planer in der Praxis etwas bewirken wollen, müssen sie zumindest irgendwelche begründeten Annahmen über die jeweiligen Wirkungsmechanismen haben. Deshalb sollten die bei Planungen benutzten Wirkungsmechanismen auch möglichst offengelegt, und nicht etwa irgendwelche „Methoden", „Instrumente", „Maßnahmen" oder (wie wir unten in Kapitel 3.12 sagen werden:) „planerische Regeln" etc. vorgeschlagen werden, die nur auf unreflektierten und deshalb oft kurzlebigen Moden oder unkritischer Tradition beruhen. Diese Forderung ist zweifellos nicht leicht zu erfüllen. Die Alternative jedoch ist noch weniger empfehlenswert: Sind die Wirkungsmechanismen unbekannt, ist per definitionem völlig offen, was eine Planungshandlung am Ende an Nutzen oder Schaden bewirkt.

Eine in diesem Zusammenhang zentrale Eigenschaft von Wirkungsmechanismen ist, dass sie verborgen sind. Sie müssen deshalb per Sprache (gesagt oder geschrieben) oder Zeichen ausgedrückt und damit offengelegt werden, wenn sie für Dritte nachvollziehbar sein sollen. Erst dieses Offenlegen ermöglicht es, *darüber zu diskutieren*, ob mit den jeweiligen Wirkungsmechanismen auch das erreicht werden kann, was erreicht werden soll.

Da es letztlich immer irgendwelche Wirkungsmechanismen sind, welche die als nachteilig empfundene Sachlage zustande gebracht haben, sind sie in der Regel auch der Ansatzpunkt für die geplanten Eingriffe, weshalb die jeweils vorgeschlagenen Planungsmaßnahmen oft entweder darin bestehen, die entsprechenden Wirkungsmechanismen zu neutralisieren oder andere einzusetzen, damit ein erwünschter Zustand erreicht wird.

Entsprechend gibt es bei Planungen eine Korrespondenz zwischen den vermuteten Wirkungsmechanismen einerseits und den vorgeschlagenen Handlungsempfehlungen andererseits: Welche Handlungsempfehlungen für ein Planungsproblem vorgeschlagen werden, hängt mit davon ab, welche Wirkungsmechanismen als Verursacher vermutet oder behauptet werden. Folgende Beispiele sollen dies verdeutlichen:
- Der Wirkungsmechanismus der Luftverschmutzung kann die Zunahme von Erkrankungen der Atemwege erklären.
- Der Wirkungsmechanismus der Subventionierung der Landwirtschaft in Europa kann die Überproduktion in Teilen der europäischen Landwirtschaft erklären.
- Der Wirkungsmechanismus der Trennung der Nutzungen Arbeiten, Wohnen und Erholung kann die Zunahme des Verkehrs zwischen diesen Nutzungen erklären.

Die folgenden, in Korrespondenz zu diesen Wirkungsmechanismen formulierten Handlungsempfehlungen machen die Verwandtschaft zwischen Wirkungsmechanismen und Handlungsempfehlungen deutlich:
- Soll etwas gegen die Ausbreitung von Atemwegserkrankungen unternommen werden, und wird dabei die zunehmende Luftverschmutzung als aus-

lösender Wirkungsmechanismus angesehen, so werden sich die Maßnahmen um die Reduktion der Luftverschmutzung drehen.
- Soll die Überproduktion der europäischen Landwirtschaft reduziert werden, und wird dabei die Subventionierung als auslösender Wirkungsmechanismus betrachtet, wird es bei den Planungsmaßnahmen um die Reduktion der Subventionen oder um eine Änderung des Modus der Subvention gehen.
- Soll etwas gegen die Zunahme des Verkehrs getan werden, und wird die Trennung von Arbeiten, Wohnen und Erholung als auslösender Wirkungsmechanismus angesehen, wird man etwas gegen diese Trennung von Wohnen, Arbeiten und Verkehr tun.

Was sind Wirkungsmechanismen?

Beginnen wir mit einer Erläuterung der Struktur von Wirkungsmechanismen. Ein Wirkungsmechanismus ist etwas, das bestimmte Veränderungen von Zuständen in konkreten Systemen[16] (Stadtquartieren, Organisationen etc.) *hervorbringt oder verhindert.*[17] Alle konkreten Systeme sind mit zumeist mehreren Wirkungsmechanismen ausgestattet, die deren Veränderung vorantreiben oder behindern beziehungsweise blockieren. Wirkungsmechanismen sind deshalb das, was ein System „arbeiten" lässt (oder das „Arbeiten" des Systems behindert).

Der Unterschied zwischen einem Wirkungsmechanismus und einem Prozess ist folgender: Prozesse sind Beschreibungen von Veränderungen als Sequenzen von Zuständen konkreter Systeme. Wirkungsmechanismen dagegen schließen diese Beschreibungen der Veränderungen ein, erklären jedoch darüber hinaus, was diese Veränderungen zustande gebracht hat.

Es gibt viele Kategorien von Wirkungsmechanismen: elektromagnetische, nukleare, chemische, zellulare, interzellulare, ökologische, ökonomische, politische, soziale etc. Die allermeisten der für die Planung relevanten Wirkungsmechanismen sind sozialer, ökologischer, ökonomischer und/oder politischer Natur, wohingegen die wenigsten elektromagnetisch, nuklear,

---

[16] Ein konkretes System ist eine Kollektion realer Dinge, welche (a) durch einige Verbindungen (bonds) zusammengehalten wird, sich (b) in bestimmter Hinsicht wie eine Einheit verhält und (c) in eine Umgebung eingebettet ist (ausgenommen das Universum als Ganzes). Atome, Moleküle, Kristalle, Zellen, multizellulare Organismen, Ökosysteme, zusammenhängende soziale Gruppen – wie Familien, Firmen und ganze Gemeinschaften – sind *konkrete* Systeme. Ebenso sind materielle Artefakte (Transportsysteme etc.) *konkrete* Systeme. Andererseits sind Theorien, Klassifikationen etc. *konzeptuelle* Systeme; und Zeichensysteme, wie zum Beispiel Sprachen, sind *semiotische* Systeme. Im Gegensatz dazu sind bloße Ansammlungen von Gegenständen, auch wenn sie von der gleichen Art sind, keine Systeme, weil sie nicht zusammenhängen. Zum Beispiel sind Kohorten, Gruppen gleichen Einkommens oder soziale Klassen keine sozialen Systeme sondern Aggregate. (Für Details vgl. zum Beispiel Bunge 1979 oder 1999b, 17 ff.)

[17] Was hier als Wirkungsmechanismus bezeichnet wird, nennt Dörner „Operation". „Eine Operation ist alles, was eine Konstellation verändern kann." (Dörner 1995, 297)

chemisch etc. sind. Zu den sozialen Wirkungsmechanismen gehören etwa der Einschluss oder Ausschluss von Personen in beziehungsweise aus einer Gruppe, Kooperation und Konflikt, Partizipation und Absonderung, oder Nachahmung und Innovation.

Arten von Wirkungsmechanismen

Wirkungsmechanismen können kausal[18], probabilistisch[19, 20] oder beides sein. Folglich können Erklärungen in Begriffen der Verursachung (causation),

---

[18] Die diesem Abschnitt zugrunde liegende Auffassung von Kausalität beschreibt Bunge 1987: Er kritisiert eine Reihe von Doktrinen, unter ihnen die totale Verwerfung des Begriffs der Verursachung und seine Gleichsetzung mit regelmäßiger Abfolge oder mit konstanter Verknüpfung oder die Auffassung, nach der Verursachung die einzige Form von Determination ist. Statt dessen vertritt er vor allem folgende Thesen:
„1. Die Kausalrelation ist eine Beziehung zwischen Ereignissen – nicht zwischen Eigenschaften oder Zuständen, geschweige denn zwischen Vorstellungen. Genauer gesagt, ist Verursachung auch keine Relation zwischen Dingen (d. h. es gibt keine causa materiales). Wenn wir sagen, ein Gegenstand A veranlasst einen Gegenstand B, C zu tun, so meinen wir, dass ein gewisses Ereignis (oder eine Menge von Ereignissen) in A eine Veränderung C im Zustand von B erzeugt.
2. Im Gegensatz zu anderen Relationen zwischen Ereignissen ist die Kausalrelation keine externe Beziehung zwischen ihnen, wie die zeitliche Nachfolgebeziehung: *Jede Wirkung ist irgendwie durch ihre Ursache(n) hervorgebracht (erzeugt)*. Anders ausgedrückt, Verursachung ist eine Art der Ereigniserzeugung oder, wenn man diesen Ausdruck vorzieht, des Energietransfers.
3. *Die kausale Erzeugung von Ereignissen ist gesetzesartig* und nicht etwa unberechenbar. D. h., es gibt Kausalgesetze, oder wenigstens Gesetze von kausalem Status (und daher müssen Regularitäten unterschieden werden von Gesetzesaussagen, wie sie Differentialgleichungen darstellen).
4. *Ursachen können statistische Tendenzen modifizieren* (im besonderen Wahrscheinlichkeiten), *sie sind aber keine Tendenzen*. Im Ausdruck „Ereignis X verursacht Y mit der Wahrscheinlichkeit p" (oder: „Die Wahrscheinlichkeit, dass X das Ereignis Y verursacht, ist gleich p") sind die Terme „Ursachen" und „Wahrscheinlichkeit" nicht wechselseitig definierbar. Darüber hinaus ist strenge Kausalität nicht stochastisch.
5. *Die Welt ist nicht streng kausal, obwohl sie determiniert ist:* Nicht alle untereinander verbundenen Ereignisse stehen zueinander in kausaler Beziehung und nicht alle Regularitäten sind kausaler Natur. Verursachung ist daher nur eine Variante der Determination. Daher muss der Determinismus nicht eng als kausaler Determinismus aufgefasst werden. Die Wissenschaft ist in einem schwachen Sinn deterministisch, sie fordert lediglich Gesetzesartigkeit (irgendeiner Art) und die Abwesenheit von Wundern." (Bunge 1987, 401 f)

[19] „Selbst der Zufall, auf den ersten Blick geradezu das Gegenteil von Determination, hat seine Gesetze, und zufällige Ereignisse ergeben sich aus bereits bestehenden Umständen ... So ist das Erscheinen von „Kopf" beim Münzwurf keineswegs ein „gesetzloses" Ereignis oder ein „Werden aus dem Nichts", sondern das determinierte Ergebnis einer determinierten Operation. Nur ist nicht das einzig mögliche Resultat, oder anders ausgedrückt, das Ergebnis ist nicht „wohldefiniert"." (Bunge 1987, 14)

[20] „Randomness is measured by probability." (Bunge 1999a, 237) „Randomness [Synonym: chance]. The particular kind of disorder characterized by local irregularity (e. g., individual coin tossing) combinded with global regularity (e. g., long-run equal chances of heads and tails.)" (Bunge 1999a, 237) „Chance event = event belonging to an random sequence, i. e.,

3.4 Wirkungsmechanismen

des Zufalls (randomness) oder einer Kombination beider formuliert und konstruiert werden.

Wird, als Beispiel, die Abwanderung von Bewohnern aus ländlichen Gebieten damit erklärt, dass es dort an Arbeitsplätzen mangelt, so handelt es sich um eine kausale Erklärung. Wird dagegen die heterogene Zusammensetzung einer gegebenen Ansammlung von Menschen oder Dingen als zufälliges Zusammentreffen oder als Ergebnis einer zufälligen Stichprobe erklärt, so ist dies eine probabilistische Erklärung. Und die evolutionäre Erklärung der Spezialisierung von Organismen in Begriffen zufälliger Mutation, Kreuzung, Symbiose, geographischer Isolation und einiger anderer Umständen ist beides, also hybrid.

Die vorgeschlagene Definition, dass Wirkungsmechanismen kausal, probabilistisch oder beides sein können, vermeidet die Dichotomie von „kausal" (oder „deterministisch") versus „probabilistisch", weil es viele Wirkungsmechanismen gibt, in denen beide kombiniert vorkommen.

Zur Illustration ein einfaches Beispiel: So betont etwa Schimank (Boudon 1984 zitierend) „... dass soziale Vorgänge in starkem Maße durch „Cournot-Effekte" geprägt werden: also durch voneinander unabhängige Kausalfaktoren, deren Zusammenwirken koinzidentiellen Charakter hat. ... wie das Ereignis, dass der Wind einen Dachziegel genau in dem Moment löst, in dem auf dem Bürgersteig vor dem Haus ein Passant vorbei geht, dem der Ziegel dann auf den Kopf fällt. Dass die in sich sehr komplexe Kausalreihe „Wind löst Dachziegel" und die Kausalreihe „Mann geht den Bürgersteig entlang" sich so verzahnen, dass das Ereignis „Dachziegel fällt Mann auf den Kopf" herauskommt, ist ein kontingentes Ereignis. Es ist weder unmöglich noch notwendig. Manchmal sind derartige „Cournot-Effekte" hochgradig unwahrscheinlich. In anderen Fällen können sie auch sehr wahrscheinlich sein. Letzteres ist beispielsweise dann der Fall, wenn einer der Ursachenfaktoren gewissermaßen über lange Zeit latent „auf der Lauer liegt" und es nur eine Frage der Zeit ist, bis er irgendwann mit dem anderen Ursachenfaktor koinzidiert. Vielleicht sind an einem Hausdach ja so viele Ziegel lose, und der Bürgersteig vor dem Haus wird von vielen Fußgängern passiert, und es gibt immer wieder einen sehr windigen Tag.

Gesellschaftliche Vorgänge wimmeln geradezu von solchen „Cournot-Effekten" ..." (Schimank 1996, 24) Bei Wirkungsmechanismen geht es also oft um Ereigniskonstellationen, die durch das Zusammenwirken anfänglich unabhängiger Ursachenkomplexe hervorgerufen werden.

---

one every member of which has a definite probability. Examples: ... random shuffling of a pack of cards, random choice of a number ... (Bunge 1999a, 37)

„[C]hance is objective: random events have definite propensities independent of the knowing subject. These objective propensities have nothing to do with uncertainty, which is a state of mind." (Bunge 1999a, 37)

Grundtypen kausaler Wirkungsmechanismen

Was die kausalen Wirkungsmechanismen angeht, sind zwei Grundtypen zu unterscheiden:
* Typ 1 beinhaltet einen *Energietransfer*, wie bei manueller Arbeit oder einem Zusammenstoß.
* Typ 2 beinhaltet ein *auslösendes Signal*, wie bei einem mündlichen oder schriftlichen Auftrag, irgendetwas zu tun.

Im ersten Fall ist die Menge an transferierter Energie das Entscheidende. Im zweiten Fall kann ein geringer Energietransfer einen Prozess anstoßen, bei dem letztlich viel Energie benötigt oder umgewandelt wird. Beide Typen kausaler Wirkungsmechanismen lassen sich deshalb als starker und schwacher Energietransfer bezeichnen. Zu beachten ist, dass es reine Information ohne einen physischen Träger nicht gibt und somit auch keinen Informationsaustausch, dessen Energieverbrauch gleich null ist. Beim zweiten Typ kausaler Wirkungsmechanismen kann der Effekt unproportional im Verhältnis zum Auslöser sein. Das heißt, ein relativ kleiner Auslöser kann einen Prozess anstoßen, der mit einem katastrophalen Effekt endet, was besonders leicht in instabilen Systemen der Fall ist – so wie der sprichwörtliche Ruf eine Lawine auslösen kann. Kausale Wirkungsmechanismen vom Typ 2 sind besonders häufig in sozialen Systemen, weil alle sozialen Systeme mit Kommunikationssystemen ausgestattet sind.

Ein kausaler Wirkungsmechanismus wird durch Ereignisse aktiviert, die wir als Ursachen (causes) bezeichnen. Die Ursachen können dabei extern oder intern sein, das heißt, Umweltstimuli oder interne Ereignisse. Die Umweltursachen können physisch oder sozial oder eine Kombination beider sein, so wie eine Schallwelle einen Arbeitsauftrag überträgt, der, wenn er gehört wird, einen Denkprozess bewirkt, welcher seinerseits bestimmte Aktionen auslöst und leitet.

Auflösungsgrad und Transparenz von Wirkungsmechanismen

Die Schwierigkeit, die sich aus dieser Definition von Wirkungsmechanismen ergibt, ist augenfällig: Komplexere Situationen, wie sie in der Planung zu bearbeiten sind, setzen sich in aller Regel aus einer Vielzahl von Wirkungsmechanismen, Energietransfers und auslösenden Signalen zusammen. Das bedeutet, dass wir fast immer vereinfachend etwas als „Wirkungsmechanismus" bezeichnen, was bei genauerem Hinsehen ein Prozess ist, der seinerseits zahllose einzelne Wirkungsmechanismen beinhaltet.

Beim Planen ist es deshalb notwendig, den Auflösungsgrad in der Beschreibung von Wirkungsmechanismen so zu wählen, dass er der Planungsfragestellung angemessen ist, also nicht zu „fein-" oder zu „grobkörnig".

Ein Beispiel: Wenn etwa Infrastrukturplaner prüfen, ob es in einer bestimmte Region genug Schulen gibt, um ein ausreichend hohes Ausbildungsniveau der Bevölkerung zu gewährleisten, mag es genügen zu sagen, „Lernen" sei der (Haupt)Wirkungsmechanismus der Ausbildung in einer Schule.

3.4 Wirkungsmechanismen

Erhält dagegen ein Planer den Auftrag, eine Schule zu bauen, so wird er verschiedene Lernformen mit ihren jeweiligen Wirkungsmechanismen unterscheiden, etwa „Vortrag durch den Lehrenden", „Projektarbeit", „Gruppenarbeit", „Einzelarbeit" etc. Er tut dies, weil unterschiedliche Lernformen oft auch unterschiedliche Anforderungen an die dafür benötigten Räume zur Folge haben.

Ein Psychologe indessen, der die durch verschiedene Lernformen erreichbaren Behaltensleistungen untersuchen will, wird den Wirkungsmechanismus „Lernen" anders und detaillierter differenzieren, zum Beispiel in „klassische Konditionierung", „instrumentelle Konditionierung", „Beobachtungslernen", „sprachliches Lernen (Vokabeln, Gedichte etc.)", „Begriffsbildung", „Problemlösen" etc. (vgl. Bredenkamp und Bredenkamp 1974, 610). Diese Differenzierung hingegen ist für die obige Frage der Infrastrukturplaner, ob es in einer Region genug Schulen gibt, in der Regel zu feinkörnig und deshalb irrelevant. Daraus folgt, dass es fast immer eine Definitionsfrage ist, die mit Bezug auf die jeweilige Planungsfragestellung beantwortet werden muss, was als Wirkungsmechanismus bezeichnet wird.

Dabei geht beim Planen mit der Wahl eines bestimmten Auflösungsgrades der Wirkungsmechanismen eine Fokussierung einher und damit eine Verengung des Blickwinkels. Wir können nicht *alle* theoretisch möglichen Wirkungsmechanismen berücksichtigen. Folglich trifft unsere Sicht die in der Realität wirksamen Wirkungsmechanismen immer nur graduell. Das, was an Wirkungsmechanismen mit einbezogen wird, ist immer nur eine Teilmenge dessen, was einbezogen werden könnte. Dies ist jedoch kein Schwachpunkt, der vermieden werden könnte, sondern unvermeidlich und notwendig. Ohne die erst dadurch mögliche Abstraktion ist Planung nicht möglich. Wenn wir, wissentlich oder unwissentlich, die Grenzen akzeptieren, die mit der Festlegung bestimmter Wirkungsmechanismen verbunden sind, tun wir das oft nur vorläufig. Es ist jederzeit möglich, die getroffene Auswahl zu verwerfen, das Ganze neu zu strukturieren und so über die jeweilige Blickwinkelverengung hinauszugehen (vgl. Winograd und Flores 1989).

Unser Wissen über komplexe Konstellationen von Wirkungsmechanismen lässt sich vereinfachend drei Kategorien zuordnen: „schwarzen Kästen" (black boxes), „grauen Kästen" (gray boxes) und „durchsichtigen Kästen" (translucent boxes; vgl. Bunge 1999b, 35).

- Bei „schwarzen Kästen" wird nur extern Beobachtbares zueinander in Beziehung gesetzt, insbesondere Inputs und Outputs. (Beispiele: die Anwendung der Chaos-Theorie in der Planung, jedes rein deskriptive Modell sozialer Prozesse wie der Migration oder irgendwelche Zeitreihendaten.)
- „Graue Kästen" sind teilweise „durchsichtig". Sie beinhalten skizzenhafte Beschreibungen wie ein System funktioniert. Bei grauen Kästen werden so genannte intervenierende Variablen hinzugefügt, ohne jedoch die Wirkungsmechanismen im Detail zu beschreiben.
(Beispiel: die Theorien sozialer Mobilität.)

- „Durchsichtigen Kästen" enthalten dagegen detailliertere Beschreibungen der jeweiligen Wirkungsmechanismen. (Beispiel: die Populationsdynamik; Wirkungsmechanismen: Sterbefälle, Geburten, Zuzüge, Wegzüge.)[21]

Nur durchsichtige Kästen liefern ausreichend detaillierte Beschreibungen von Wirkungsmechanismen. Bei schwarzen und grauen Kästen dagegen kann, was die jeweiligen Wirkungsmechanismen angeht, nur spekuliert werden.

Erschwert wird das Verständnis der Zusammenhänge noch dadurch, dass jede planungsrelevante Veränderung aller Wahrscheinlichkeit nach biologische, psychologische, demographische, ökonomische, politische und kulturelle Komponenten beinhaltet, entweder simultan oder nacheinander. Folglich handelt es sich fast immer um eine Kombination höchst unterschiedlicher Wirkungsmechanismen. Deshalb sind alle unifaktoriellen (und besonders monokausalen) Beschreibungen bestenfalls partiell.

Wirkungsmechanismen versus Kräfte

Wir unterscheiden zwischen essenziellen und nicht-essenziellen Wirkungsmechanismen in einem System: Essenzielle Wirkungsmechanismen sind das, was ein System „im Kern" ausmacht – wir nennen sie einfach „Wirkungsmechanismen". Die allermeisten (essenziellen) Wirkungsmechanismen werden durch nicht-essenzielle Wirkungsmechanismen beeinflusst, wir nennen sie „Kräfte" (forces). Kräfte können angehalten werden, ohne die Natur des Systems zu verändern. So lässt sich beispielsweise der Wirkungsmechanismus „Lernen" als (essenzieller) Wirkungsmechanismus der Ausbildung in einer Schule postulieren. Andere Wirkungsmechanismen, die dort ebenso vorkommen, wie etwa Koordination, interne Machtkämpfe etc., sind dagegen Kräfte. Kräfte sind zwar wirk- und somit bedeutsam, sie definieren jedoch nicht den Typ des Systems.

Die allermeisten Wirkungsmechanismen, seien es physikalische, chemische, biologische, soziale etc., werden also durch Kräfte[22] beeinflusst. Kräfte *verändern die Geschwindigkeit oder die Art und Weise des Operierens von Wirkungsmechanismen in einem System*. Entsprechend ist beispielsweise eine soziale Kraft ein interner oder externer sozialer Faktor, welcher die Geschwindigkeit oder die Funktionsweise der Wirkungsmechanismen in einem

---

[21] Auch für „Sterbefälle" oder „Zu- und Wegzüge" lassen sich die jeweiligen Wirkungsmechanismen detaillierter beschreiben: Die Forschung befasst sich mit den Wirkungsmechanismen, die Menschen altern und sterben lassen. Dazu gehören, neben Unfällen, die wiederholte Beschädigung und Neuordnung der DNA oder Apoptosis (genetisch programmierter Tod). Wirkungsmechanismen bei Zu- und Wegzügen: Veränderungen in persönlichen Beziehungen wie Heirat, Scheidung etc., Veränderungen auf dem Arbeitsmarkt (Entlassungen, Neueinstellungen), Wahl eines Ausbildungsplatzes (zum Beispiel eines Studienfaches) in einer anderen Stadt etc., oder entsprechende Kombinationen.

[22] Kräfte spielen nur eine geringe oder gar keine Rolle bei bestimmten technischen Prozessen, etwa bei spontaner Radioaktivität, genauso bei der Diffusion von Rauch in dünner Luft (in der molekulare Kollisionen weniger häufig sind) oder bei der Verbreitung elektromagnetischer Wellen im Vakuum.

soziales System verändert. Wirkt eine Kraft in einem System, treibt sie bestimmte Wirkungsmechanismen des Systems also entweder an oder bremst sie ab.

Das heißt, die Existenz einer Kraft impliziert die Existenz eines Wirkungsmechanismus. Wahlen, öffentliche Debatten und die Demonstration von Menschen sind Wirkungsmechanismen demokratischer Veränderungen (oder Stillstände), aber es sind keine Kräfte. Demgegenüber sind Lobbyismus, Manipulation der öffentlichen Meinung, Bestechung, Gewalt und anderes mehr Kräfte, weil sie die Wirkungsmechanismen demokratischer Politik verändern.

Um *soziale* Veränderungen zu erklären, müssen zudem nicht immer *soziale* Kräfte angenommen werden. So können Umweltkatastrophen wie Flut oder Erdbeben als Kräfte angesehen werden, die soziale Effekte haben, aber trotzdem keine sozialen Kräfte sind. Das heißt, während jeder soziale Wirkungsmechanismus per definitionem soziale Effekte hat, resultiert nicht jede soziale Veränderung aus sozialen Wirkungsmechanismen.

Während einige Kräfte in die gleiche Richtung wirken, arbeiten andere gegeneinander – jedoch nicht zwangsläufig destruktiv. Zum Beispiel hängt die Effektivität einer Organisation ab von einer Kräftebalance zwischen Standardisierung und Innovation, Disziplin und Initiative, Kooperation und Wettbewerb. Allerdings, wird eine angemessene Balance nicht erreicht, kann das System dennoch stagnieren oder zusammenbrechen.

Was wir als Kraft bezeichnen, ist – wie bei den Wirkungsmechanismen – eine Definitionssache, also eine Frage des Standpunktes, schließlich wird nicht jeder Lobbyist damit einverstanden sein, Lobbyismus als „nicht-essenziellen" Wirkungsmechanismus zu bezeichnen.

Zusammengefasst: Kräfte formen, prägen und erschüttern Systeme. Sie tun dies, indem sie die Art und Geschwindigkeit der Einwirkung der Wirkungsmechanismen verändern. Dabei können Kräfte so stark sein, dass sie die beteiligten Akteure dazu zwingen, ein altes System zu demontieren beziehungsweise ein neues aufzubauen.

Wirkungsmechanismus versus Erklärung

In der bisherigen Erläuterung wurden die Begriffe „Erklärung" und (essenzieller und nicht-essenzieller) „Wirkungsmechanismus" benutzt. Der Ausdruck „Wirkungsmechanismus" benennt das faktisch Vorhandene. Im Gegensatz dazu bezeichnet „Erklärung" die *Beschreibung* der jeweiligen Wirkungsmechanismen auf der konzeptuellen Ebene.[23] Diese Unterscheidung zwischen

---

[23] Was die Frage angeht, in welcher Weise Wirkungsmechanismen existieren, gibt es zumindest folgende Positionen: Die meisten der Autoren des von Hedstöm und Swedberg (1998) herausgegebenen Sammelbandes über soziale Wirkungsmechanismen definieren Wirkungsmechanismen als Konstrukte, also als gedankliche Fiktionen. Im Gegensatz dazu ist die unter Naturwissenschaftlern und Ingenieuren vorherrschende Sicht – der wir uns hier anschließen – eine andere. Danach sind Wirkungsmechanismen nicht bloß Schlussfolgerungen

3 Das semiotische Dreieck – Ein gedankliches Werkzeug beim Planen

Wirkungsmechanismen und ihrer jeweiligen Erklärung macht deutlich, dass der gleiche Wirkungsmechanismus auf unterschiedliche Art und Weise konzeptuell beschrieben, das heißt erklärt werden kann. Diese Unterscheidung impliziert zudem, dass die faktisch operierenden Wirkungsmechanismen mitunter von der konzeptuellen Beschreibung, das heißt der Erklärung dieser Wirkungsmechanismen abweichen können. Folgerichtig können Erklärungen Wirkungsmechanismen zutreffend beschreiben oder nicht. Wird bei Planungen eine unzutreffende Erklärung zugrunde gelegt, kann dies zu Fehlschlägen führen.

Die Unterscheidung zwischen Wirkungsmechanismus und Erklärung bietet außerdem die Möglichkeit festzustellen, dass es manchen hypothetisch angenommenen Wirkungsmechanismus vermutlich in der Realität nicht gibt, wie beispielsweise Adam Smith' „unsichtbare Hand", beschrieben in seinem Werk „Inquiry into the Nature and Causes of the Wealth of Nations", der Wirkungsmechanismus der göttlichen Vorsehung oder der von Mönninger postulierte „Stadtzwang" (Mönninger 1999, 10)[24].

Vor diesem Hintergrund fragt Selle, ob Großereignisse wie die Expo 2000 tatsächlich die von ihren Befürwortern erhofften Wirkungen haben[25], oder ob die Anstrengungen der Städte um die Ausrichtung solcher Veranstaltungen nicht eher an den so genannten „Cargo-Kult" erinnern. Er vergleicht, etwas pointiert, die Veranstaltung solcher Festivals mit dem Verhalten von Eingeborenen Neuguineas, die Anthropologen dort beobachtet haben (sollen). Sie sahen, „dass Eingeborene große rechteckige Flächen in den Urwald rodeten. Sie steckten rot-weiße Stangen in den Boden, entlaubten einen Baum und hängten in einen anderen einen flatternden Sack. Danach setzten sie sich in wechselnden Schichten an den Rand dieses Feldes mit Blick gen Himmel und warteten. Auf was? Auf „Cargo". Die Späher des Stammes hatten nämlich entdeckt, dass sich an bestimmten Stellen des Landes große Vögel vom Himmel herabsenkten, um dem weißen Mann Cargo zu bringen, also kostbare Ware. Die Felder waren abgesteckt (mit rot-weißen Stangen), an ihrem Rand standen Antennen (daher der entlaubte Baum) und ein Windsack hing an einer Stange. Das alles bauten die Eingeborenen mit ihren Mitteln nach, damit die Götter auch ihnen Geschenke herabsenden mögen. ... Einige Aspekte der Großprojekte erinnern auch in den neunziger Jahren an diesen Cargo-Kult. Da sitzen die eingeborenen Propagandisten der big events an den Rän-

---

oder Beurteilungen, die nur in den Denkorganen der sie denkenden Menschen existieren, sondern Bestandteile der realen Welt, genauso wie Gegenstände und Ereignisse, also Fakten. (Das Vorhandensein eines Gegenstandes in einem bestimmten Zustand oder das Eintreten eines Ereignisses an einem Gegenstand, nennen wir ein Faktum. „... a (real) fact is either the being of a thing in a given state, or an event occurring in a thing." (Bunge 1977, 267))

[24] „Wohlstand und Wahlfreiheit erlauben eine weitaus größere Unabhängigkeit vom Stadtzwang." (Mönninger 1999, 10)

[25] Wir setzen dabei voraus, dass die Expo 2000 nicht bewusst von vornherein nur geplant wurde, um das Messegelände in Hannover auf Kosten Dritter zu modernisieren und zu erweitern.

dern der Großbaustellen und warten, dass die äußeren Symbole des Reichtums vom Himmel fallen ..." (Selle 1994, 47)

Dass wir uns beim Planen mitunter überschätzen und einen illusionären Optimismus zeigen, was die Erreichbarkeit eines bestimmten Planungsergebnisses und damit die Tauglichkeit der jeweils angewandten Wirkungsmechanismen angeht, wird als Kontrollillusion bezeichnet und ist in den Kognitionswissenschaften ein bekanntes Phänomen (vgl. zum Beispiel Gollwitzer 1996, 559 ff). „Möglicherweise sind Kontrollillusionen generell das Produkt planender Bewusstseinslagen." (Gollwitzer 1996, 562)

Eigenschaften von Wirkungsmechanismen

Die folgenden Eigenschaften von Wirkungsmechanismen sind im hiesigen Zusammenhang von besonderem Interesse.

Wirkungsmechanismen sind meist verborgen

Die meisten Wirkungsmechanismen, ob physikalische oder soziale, sind verborgen.[26] Deshalb sehen wir diejenigen Wirkungsmechanismen nicht, die den Niedergang eines Planungsbüros oder einer Firma bewirken, wie niedrige Investitionsrate, technologischer Konservatismus, Arbeitsunzufriedenheit, genauso wenig wie wir die Wirkungsmechanismen der Bewegung der Planeten, der Telekommunikation oder des Stoffwechselumsatzes wahrnehmen. Da Wirkungsmechanismen meist verborgen sind, kann man sich ihnen nicht etwa durch bloßes Hinschauen nähern, sondern nur auf einem einzigen Wege: Sie müssen als Erklärungen per Sprache (gesagt oder geschrieben) oder Zeichen ausgedrückt werden, wenn sie für Dritte nachvollziehbar sein sollen.

Wirkungsmechanismen sind systemspezifisch

Wirkungsmechanismen sind systemspezifisch, das heißt abhängig vom Untersuchungsobjekt. Es gibt keine Wirkungsmechanismen, die in allen Systemen vorkommen beziehungsweise wirksam sind. Deshalb können Wirkungsmechanismen, die beispielsweise in der Chemie oder Physik sachdienlich sind, in der Planung nutzlos sein.

Das bedeutet auch, dass es keine universell gültigen Wirkungsmechanismen gibt (vgl. Popper 1987), so wie sie etwa von Georg Wilhelm Friedrich Hegel und Karl Marx, aber auch von Herbert Spencer oder Auguste Comte für die Entwicklung von Gesellschaften postuliert wurden (vgl. Schimank 1996, 22).

Aber auch innerhalb eines Fachgebietes, wie zum Beispiel der Planung, ist Vorsicht geboten, was die Suche nach zu allgemeinen Wirkungsmechanismen

---

[26] Dies gilt selbst für eine alte Standuhr, weil das Gravitationsfeld, welches ihre Gewichte zieht, unsichtbar ist.

angeht. So wird mitunter immer noch die viel umfassende Frage debattiert „Wie und warum entwickeln sich Städte?" Diese Frage setzt jedoch voraus, dass alle Städte mehr oder weniger gleich sind und in allen Städten mehr oder weniger die gleichen Wirkungsmechanismen zum Tragen kommen – was natürlich nicht zutrifft. Eine bestimmte Stadt kann sich entwickeln, weil die dort ansässige Automobilfirma derzeit hohe Gewinne erzielt und an diesem Standort entsprechend investiert; eine andere, weil sie als Verkehrsknotenpunkt solche Firmen anzieht, die in besonderem Maße auf die Mobilität ihrer Kunden oder Mitarbeiter angewiesen sind; eine dritte, weil sie im Rahmen eines föderalen Systems viele Behörden mit entsprechend vielen Mitarbeitern beheimatet; eine vierte, weil sie von ihrer Lage im Gebirge als Urlaubsort profitiert; eine fünfte weil besonders wohlhabende Menschen dort ihren Alterssitz mit entsprechend anspruchsvollem Ambiente haben möchten – und so fort. Ohne Kenntnisse der speziellen Wirkungsmechanismen und der jeweils beteiligten Akteure, zusammen mit den spezifischen Umständen, lässt sich keine korrekte Antwort auf die Ausgangsfrage „Wie und warum entwickeln sich Städte?" geben. Angemessener sind daher oft eingeschränktere Fragestellungen wie etwa „Warum entwickelt sich die Stadt des Typs A in der Situation der Art B zum Zeitpunkt C etc.?" Bei solchen Fragestellungen wird angenommen, dass Städte nur in bestimmten Aspekten vergleichbar sind, nicht jedoch in allen.

Obwohl Wirkungsmechanismen systemspezifisch sind, ist es freilich dennoch möglich, sie entsprechend ihres Grades an Ähnlichkeit zusammen zu fassen. So ähnelt der Wettbewerb unter manchen Städten um Firmen einer bestimmten Branche dem Wettbewerb zweier Biopopulationen um eine gegebene Ressource. Solche Analogien können keine speziellen Prozesse erklären. Trotzdem können sie bei der Erarbeitung spezifischer Wirkungsmechanismen als Heuristiken dienen, indem sie bedeutsame Aspekte hervorheben, und somit die Entdeckung von Wirkungsmechanismen erleichtern.

Wirkungsmechanismen gibt es nur in konkreten Systemen

Weil Wirkungsmechanismen nur in *konkreten* Systemen vorkommen, macht es keinen Sinn, nach ihnen in Ideen oder abstrakten Objekten zu suchen, das heißt in *konzeptuellen* Systemen, wie zum Beispiel in Mengen, Funktionen oder Algorithmen, weil in ihnen (für sich genommen) nichts geschieht. Das Konstrukt der Wirkungsmechanismen gilt demnach nicht für die Logik oder Mathematik. Auch gibt es keine Wirkungsmechanismen in Strategien, Methoden oder planerischen Anleitungen (Plänen): Nur bei deren Implementation in physische oder soziale Situationen spielen Wirkungsmechanismen eine Rolle.

Methodische Hinweise zur Erarbeitung von Erklärungen

Wirkungsmechanismen sind keineswegs immer leicht zu entdecken, dies wurde in den bisherigen Erläuterungen deutlich. Vor allem gibt es andere Typen von Relationen, die mit Beschreibungen von Wirkungsmechanismen, also Erklärungen, verwechselt werden können. Das heißt, nicht jede Darstellung, die auf den ersten Blick wie eine Beschreibung eines Wirkungsmechanismus aussieht, ist in Wirklichkeit auch eine. Im folgenden Abschnitt werden deshalb neun methodische Hinweise umrissen, die bei der Erarbeitung von Erklärungen helfen können.

Dynamische versus kinematische Beschreibungen

Die Beschreibung eines Prozesses, ohne jeden Bezug zu dem zugrunde liegenden Wirkungsmechanismus, wird als kinematisch (kinematical) bezeichnet. Kinematische Darstellungen von Veränderungen sind rein deskriptiv und enthalten keine Erklärungen. Im Gegensatz dazu nehmen so genannte dynamische Darstellungen explizit Bezug auf die jeweiligen Wirkungsmechanismen.

Entsprechend beschreibt die Feststellung „Zum ersten Mal seit dem Mittelalter verliert die Stadt X Einwohner" (analog Venturi 1998, 58) zwar einen Prozess, enthält jedoch keine Angaben darüber, was diesen Prozess verursacht hat. Sind die Wirkungsmechanismen eines Prozesses bekannt, lassen sich die deskriptiven Zustandsbeschreibungen ableiten; das Umgekehrte trifft jedoch nicht zu: Eine Prozessbeschreibung beinhaltet keine Beschreibung der Wirkungsmechanismen, ein und dieselbe Prozessbeschreibung kann vielmehr durch unterschiedliche Wirkungsmechanismen erklärt werden. Ist nur die Prozessbeschreibung bekannt, kann über die verschiedenen, möglicherweise zugrunde liegenden Wirkungsmechanismen nur spekuliert werden.

Was für *einzelne* Zustandsbeschreibungen gilt, gilt natürlich auch, wenn *mehrere* Zustandsbeschreibungen durch Aggregation zu Daten[27] zusammengefasst werden. Solche deskriptiv statistischen Daten vereinigen nur eine mehr oder weniger große Zahl individueller Zustands- oder Prozessbeschreibungen, zeigen jedoch keine Wirkungsmechanismen auf. Aus solchen Daten lassen sich deshalb generell keine Wirkungsmechanismen – streng logisch, stringent – folgern oder herauslesen. Wirkungsmechanismen müssen vielmehr gemutmaßt werden. So lassen sich die Unterschiede in der Auslastung eines Verkehrssystems mit Hilfe von Zeitreihendaten darstellen. Für einen Planer reicht diese Information jedoch in der Regel nicht aus. Um die Auslastung verändern zu können, muss er wissen, welche Wirkungsmechanismen diese Unterschiede erzeugt beziehungsweise stabilisiert haben. Desgleichen können Ökonomen aus ökonomischen Indikatoren oder Zeitreihen keine ökonomischen Wirkungsmechanismen herauslesen. Ein solcher Wirkungszusammenhang muss vielmehr zunächst erfunden und anschließend geprüft werden.

Entsprechend beschreibt der folgende Text zwar einige Prozesse, enthält jedoch keine Angaben darüber, was diese Prozesse verursacht: „In der gegen-

---

[27] Daten sind nach Messvorschriften ermittelte Angaben über Ausprägungen von Fakten. Die Messvorschriften basieren, implizit oder explizit, auf theoretischen Annahmen.

wärtigen Entwicklungsphase kommt es zu weitreichenden räumlichen Umstrukturierungsprozessen, die nach Ansicht vieler Stadtforscher einen Umbruch in der Stadtentwicklung mit sich bringen: Dazu gehört die Verschiebung von Industrie- und Wachstumszentren im weltweiten Maßstab, eine akzentuierte Differenzierung städtischer Entwicklungstypen in den Industrieländern, die Ablösung der noch bis in die siebziger Jahre hinein relativ einheitlichen Wachstumstendenz von städtischen Agglomerationen durch ein Muster räumlicher Entwicklung, das von der Aufspaltung in niedergehende oder stagnierende und weiterhin prosperierende Stadtregionen geprägt ist, und innerhalb der Städte eine zunehmende ökonomisch-soziale Polarisierung mit sich bringt." (Krätke 1995,16; Hervorhebung weggelassen)

Erklärung versus statistische Korrelation

Mitunter werden statistische Korrelationen mit Wirkungsmechanismen verwechselt. Zwei so genannte Variablen heißen positiv korreliert, wenn hohe Werte der einen typischerweise mit hohen Werten der anderen auftreten und umgekehrt. Eine solche Korrelation muss aber bekanntlich nicht bedeuten, dass die eine Variable die Ursache der anderen ist.

Findet man beispielsweise eine positive Korrelation zwischen bestimmten Wohnquartieren einer Stadt und einer erhöhten Kriminalitätsrate innerhalb dieser Wohnquartiere, so bedeutet dies nicht zwangsläufig, dass die Qualität der Wohnung beziehungsweise der Wohnumgebung die Ursache für die räumliche Verteilung des kriminellen Verhaltens ist (vgl. hierzu zum Beispiel Flade 1990, 518 ff). Korrelationen erklären keine Wirkungsmechanismen, sie verlangen vielmehr nach entsprechenden Erklärungen.[28]

Zwar gibt es in den Sozialwissenschaften den Begriff der Kausalanalyse (causal analysis; vgl. Schroeder-Heister 1984, 371) für die Analyse statistischer Korrelationen zwischen Variablen, in der eine Variable als Ursache für eine andere Variable angesehen wird. Streng genommen gibt es so etwas jedoch nicht, denn bei genauerer Betrachtung wird nämlich eine Variable nicht durch eine andere „erklärt". Man kann lediglich sagen, eine bestimmte Variable sei eine Funktion einer anderen Variable (die manch-

---

[28] In diesen Kontext gehört auch ein anderes Phänomen: Nicht selten werden ermittelte statistische Korrelationen zunächst nicht für zutreffend gehalten, weil es keinen plausiblen Wirkungsmechanismus gibt, der diese statistische Korrelation erklärt. Zum Beispiel wurde die Hypothese von Stanley Jevons, dass Sonnenfleckenzyklen ökonomische Zyklen erklären können, zunächst nicht ernst genommen, weil man sich keinen Wirkungsmechanismus vorstellen konnte, der die Sonnenflecken mit ökonomischen Aktivitäten in Verbindung bringt. Erst kürzlich konnte gezeigt werden, dass die Sonnenfleckenzyklen das terrestrische Klima und deshalb die Landwirtschaft beeinflussen, weil Sonnenflecken starke hydromagnetische Stürme sind, die ein Ansteigen der Strahlung verursachen und folglich eine Zunahme der Menge solarer Energie, die unseren Planeten erreicht, was wiederum die Landwirtschaft beeinflusst. (Allerdings: Auch diese Erklärung reicht nicht aus, um das Auf und Ab der Wirtschaftszyklen zu erklären.)

mal berechenbar ist). Das heißt, es gibt keine „Erklärung" von Variablen durch andere Variablen, vielmehr wird die eine nur mit Hilfe der anderen analysiert, und zwar ohne Bezug auf irgendwelche Wirkungsmechanismen.

Erklärung versus Zuordnung zu Klassen

Die Erklärung eines Wirkungszusammenhangs ist auch zu unterscheiden von einer bloßen Zuordnung von etwas Besonderem zu etwas Allgemeinerem, weil damit kein Verständnis der Wirkungsmechanismen geliefert wird: Statt dessen wird ein bestimmtes Faktum nur als Mitglied einer Klasse identifiziert. Anders als eine reine Zuordnung zu einer Klasse, verweist eine Erklärung jedoch explizit auf einen bekannten oder vermuteten Wirkungsmechanismus.

Zwei Beispiele: Einrichtungen, die nach den Regeln des Öffentlichen Dienstes geführt werden, gelten als nicht besonders effizient, kundenorientiert etc. Stellt nun jemand fest, dass ein Betrieb, der den öffentlichen Nahverkehr einer Region organisiert, der Klasse „Öffentlicher Dienst" zuzuordnen ist, so erklärt dies nicht die Wirkungsmechanismen, die den Nahverkehr in der jeweiligen Region möglicherweise ineffizient und wenig kundenorientiert machen.

Oder: Die so genannten Global Cities (New York, London, Tokyo etc.) verzeichnen überdurchschnittlich hohe Zuwachsraten, was Bevölkerung, Finanzumsätze etc. angeht. Wird eine Stadt dieser Klasse der Global Cities zugeordnet, so sind damit noch nicht die Wirkungsmechanismen erklärt, die diese überdurchschnittlich hohen Zuwachsraten bewirken.

Erklärung versus teleologische Beschreibung

Erklärungen unterscheiden sich auch von teleologischen Beschreibungen. Unter Teleologie wird dabei die Zielgerichtetheit eines Prozesses verstanden. Die wirkliche oder mögliche Erreichung eines bestimmten Zustandes wird als Erklärung für das Verstehen eines in Richtung dieses Zustandes laufenden Prozesses angesehen.

Für Planungen ist es zweifellos erforderlich, die Ziele zu benennen, die mit einer Planung erreicht werden sollen. Trotzdem stellt sich die Frage, ob das Verständnis eines zu erreichenden Zustandes irgend etwas über die jeweiligen Wirkungsmechanismen aussagt, also eine Erklärung liefert. Auch hier lautet die Antwort nein. Schließlich verstehen wir die in einem Verkehrssystem ablaufenden Wirkungsmechanismen nicht etwa dann besser, wenn wir ein bestimmtes Ziel definieren und verfolgen, beispielsweise: „Der Anteil der Pendler, die den öffentlichen Nahverkehr benutzen, soll verdoppelt werden." Um Systeme nach unseren Vorstellungen verändern zu können, müssen wir ihre Wirkungsmechanismen kennen, nicht nur irgendwelche Ziele.

Erklärung versus funktionale Beschreibung

Ein Spezialfall teleologischer Beschreibungen sind funktionale Beschreibungen. Folgende These enthält eine funktionale Beschreibung: „Merkmal A entwickelte sich für die Funktion B, welche ihrerseits notwendig ist für die Lebensfähigkeit eines Systems." Das Vorkommen von Eigenschaften eines Systems wird also dadurch erklärt, dass diese Eigenschaften *Funktionen erfüllen*, die für das normale Operieren des Systems notwendig sind.[29]

Solche funktionalen Beschreibungen sind jedoch nicht mit Wirkungsmechanismen gleichzusetzen, weil Wirkungsmechanismen keinen Bezug auf bestimmte Anpassungen, Werte oder einen gegebenen Nutzen für ein bestimmtes System einschließen, zumal manche Merkmale eines Systems auch ungenügend angepasst sein können.

Funktionale Beschreibungen sind in den Sozialwissenschaften bedeutsam, in der Planung jedoch nicht ausreichend, weil sie nicht die für praktisches Handeln benötigten Informationen über Wirkungsmechanismen liefern, mit deren Hilfe sich Dinge oder Systeme verändern lassen. Ein Beispiel: Die These, die „Funktion der Stadt [sei], Mittelpunkt der Versorgung eines mehr oder weniger weiträumigen Umlandes zu sein" (Krätke 1995, 28) erklärt weder, warum sich Städte herausbilden, noch, welche Wirkungsmechanismen diese Versorgung zustande bringen. Auch hier gilt: Die zugrunde liegenden Wirkungsmechanismen müssen entdeckt werden, vor allem auch deshalb, weil jede gegebene Funktion durch *verschiedene* Wirkungsmechanismen erfüllt werden kann. Zum Beispiel kann die Funktion „Umland versorgen" durch unterschiedliche Wirkungsmechanismen erfüllt werden. Diese Tatsache, dass zwischen Funktionen und Wirkungsmechanismen keine Eins-zu-Eins-Korrespondez besteht, zeigt im Übrigen die Begrenztheit des so genannten Funktionalismus, gleichgültig ob in den Sozialwissenschaften oder in der Planung. Ein Prozess sollte deshalb durch Wirkungsmechanismen erklärt werden, nicht mit Verweis auf seinen funktionalen Wert.

Erklärung versus „Verstehen"

Die Darstellungen von Wirkungsmechanismen unterscheiden sich auch von interpretierenden Erklärungen, wie sie in der Hermeneutik favorisiert werden. Dieser Ansatz geht davon aus, dass soziale Fakten dann „verstanden" werden, wenn sie „interpretiert" sind, das heißt, wenn der „Sinn" oder die „Bedeutung" aufgezeigt wurde, den beziehungsweise die dieses Faktum für jemanden hat. Der Vorgang des Verstehens wurde dabei verschieden charakterisiert: von Dilthey als Empathie, von Weber als Attribution von Absichten, und von Pareto und Boudon als eine Rekonstruktion der Gründe (reasons), die den Handelnden antreiben (vgl. Bunge 1999b, 19). Ein so verstandener

---

[29] Eine funktionale Beschreibung liegt beispielsweise vor, wenn die Existenz von Kiemen bei Fischen durch deren Funktion erklärt wird, die Sauerstoffzufuhr sicher zu stellen.

3.4 Wirkungsmechanismen

Vorgang des Verstehens stellt jedoch keinen Bezug zu irgendwelchen Wirkungsmechanismen her. Er beinhaltet nur eine Anspielung auf eine innere, mentale Quelle individueller Aktionen und lässt zudem externe Einflüsse in der Regel außer acht.[30]

Erklärung versus „erzählende Erklärung"

Athearn (1994) hat vorgeschlagen, nicht nach Wirkungsmechanismen zu suchen, die im Rahmen eines Arbeits- und Wissensgebietes mehr oder weniger generalisierbar und deshalb auf analoge Situationen übertragbar sind, sondern diese durch „erzählende kausale Erklärungen" zu ersetzen – also Einzelfallbeschreibungen. Aber auch diese sind für Planung nicht ausreichend, denn, folgten wir Athearn, so erhielten wir nur „ad hoc"-Beschreibungen, das heißt mehr oder weniger plausible Geschichten (stories), statt verallgemeiner- und damit übertragbare Erklärungen, wie sie für Planung benötigt werden.

Erklärung versus tautologische[31] Beschreibung

Erklärungen werden gelegentlich mit tautologischen Beschreibungen verwechselt. So ist zum Beispiel die These, Städte entwickelten sich entlang eines „Weges des geringsten Widerstands" rein tautologisch. Schließlich bieten solche Beschreibungen keine Erklärung, welche Wirkungsmechanismen diesen Widerstand erzeugen. Gleiches gilt für eine Beschreibung, die darlegt, eine verkehrstechnische Entwicklung scheitere, weil sie auf einen „Engpass" treffe. Auch diese Beschreibung beantwortet die Frage nicht, was diesen Engpass verursacht.

Top-down- und Bottom-up-Erklärungen von Verhaltensweisen

Die Aufgabe von Planung besteht, wie oben bereits beschrieben, neben dem Ausweisen von Standorten und dem Errichten und Erhalten von „Anlagen" (solche Anlagen sind Gebäude, Straßen, Parks etc.) auch darin, Verhaltensweisen zu steuern, beispielsweise andere Nutzungsregeln für den Gebrauch dieser Anlagen einzuführen, also nichts am Gebauten zu verändern, sondern nur den Umgang mit diesem Gebauten (vgl. zum Beispiel Heidemann 1995 oder Schönwandt 1999, 32 f). Das heißt, beim Planen geht es auch um solche Wirkungsmechanismen, die das Verhalten von Menschen beeinflussen. In der Praxis finden sich dazu viele Beispiele: Es gibt nicht nur Straßen, sondern auch die Nutzungsregeln dazu, die Verkehrsregeln; es gibt Anwohnerparken, Car Sharing, Car Pooling, Straßenbenutzungsgebühren, Güterverkehrsmana-

---

[30] Für Details hierzu vgl. zum Beispiel Bunge 1996, 150 ff.
[31] Mit „Tautologien" sind hier nicht Pleonasmen wie „weißer Schimmel" oder „nie und nimmer" gemeint, sondern Zirkeldefinitionen, bei denen der zu definierende Ausdruck im definierenden Ausdruck bereits vorkommt (vgl. Lorenz 1996, 213 f).

3 Das semiotische Dreieck – Ein gedankliches Werkzeug beim Planen

gement und anderes mehr. All dies sind Ansätze mit entsprechenden Wirkungsmechanismen zur Regelung und Steuerung der in bestimmten Anlagen stattfindenden Verhaltensweisen. Entsprechend verfolgen viele planerischen Aktionen das Ziel, das Verhalten von Menschen via Wirkungsmechanismen zu verändern, zum Beispiel den öffentlichen Verkehr statt des Autos zu benutzen, Abfall zu trennen, Wohnungen auf energiegünstige Art zu lüften, weniger Strom zu verbrauchen etc.

Vor diesem Hintergrund stellt sich die Frage: Was beeinflusst menschliches Verhalten?[32] Oder: Welches sind die in diesem Zusammenhang geeigneten Wirkungsmechanismen? Was dieses Thema angeht, sollten zwei unterschiedliche Perspektiven, der Bottom-up- und der Top-down-Ansatz, nicht isoliert betrachtet werden, weil wir es immer mit einer Mischung aus beiden zu tun haben. Bottom-up bedeutet in diesem Zusammenhang, dass jede individuelle Tätigkeit auch strukturelle Ergebnisse hat, schließlich ist jedes soziale Faktum letzten Endes ein Ergebnis individueller Aktionen. Der Top-down-Ansatz dagegen geht davon aus, dass individuelle Verhaltensweisen durch soziale beziehungsweise gesellschaftliche Rahmenbedingungen beeinflusst werden. Notwendig ist, beide Perspektiven gleichzeitig zu berücksichtigen. In der folgenden Hypothese beispielsweise sind beide Betrachtungsrichtungen integriert: „Menschliche Konflikte haben hauptsächlich zwei mögliche Quellen: Interesse an den gleichen knappen Ressourcen und divergierende Ziele innerhalb eines sozialen Systems." Die individuelle Entscheidung zu kooperieren oder einander zu bekämpfen ist sicher ein individueller Denkprozess, der jedoch zumindest zum Teil durch etwas von außerhalb des Denkorgans induziert wird, etwa durch die Verlockung einer Ressource oder den Schutz oder die Bedrohung eines sozialen Systems.

Erklärungen, die einen der beiden Aspekte ignorieren, sind im hiesigen Kontext unzureichend. Ein Beispiel hierzu ist Schellings (1978, 139) These zur sozialen Segregation und Konzentration, wie sie sich etwa in vielen US-amerikanischen Siedlungen herausgebildet hat, die nur von Weißen oder nur von Schwarzen bewohnt werden. Schelling vertritt die Ansicht, eine solche Segregation sei primär das Ergebnis individueller Entscheidungen, die durch Präferenzen geleitet werden: „Eine Nachbarschaft zu wählen, heißt Nachbarn zu wählen." So sei beispielsweise die Wahl einer Nachbarschaft gleichbedeutend damit, eine Nachbarschaft von Menschen zu wählen, die gute Schulen wollen. Schelling ignoriert dabei, dass viele Menschen in den USA gezwungen sind in Gettos zu leben, weil sie es sich finanziell nicht leisten können, gute Schulen beziehungsweise „gute" Nachbarschaften zu wählen. Seine Er-

---

[32] Die Frage „Was beeinflusst menschliches Verhalten?" ist Ausgangspunkt einer der traditions- und umfangreichsten Debatten in den Sozialwissenschaften (Psychologie, Soziologie, Wirtschaftswissenschaften etc.; vgl. zum Beispiel Heckhausen 1974, Bem und Allen 1974, Graumann 1975, Bem und Funder 1978, Giddens 1988, Esser 1993 etc.). Diese Diskussion kann und soll hier nicht wiedergegeben werden, vielmehr wird eine der Grundpositionen mit wenigen Worten umrissen.

klärung übersieht, dass individuelle Intentionen und Erwartungen, und folglich die individuellen Entscheidungen, wesentlich durch soziale Umstände geformt werden.

Dass in der Stadtplanung hingegen mitunter der Top-down-Ansatz überbetont wird, zeigt das folgende Beispiel: Die Nutzungen Arbeiten und Wohnen lassen sich nicht so ohne weiteres, wie von manchen Planern proklamiert, via Top-down-Ansatz wieder zusammenführen: „Die Debatte über Funktionsmischung oder Funktionstrennung wird vor allem mit den Mitteln des städtebaulichen Entwurfes geführt. Man prüft ..., ob die getrennten Funktionen nicht wieder miteinander kompatibel sind. ... Diese ... [P]erspektive ... lässt außer Acht, dass die Funktionstrennung nicht ausschließlich aus den gesetzlichen Immissionsschutzabständen und den technisch-funktionalen Erfordernissen der Nutzung entstanden sind. Die Trennung entstand auch aus einer Vielzahl freiwilliger Standortentscheidungen der Nutzer und ist eine aktive Ausnutzung spezieller Standortvorteile ... Die Haushalte und die Unternehmen wählen nur dann ... einen Standort in jeweils enger Nachbarschaft zueinander, wenn dies ihre Interessen nicht verletzt und dieser neue Standort Vorteile bietet" (Bonny 1998, 243).

Die beim Planen zu erarbeitenden Erklärungen, also Beschreibungen von Wirkungsmechanismen, sollten beiden Sichtweisen gerecht werden, nämlich, dass wir unsere Umgebung formen und gleichzeitig die Umgebung uns. Das heißt, individuelle Aktion und Umgebung kommen immer zusammen, weil sie einander generieren. Folglich lassen sich individuelle Aktionen am besten verstehen, wenn sie in einen Kontext gestellt werden, und dieser Kontext lässt sich am besten verstehen, wenn die agierenden Individuen und deren Beziehungen analysiert werden.

In diesem Abschnitt haben wir Wirkungsmechanismen, ihre Bedeutung für die Planung sowie einige Fehlermöglichkeiten bei deren Erarbeitung dargestellt. In den vorangegangenen Abschnitten wurden einige Aspekte zum Thema Konstrukte erläutert. Im folgenden Abschnitt erklären wir, wie, das heißt in welchen Schritten, Konstrukte gebildet werden, beziehungsweise, auf welchen Stufen der Ausarbeitung sie sich befinden können.

3.5 Das Bilden von Konstrukten

Mit Hilfe von Attributen lassen sich Begriffe definieren, die ihrerseits über Relationen zu Aussagen zusammengefügt werden können. Für eine zutreffende und angemessene Repräsentation eines Systems ist jedoch meist ein ganzes Bündel von Konstrukten (Begriffen, Propositionen in ihren jeweiligen Kontexten) erforderlich, die, wenn möglich, zu einer Menge logisch verbundener Aussagen verknüpft werden, das heißt zu einer Theorie. Bei diesem Vorgang der Konstruktbildung lassen sich vier Stufen unterscheiden: die Auflistung/das Schema, die Skizze/das Diagramm, die spezifische Theorie/das theoretische Modell und die allgemeine Theorie (für die folgende Darstellung vgl. Bunge 1974a, 99 f).

Auflistung oder Schema

Die einfachste Form der Konstrukt- beziehungsweise Begriffsbildung ist die Auflistung von Objekten beziehungsweise Gegenständen oder eine Beschreibung der Gegenstände, ihrer Bestandteile und Zugehörigkeit zu bestimmten Mengen beziehungsweise Klassen. Will man ein Konstrukt oder einen Begriff über den öffentlichen Verkehr einer Siedlung erarbeiten, so ist für dieses Verkehrskonzept beispielsweise entscheidend, welche Verkehrsteilnehmer berücksichtigt werden sollen: Rollstuhlfahrer, Fahrradfahrer, Fußgänger etc. Die Eigenschaften von Objekten werden also begrifflich gefasst und in Form von Listen präsentiert. Man erhält dadurch ein unzusammenhängendes Bündel von Angaben, das die Grundlage für weitere Überlegungen ist oder sein kann.

Aus solchen Listen sind jedoch die Zusammenhänge zwischen den einzelnen Elementen nicht ersichtlich. Ob beziehungsweise in welcher Relation die aufgelisteten Objekte und Attribute zueinander stehen, ist nicht erkennbar.

Skizze oder Diagramm

Zur Lösung von Planungsproblemen reichen deshalb einfache Auflistungen von Objekten und Attributen dieser Objekte in der Regel nicht aus. Für Konstrukte, die bei Planungen zu bilden sind, ist es notwendig, die Zusammenhänge zwischen den aufgelisteten Objekten beziehungsweise deren Attributen zu klären.

In dieser zweiten Stufe wird eine Skizze erarbeitet, welche die Bestandteile des Objektes und die Beziehungen zwischen seinen Teilen zeigt. Solche Zusammenhänge werden häufig als Pfeildiagramme skizziert. Darstellen lassen sich damit beispielsweise die Ströme an Gütern, Geld etc. in einer Stadt, etwa zwischen der jeweiligen Stadtverwaltung, den Arbeitnehmerhaushalten, den Unternehmerhaushalten und Grundbesitzern (privaten und unternehmerischen Immobilienvermietern) etc. (vgl. Krätke 1995, 38). Andere Beispiele für solche Diagramme sind die Flussdiagramme der Ablaufprozesse in einer Fabrik, Organigramme von Institutionen, Graphen über die Ver- und Entsorgung von Gebäuden, Stadtteilen oder Städten etc.

Durch das Aufstellen von Diagrammen wird die Konstruktbildung weiter präzisiert. Die in der Auflistung enthaltenen Objekte oder Attribute werden unter einem bestimmten Blickwinkel erfasst und zueinander in Beziehung gesetzt. Diagramme schließen immer die zugrunde gelegten Auflistungen ein und stellen die Relationen zwischen den einzelnen Komponenten dar.

Spezifisches Konstrukt oder theoretisches Modell

Die dritte Stufe der Konstruktbildung ist das spezifische Konstrukt. Ein spezifisches Konstrukt formuliert die Skizze aus. Die in Diagrammen dargestellten Beziehungen von Objekten oder Attributen geben über die wirklichen Zusammenhänge nur begrenzt Auskunft. Sie lassen nur erkennen, welche Objekte eines Schemas überhaupt an Beziehungen beteiligt sind, welche Objekte zu einem oder mehreren anderen Objekten in Beziehung stehen. Damit weiß man aber noch nichts über die Art der Beziehungen zwischen den beteiligten Komponenten.

Dieser dritte Schritt der Konstruktbildung besteht darin, die in den Diagrammen dargestellten Beziehungen explizit zu machen. Um die dargestellten Zusammenhänge zu verstehen und ein Konstrukt nachvollziehbar zu machen, müssen Diagramme deshalb sprachlich ausformuliert werden. Neben der Menge der beteiligten Komponenten muss die Art der Relationen zwischen den einzelnen Komponenten bestimmt werden, etwa, ob es sich um funktionale Relationen oder um Wirkungsmechanismen handelt. Auch sollten rekursive Beziehungen und Wechselwirkungen erkennbar sein.

Allgemeine Theorie

Die vierte Stufe der Konstruktbildung ist die allgemeine Theorie. Während ein spezifisches Konstrukt beziehungsweise theoretisches Modell die Skizze ausformuliert, ist eine allgemeine Theorie frei von Spezifitäten, sie nimmt nicht mehr nur Bezug auf spezielle Objekte, sondern sie gilt für alle Objekte innerhalb eines Themenbereiches. Der Unterschied zum spezifischen Konstrukt liegt also in den Objekten, wobei die Menge der faktischen Referenten, auf die sich ein spezifisches Konstrukt bezieht, eingeschränkter ist als bei der allgemeinen Theorie. In einer allgemeinen Theorie werden die Attribute einer Gruppe von Objekten in ihrem Zusammenhang erfasst und so abstrakt beschrieben, dass man sie auf alle Objekte innerhalb eines Themenbereichs beziehen kann.

Zwischen einem Konstrukt der dritten Stufe und einer allgemeinen Theorie besteht somit kein logischer Unterschied. In diesem vierten Schritt werden die Konstrukte lediglich so allgemein formuliert, dass sie sich nicht mehr nur auf einzelne Objekte beziehen. Eine allgemeine Theorie, wie zum Beispiel die der Evolution, bezieht sich schließlich auf alle Lebewesen und beschreibt ihre Entstehung und Artbildung.

Die Übergänge von spezifischen Konstrukten zu Theorien sind fließend. Sie hängen in unserem Verwendungszusammenhang vor allem von der Planungsfragestellung ab, in deren Kontext die Konstrukte benutzt werden.

Was die Stadtplanung angeht, gibt es allerdings nicht allzu viele allgemeine Theorien im hiesigen Sinne, schließlich existieren Theorien „... der Stadtstruktur und Stadtentwicklung ... allenfalls in Ansätzen ... Auch die verschiedenen Wissensdisziplinen – von der Ökonomie über die Soziologie bis zur Geographie – haben die nötigen umfassenden theoretischen Grundlagen noch nicht geschaffen beziehungsweise zusammenfügen können." (Friedrich Ebert Stiftung 2000)

Zusammengefasst: Die vorstehenden Abschnitte hatten die vier Grundklassen von Konstrukten zum Inhalt, ferner wurde beschrieben, wie Begriffe gebildet werden, außerdem haben wir das Thema Wirkungsmechanismen erläutert, und zuletzt wurde skizziert, in welchen Schritten Konstrukte gebildet werden.

All dies bedeutet allerdings keineswegs, dass Planer in der Praxis genau so vorgehen, wenn sie Konstrukte – als Träger unseres Wissens – zum Verständnis einer Sachlage generieren.

Was Planer benutzen, um eine Sachlage zu verstehen und zu Handlungsvorschlägen beim Planen zu kommen, sind vielmehr vor allem so genannte „Schemata" und „mentale Modelle" beziehungsweise „Metaphern" sowie „Analogien". Diese Begriffe werden, zumindest in Ansätzen, im folgenden Abschnitt erläutert.

3.6 Schemata, mentale Modelle, Metaphern und Analogien

Ein sorgfältig ausgearbeitetes Konstrukt lässt sich als eine Art (revidierbarer) „Endzustand" (vgl. Bunge 1996, 105) eines kognitiven Prozesses verstehen. In der Planungspraxis muss jedoch bekanntermaßen oft mit irgendwelchen „Zwischenzuständen" gearbeitet werden, schließlich wird nicht jedes Konstrukt oder jeder Begriff explizit konstruiert, beginnend etwa mit einer Auflistung von Attributen. Einige dieser von uns benutzten „Zwischenzustände" sind so genannte Schemata beziehungsweise mentale Modelle, aber auch Metaphern und Analogien.

Schemata

Ein Schema ist ein in unserem Denkorgan verfügbares strukturiertes Cluster von Begriffen, das vorhandenes Wissen beinhaltet. Es wird benutzt, um Gegenstände, Zustände, Ereignisse oder Prozesse zu repräsentieren (vgl. Eysenk und Keane 1998, 262). Schemata sind deshalb Cluster oder Wissensstrukturen, die Vorannahmen und Erwartungen über bestimmte Gegenstände, Zustände etc. implizieren (vgl. Zimbardo 1992, 623).

Nehmen wir beispielsweise unser Wissen über das Konstrukt „Haus". Es beinhaltet zahlreiche Begriffe wie „Wand", „Tür", „Fenster", „Zimmer" etc. mit ihren jeweiligen Attributen sowie entsprechende Propositionen: „Häuser haben Zimmer", „Häuser können aus Holz gebaut sein", „Häuser haben Dächer" und so fort. Mit dem Konstrukt Haus ist also ein ganzes Bündel von Begriffen und deren Verknüpfung zu Propositionen verbunden und in unserem Gedächtnis gespeichert. Wir „wissen" eben, was ein Haus ist und müssen uns diesen Begriff nicht jedes mal neu erarbeiten.

Die Idee des Schemas wurde vor allem von Immanuel Kant (1787/1963) vorgeschlagen, und zwar als inhärente Struktur, die uns dabei hilft, die Welt wahrzunehmen und zu deuten. In den Jahren nach 1930 machte sich F. C.

3.6 Schemata, mentale Modelle, Metaphern und Analogien

Bartlett den Begriff des Schemas bei seinen Forschungen an der Universität in Cambridge zunutze. Bartlett ging der Frage nach, wie die Erinnerung und das Verständnis von Ereignissen den Erwartungen anpasst werden, welche die Menschen in Bezug auf diese Ereignisse haben. Er nahm an, dass diese Erwartungen als Schemata präsent seien, und führte zahlreiche Experimente durch, die den Einfluss dieser Erwartungen auf das Erinnern und Denken illustrierten. Dabei fand er heraus, dass Menschen vergangene Ereignisse eher „rekonstruieren" als sich an sie wortwörtlich zu erinnern (vgl. Bartlett 1932).

Auch Piaget (1967, 1970) bediente sich der Idee des Schemas bei seinen entwicklungspsychologischen Untersuchungen, um damit Veränderungen in der Kognition von Kindern zu beschreiben.

Besonders in den Jahren nach 1970 rückten Schema-Theorien in den Vordergrund des Interesses, entsprechend tauchten einige Theorien auf, die auf diesem Konstrukt basierten: Schank's (1972) „conceptual dependency theory" benutzte vor allem Schemata, um relationale Konstrukte zu beschreiben. Rumelhart und andere (Rummelhart 1975, Thorndyke 1977, Stein und Glenn 1979) schlugen den Begriff der „story grammars" vor, die als Schemata dem Verständnis von Geschichten (stories) zugrunde liegen. Schank and Abelson (1977) prägten den Begriff der „scripts" für Sequenzen stereotyper Aktionen, die das Wissen von Menschen über typische Alltagssituationen beschreiben. Rumelhart und Ortony (1977, ebenso Rumelhart 1980) formulierten eine allgemeine Theorie der Schemata. Und Marvin Minsky schlug 1975 mit dem Begriff „frames" ein ähnliches Konstrukt für den Bereich der künstlichen Intelligenz vor (vgl. Eysenk und Keane 1998, 262 f).

Bereits diese kurze Übersicht zeigt, dass der Begriff „Schema" die Diskussionen vor allem in den Kognitionswissenschaften seit mehreren Jahrzehnten mit geprägt hat.

Das Problem, das mit der Verwendung von Schemata verbunden ist, lässt sich sinnfällig anhand einer einfachen und vermutlich gerade deshalb vielzitierten Untersuchung von Brewer und Treyens (1981) illustrieren. Diese Untersuchung offenbart, wie sich Schemata auf Erinnerungs- und damit letztlich auch auf Schlussfolgerungsprozesse auswirken: Versuchspersonen wurden einzeln in einen Büroraum geführt. Man teilte ihnen mit, dies sei das Büro des Versuchsleiters und bat sie, hier einen Moment warten. Nach etwas mehr als einer halben Minute holte der Versuchsleiter sie ab und begleitete sie in einen Nachbarraum. Dort wurde ihnen die Aufgabe gestellt, all das zu beschreiben, was sie von dem Versuchsleiterbüro (dem eigentlichen Versuchsraum!) noch in Erinnerung hatten. Das besondere des Büros des Versuchsleiters war unter anderem, dass dieser Raum beispielsweise keine Bücher oder Ordner enthielt, also Dinge, die für die meisten Menschen zu einem Büro gehören. Brewer und Treyens nahmen an, dass die Erinnerungsleistung stark von dem Schema „Büroausstattung" beeinflusst sein würde, also vom vorhandenen Wissen über „normale" Büros. Entsprechend „erinnerte" sich fast ein Drittel der Versuchspersonen daran, in dem Büro Bücher oder Ordner gesehen zu haben (vgl. Anderson 1989, 121 f).

3 Das semiotische Dreieck – Ein gedankliches Werkzeug beim Planen

Erinnerungen werden also stark von dem Schema beeinflusst, welches jemand für den jeweiligen Begriff oder die jeweilige Situation bereits hat.[33] Dieses Experiment zeigt, dass Schemata unsere Wahrnehmung mitunter verfälschen.

Schemata beinhalten meist keine Annahmen über Wirkungsmechanismen, diese werden in so genannten mentalen Modellen repräsentiert.

Mentale Modelle

Im Prinzip baut das Konstrukt mentaler Modelle auf dem Schemabegriff auf. Während Schemata Cluster von Begriffen und deren (nicht-kausalen) Relationen repräsentieren, stellen mentale Modelle das Verständnis der in einer Situation ausschlaggebenden Wirkungsmechanismen dar (vgl. Eysenk und Keane 1998, 388). Mentale Modelle sind somit bewusst oder unbewusst benutzte Annahmen über Wirkungsmechanismen, also Erklärungen (vgl. oben Kapitel 3.4).

Seit den siebziger Jahren wird untersucht, wie Menschen sich im Alltag beim Planen und Problemlösen in schwierigen Situationen behelfen, indem sie mentale Modelle verwenden. Publik gemacht wurde der Begriff „mentales Modell" im Jahr 1983 durch zwei Veröffentlichungen gleichen Titels – „Mental Models" – von Gentner und Stevens sowie von Johnson-Laird. Obwohl der Ausdruck „mentales Modell" keineswegs von allen Autoren gleichlautend definiert wird (siehe hierzu Eysenk und Keane 1998, 388), lassen sich einige gemeinsame Merkmale der verschiedenen Definitionen nennen:

- Mentale Modelle stellen das Verständnis kausaler Zusammenhänge dar, welches eine Person von einem System hat. Mitunter sind sie von visuellen, bildhaften Vorstellungen begleitet.
- Wenn das System durch planerische Eingriffe verändert werden soll, werden sie dazu benutzt, um das Verhalten des Systems vorherzusagen und geeignete Handlungen vorzuschlagen.
- Manchmal haben Menschen mehrere mentale Modelle, das heißt verschiedene Erklärungen der Wirkungsmechanismen, die miteinander konkurrieren, das jeweilige System – ganz oder in Teilen – zu repräsentieren.
- Mentale Modelle sind bruchstückartig, instabil, sie können plötzliche Wandlungen durchmachen, und werden bisweilen nur für einen bestimmten Fall – ad hoc – gebildet. Als so genannte Ad-hoc-Rationalisierungen werden sie zuweilen benutzt, um Rechenschaft über eigene Handlungen abzulegen.
- Sie sind empirisch nicht belegt und werden meist auch nicht konzeptuell überprüft.[34] Außerdem behalten Menschen oft „abergläubische" Verhal-

---

[33] Dörner bringt es folgendermaßen auf den Punkt: „Irgendwer sagte einmal: „Du musst dein Gedächtnis als deinen größten Feind ansehen!" Als allgemeine Maxime ist das natürlich falsch, für den Umgang mit Makrooperatoren [Planungshandlungen] aber beherzigenswert." (Dörner 1995, 305)

[34] Dass man gut beraten ist, mentale Modelle zu überprüfen, zeigt folgendes Beispiel: In Experimenten stellte MacCloskey (1983) fest, dass viele Physikstudenten unzutreffende mentale Modelle über einfache physikalische Vorgänge der newtonschen Mechanik haben.

3.6 Schemata, mentale Modelle, Metaphern und Analogien

tensmuster bei, auch wenn bekannt ist, dass sie für ein zu erreichendes Handlungsergebnis unnötig sind (vgl. hierzu vor allem Eysenk und Keane 1998, 388 oder Reason 1994).
- Da mentale Modelle nicht systematisch überprüft werden, sind sie anfällig für unbewusste und inhärente Denktendenzen, denen wir beim Planen unterliegen (vgl. hierzu die oben in Abschnitt 2. beschriebenen Denkfallen).

Metaphern und Analogien

Wenn Planer nicht über geeignete Konstrukte als Wissensträger verfügen, die für die Bearbeitung einer Planungsaufgabe benötigt werden, so kann dieses Defizit auf verschiedene Weise behoben werden. Eine Möglichkeit besteht darin – wie beschrieben –, zunächst eine Auflistung der Attribute, dann eine Skizze der Zusammenhänge zu erarbeiten und anschließend ein theoretisches Modell. Häufig wird jedoch eine andere Vorgehensweise angewandt: Fehlt es in einer Situation an direkt relevanten Konstrukten beziehungsweise dem entsprechenden Wissen, werden statt dessen Konstrukte aus anderen, ähnlichen Situationen auf die fragliche Situation übertragen, und zwar mit Hilfe von Metaphern und Analogien. Die Anwendung von Metaphern und Analogien beim Planungsprozess besteht somit darin, eine unklare oder schlecht strukturierte Sachlage probeweise so zu strukturieren wie eine andere, besser bekannte.

Was sind Metaphern beziehungsweise Analogien? Eine Metapher ist eine Sprachfigur, in der ein Begriff, der ein Objekt bezeichnet, aufgrund einiger gleicher oder zumindest ähnlicher Attribute auf ein anderes Objekt übertragen wird (vgl. Bußmann 1990, 484). Beispiele sind: „Zigaretten sind wie Zeitbomben" (Klix 1992, 289). Oder: „Die Bauindustrie hat eine Hand breit Wasser unter dem Kiel." „Dieses bewaldete Tal ist die grüne Lunge der Stadt."

Die jeweilige Aussage enthält somit zwei Begriffe. Beim ersten Begriff wird die veränderte Bedeutung erzeugt, und zwar durch den zweiten zumeist symbolisch gemeinten Begriff. „Man nennt [den zweiten Begriff] das Vehikel der Metapher, den Trägerbegriff. Der erstgenannte Begriff ist ... die Zielscheibe für den zweiten. Man nennt ihn auch den Topik- oder Zielbegriff der Metapher" (Klix 1992, 289).

Im Unterschied zu Metaphern, die in ihrem Grundgerüst zwei Begriffe einschließen und deshalb als „Zwei-Term-Ausdrücke" (Klix 1992, 295) bezeichnet werden, enthalten Analogien meist vier Begriffe („Vier-Term-Strukturen" Klix 1992, 289). Beispiel: „Ein talentierter Staatsdichter, so die Analogie, ist wie ein ansehnlicher Schwan, der ständig auf einer Autobahn entlangläuft. Die Analogie ist gebildet aus einer Art Doppelverhältnis, das sich herausschält: Ein flugfähiger Schwan in unangemessen eingeschränkter Bewegungsweise ist wie ein Dichter mit einer unangemessenen und freiwillig beengten thematischen Orientierung. Oder ein anderes Beispiel: Die Revolution hat Erbarmen mit dem Schicksal einzelner Menschen wie eine Lawine mit den Häusern, über die sie hinwegfegt. Die Erbarmungslosigkeit der freigesetzten Kräfte ist es, die die beiden Termpaare gemeinsam haben: Revolution zu Menschen wie Lawinen zu Häusern." (Klix 1992, 295)

3 Das semiotische Dreieck – Ein gedankliches Werkzeug beim Planen

Abstrakt formuliert werden also bei Metaphern wie Analogien Inhalte von Konstrukten – und damit Wissen – von einer Situation auf eine andere Situation übertragen, und zwar unter der Annahme, dass zumindest einige Attribute beider Situationen gleich oder jedenfalls ähnlich sind.

Beispiele von Metaphern und Analogien in der Planung sind:[35]

„… so kann die Stadt … als Maschine, als „Ozeandampfer" verstanden werden." (Ipsen 1998, 48)

„Die Stadt, und seit den sechziger Jahren auch das Land, wird vollends zum technischen Raum, der auf dem Reißbrett entsteht und der zu warten ist wie ein Auto." (Ipsen 1998, 49)

„Die Stadt muss sich als Drehscheibe zwischen Wirtschaft, Wissenschaft und Stadtteil anbieten, wenn die Stadt wieder als Nährboden für die dringend benötigten Arbeitsplätze im Bereich der kleinen und mittleren Betriebe dienen soll." (Feldkeller 1998, 275)

„Der reich gedeckte Tisch einer Metropole, an deren Überfluss das Hinterland bis in die Tiefe des Raumes teil hat, erwies sich als Illusion." (Fritz-Haendeler 1998, 228)

„Die Stadt Chemnitz versucht heute – nun zum dritten Mal -, sich wieder ein Herz zu verschaffen." (Dören 1998, 187)

„Vor allem dieser funktionale Aspekt [der Stadt Lübeck als Handels- und Dienstleistungszentrum] ist der bestimmende Faktor für die ökonomische und politische Entwicklung der Hansestadt … die Lübecker Altstadt [liegt] – im übertragenen Sinne wie ein von Wasseradern umgebenes Herz – im geographischen Zentrum eines sehr viel größeren Stadt- und Umlandorganismus, für den es als Schrittmacher fungiert…" (Zahn 1998, 173 f)

„… an oft-stated metaphor maintains that a strong city needs a strong heart, and that the traffic arteries of the city are like blood vessels in the body. This directs our attention to certain remedies for congestion: build higher volume routes to the center of the city." (Myers und Kitsuse 2000, 229)

„Among the many stimulating ideas thrown out by Wilbur Thompson, the incubator and filtering is one of the most interesting. The economic strength of the large metropolis is based on its capacity to innovate and to nurture new firms in new industries. The agglomeration economies of urban scale provide the right climate and environment for incubation to take place. Moreover, this process not only continuously regenerates the economy because the newer industries subsequently filter down into smaller cities and into other regions. Thus, the national metropolises play a crucial

---

[35] Metaphern und Analogien gibt es auch in anderen Bereichen; beispielsweise in der Organisationstheorie: „Organisationen werden abwechselnd als Anarchien (Cohen und March 1974), Schaukeln (Hedberg, Nystrom und Starbuck 1967), Raumstationen (Weik 1977), Mülltonnen (Cohen, March und Olsen 1972), Eingeborenenstämme (Turner 1977), Tintenfische (Geertz 1973), Marktplätze (Georgiou 1973) und Datenverarbeitungsanlagen (Borovits und Segev 1977) beschrieben." (Weik 1985, 72)

3.6 Schemata, mentale Modelle, Metaphern und Analogien

systemic role in the development of the economy as a whole." (Richardson 1978, 264; zitiert nach Tank 1987, 17)

Metaphern und Analogien zu verwenden, hat eine Reihe von Vorteilen:[36]
- Metaphern und Analogien sind eine naheliegende Form des Wissenstransfers. Wie sonst sollten wir aus Erfahrung lernen, wenn nicht durch das Übertragen von Ergebnissen, die für eine Situation erarbeitet wurden, auf eine neue, ähnliche Situation?[37]
- Metaphern beziehungsweise Analogien liefern oft eine kompakte Darstellung eines Sachverhaltes, ohne dass alles im Detail explizit beschrieben werden muss. Die jeweiligen Einzelaspekte sind in der Metapher oder Analogie implizit enthalten und können vom Leser oder Hörer selbst rekonstruiert werden. Wenn über einen Planer gesagt wird, „er kämpft wie ein Löwe", so ist dies als Beschreibung kurz und bündig, lässt jedoch Ergänzungen zu und lädt den Leser oder Hörer dazu ein, die Situation mit Details auszuschmücken: Es ist nicht erforderlich zu sagen, er habe „tatkräftig", „energisch", „furchtlos", „aggressiv" etc. gekämpft. Metaphern ermöglichen somit aufgrund dieser Kompaktheit „die Prädikation eines ganzen Klumpens von Eigenschaften [hier: Attributen], die sonst lange Listen von Prädikationen notwendig gemacht hätten, in einem einzigen Wort." (Ortony 1975, 49; zitiert nach Weik 1985, 72)
- Metaphern und Analogien ermöglichen es, Dinge oder Situationen auch dann zu charakterisieren, wenn wir sie nicht präzise mit Begriffen beschreiben können[38, 39]; in manchen Fällen finden wir nicht die passenden

---

[36] „Die Verwendung von Analogien hat im Bereich der menschlichen Kreativität, im Bereich der Erfindungen, Entdeckungen und wissenschaftlichen Weiterentwicklungen eine überhaupt nicht überschätzbare Rolle gespielt (s. Hesse, 1970). So hat Mendelejev das Periodensystem der Elemente, also die Anordnung der chemischen Elemente nach Atomgewicht und Bindungsfähigkeit dadurch gefunden, dass er auf die Ordnung der Atome die gleichfalls zweidimensionale Ordnung des Kartenspiels übertrug (s. Sergejew, 1971)." (Dörner 1995, 310)

[37] So meinten Bohr und Rutherford, dass zwischen einem Atom und dem Planetensystem eine Analogie bestünde. Das Planetensystem ist eine Art von riesenhaftem Modell eines Atoms, weil die Relationen zwischen der Sonne und ihren Planeten den Relationen zwischen dem Atomkern und den ihn umkreisenden Elektronen entsprechen.

[38] „Zur Zeit hat eine Metapher großen Erfolg, die die Produktion einer Stadt mit den Techniken der Eierzubereitung in Verbindung bringt: Bis zum Ende des *Ancien Regime* glich die Stadt einem hartgekochten Ei mit Mauern, die wie eine Schale ein kompaktes und dichtes Ganzes aus repräsentativen Institutionen, Wohn- und Geschäftsgebäuden umgaben; bis zum zweiten Weltkrieg ähnelte die Stadt einem Spiegelei, das Eigelb des Altstadtzentrums mitten im geronnenen Eiweiß des sich zum Rand ausdünnenden Siedlungsbreis, wie er für das industrielle Zeitalter charakteristisch war. In den letzten fünfzig Jahren haben wir es schließlich mit Rührei zu tun, wobei die Stadtforschung sich derzeit emsig bemüht, mit Hilfe von Fraktaltheorien die Form der Speckstückchen im Rührei und ihre Lage zueinander zu bestimmen." (Venturi 1998, 66)

[39] „Ein bedeutendes theoretisches System der Psychologie, nämlich die Freudianische Psychoanalyse, kann zum großen Teil als eine Übernahme von energetischen Vorstellungen aus der Thermodynamik angesehen werden (s. Wyss, 1970, S. 30 ff., S. 49 f.). Die Seele ist ein Gebilde, in dem der brodelnde Dampfkessel der Triebe Energien erzeugt, die „freigesetzt" beziehungs-

Worte, „in dieser Engpass-Situation benutzen wir Metaphern, um darzustellen, was wir nicht wortgetreu darstellen können. .... Um zu verstehen, was Unaussprechlichkeit zustande bringen kann, denke man über den folgenden Kommentar nach, den ... [jemand] abgab, als [er] ... sein erstes Glas Mineralwasser getrunken hatte: „Es schmeckte, wie wenn mein Fuß eingeschlafen ist." (Weik 1985, 73)

– Metaphern und Analogien sind oft „der erlebten Erfahrung näher und deshalb emotional, sinnlich und kognitiv lebendiger ... Der „eingeschlafene Fuß" im letzten Absatz übermittelt nicht nur Unausdrückbares, er erweckt eine lebendige, bildhafte Vorstellung, die gleichzeitig mehrere Sinne anspricht." (Weik 1985, 73 f)

Die Nachteile von Metaphern und Analogien liegen auf der Hand: Das Benutzen von Metaphern und Analogien setzt voraus, dass die fraglichen Situationen gleich oder möglichst ähnlich sind. Das aber ist fast nie der Fall. Metaphern und Analogien behandeln schließlich verschiedenartige Dinge, als ob sie gleich wären, und darin liegt genau genommen ein Fehler (vgl. Warburton 1996, 11). Metaphern und Analogien sind eben keine Homologien (Strukturgleichheiten).

Wenn zwei Objekte in einigen Attributen gleich oder ähnlich sind, wird zudem oft angenommen, sie seien auch in anderen Attributen gleich oder ähnlich, sogar dann, wenn letztere nicht direkt beobachtbar sind. („When the knowledge is transferred from one domain to another, there is a tendency for coherent, integrated pieces of knowledge rather than fragmentary pieces to be transferred." Eysenk und Keane 1998, 395) Ein einfaches Beispiel: Man stellt fest, dass bestimmte Aspekte einer Situation mit einer anderen Situation übereinstimmen: Die Objekte in einem Sonnensystem ziehen einander an und die Objekte in einem Atom ziehen einander an. In der Folge werden Attribute des Sonnensystems (Planeten „drehen sich" um die Sonne) auf das Atom übertragen (Elektronen „drehen sich" um den Atomkern), obwohl dies, was die Elektronen angeht, so nicht beobachtet wurde. So hilfreich diese Art der Übertragung mitunter sein kann, das generelle Problem dabei ist: Dieses Prinzip bringt bestenfalls Wahrscheinlichkeitsschlussfolgerungen hervor und keine sichere Konklusion, weil Ähnlichkeit in einigen Attributen nicht notwendigerweise Ähnlichkeit in anderen Attributen einschließen.

Ein weiterer Nachteil von Metaphern und Analogien ist, dass ihre Anwendung dazu führt, dass die mit ihrer Hilfe erstellten Beschreibungen einer Sachlage resistenter gegen Veränderungen sind als jene Beschreibungen, die mittels Prädikation erarbeitet wurden. Uns Menschen fällt es offensichtlich schwer, die per Metapher oder Analogie übertragenen Konstrukte zu variieren oder zu verändern, eben weil wir dazu neigen, „... coherent, integrated

---

weise „entladen" werden müssen. Das Ich, beziehungsweise das Überich lenkt den Dampf in die „richtigen" Röhren. Wenn die Energie nicht „entladen werden kann", bekommt der Kessel einen Riss und wir haben ein „neurotisches Symptom"." (Dörner 1995, 310)

pieces of knowledge rather than fragmentary pieces" (Eysenk und Keane 1998, 395; siehe oben) auf die jeweilige Situation zu übertragen (vgl. hierzu vor allem Dörner 1995, 314 f oder Pylyshyn 1986). Eine per Prädikation erarbeitete Situationsbeschreibung „besteht aus Wortmarken, die den Komponenten eines Sachverhaltes und den Relationen, in welcher die Komponenten des Sachverhaltes zueinander stehen, einzeln zugeordnet sind. Diese Tatsache erlaubt eine leichte Manipulation der Beschreibung von Sachverhalten. Man ändert einzelne Codierungen und dadurch das Bild von dem gesamten Sachverhalt. Wenn man das auf einen Punkt bringen will, kann man sagen, dass propositionale Codierungen *flexibler* sind als analoge. Es ist leichter möglich, sie zu ändern. Dies ist aber nun von ganz großer Bedeutung für das Denken und Problemlösen. Beim Denken und Problemlösen geht es ja um die Herstellung von etwas Neuem. ... Die Modifikation des Bildes eines Sachverhaltes kann also leicht so geschehen, dass man den Sachverhalt zunächst sprachlich fasst und sodann die sprachliche Fassung umändert. ... Der analytische Charakter der Sprache, die Tatsache, dass Sprache aus einzelnen Worten für einzelne Dinge oder einzelne Beziehungen besteht, erlaubt es erst, dass mein Denken über die Realität hinausgeht. ... Diese Art des flexiblen Umgangs mit Sachverhalten wird erst durch die Verfügung über die Sprache ermöglicht und ist der unschätzbare Vorteil einer propositionalen Codierung. Ein reines Bilderdenken ist immer konservativ, verbleibt in den einmal erworbenen Erfahrungsbereichen." (Dörner 1995, 315 f; Hervorhebung im Original)

Im vorangegangenen Abschnitt haben wir erklärt, in welchen Schritten Konstrukte gebildet werden. Dieser Abschnitt hatte Schemata, mentale Modelle, Metaphern und Analogien zum Gegenstand.

Wir haben bisher noch nicht beschrieben, wann Konstrukte „Bedeutung", also Substanz und Inhalt haben. Diesem Thema ist der folgende Abschnitt gewidmet.

3.7 Bedeutung von Konstrukten

Konstrukte haben nur dann Substanz und Inhalt, wenn sie „Bedeutung" haben.

Im Alltag wird der Begriff „Bedeutung" (meaning) allerdings höchst unterschiedlich gebraucht: „The word *meaning* is one of the most abused in both ordinary language and social science. Pop philosophy speaks of the meaning of life, whereas exact philosophy assigns meaning only to constructs and their symbols, so life is neither meaningful nor meaningless. In social studies, too, there is careless talk about meaning of an action, referring to either the goal or the effectiveness of the action. I will steer clear of such equivocations, admitting only constructs as bearers of meaning." (Bunge 1996, 55)

Nach Bunge wird die Bedeutung von Konstrukten vor allem mit Hilfe folgender Konstrukte definiert: Purport, Intension, Import, Reference und Ex-

3 Das semiotische Dreieck – Ein gedankliches Werkzeug beim Planen

tension. Wenn ein Konstrukt Bedeutung haben und mehr als nur eine Leerformel sein soll, müssen diese fünf Komponenten hinreichend präzise beschrieben sein. (Für die folgenden Erläuterungen vgl. vor allem Bunge 1974a sowie 1996; um Mehrdeutigkeit zu vermeiden, die durch die Übersetzung dieser Begriffe ins Deutsche entstehen können, werden die englischen Fachausdrücke in diesem Abschnitt beibehalten.) Mit diesen fünf Begriffen lässt sich also genauer sagen, wann Konstrukte Bedeutung haben und wann nicht, schließlich benutzen wir nicht nur beim Planen mitunter Begriffe – wie zum Beispiel „Nachhaltigkeit" –, ohne dass deren Bedeutung immer hinreichend klar wäre (vgl. Rudolph 2000).

Was bedeuten diese fünf Begriffe?

Purport (Vorläuferkonstrukte)

Mit Purport sind sämtliche Konstrukte gemeint, auf denen die Intension (das Kernkonstrukt, siehe unten) aufbaut, die also benutzt werden, um die Intension zu definieren. Es sind die Determinanten eines Konstrukts. „... the purport of a construct in a given context is the collection of constructs upon which it depends, or which determine it ..." (Bunge 1974a, 142)

Konstrukte werden mit Hilfe anderer Konstrukte definiert. Deshalb ist das Definieren von Konstrukten prinzipiell ein nicht-abschließbarer Vorgang. Wer versucht, Konstrukte abschließend zu definieren, muss sich – wie bereits erwähnt – irgendwann unter anderem mit der Definition von Elektronen, Neutronen, Quarks oder noch kleineren Teilchen beschäftigen. Vor diesem Hintergrund werden solche Konstrukte als Purport bezeichnet, die zwar zur Beschreibung der Intension herangezogen, selbst aber nicht „en détail" definiert werden. „Versuche nicht ... *alle* Begriffe zu definieren! Es geht nicht." (Vollmer 1993, 136; Hervorhebung vom Verfasser)

Das folgende Zitat gibt ein Beispiel wieder, wie der Begriff „Stadt" mit Hilfe anderer Begriffe definiert werden kann: „[Hoffmann-Axthelm] definiert Stadt generell von den Begriffen „Einwanderung" und „Ökologie" her." (Mönninger 1999, 22) Hoffmann-Axthelm trifft damit eine Auswahl, was die Frage aufwerfen könnte, warum beispielsweise wirtschaftliche oder politisch-administrative Themen außen vor bleiben, „falsch" ist diese Auswahl jedoch nicht; der Grund: „Definitions are stipulations, or conventions, not assumptions. They are true by conventions, not by proof or by virtue of empirical evidence." (Bunge 1996, 69)

Letztlich ist eine solche Auswahl mit Bezug auf ein bestimmtes Planungsproblem zu treffen, für dessen Bearbeitung die Definitionen geeignet sein sollen.

Intension (Kernkonstrukt, Gehalt)

Intension ist die Kollektion derjenigen Begriffe und Propositionen in ihren jeweiligen Kontexten, die den inhaltlichen Kern des zu beschreibenden Konstrukts ausmachen. „... the set of constructs it subsumes or embraces – its *intension*..." (Bunge 1974a, 116).

Drei einfache Beispiele:
Eine mögliche Intension des Konstrukts „nachhaltige Ressourcennutzung": „Die Abbaurate erneuerbarer Ressourcen soll deren Regenerationsrate nicht überschreiten." (vgl. Schäfer und Schön 2000, 25)
    Eine mögliche Intension des Konstrukts „Fußgängerzone": „Fußgängerzone" ist – wie bereits oben beschrieben – ein Konstrukt aus den sechziger Jahren. Der Ausdruck „Fußgängerzone" bezeichnet Stadträume, die früher in der Regel dem Individualverkehr als Straßen zur Verfügung standen, heute jedoch nur zu Fuß benutzt werden dürfen; folgende Ausnahmen sind zugelassen: motorisierte Fahrzeuge (LKWs für die Anlieferung zu vorgeschriebenen Zeiten, Notarzt, Einsatzfahrzeuge der Polizei und Feuerwehr, Reinigungsfahrzeuge); nicht-motorisierte Verkehrsteilnehmer (Skateboarder, Inlineskater, Rollstuhlfahrer) etc.

Eine Beschreibung der Intension des „Export-Basis-Konzepts":
„Im Mittelpunkt des Export-Basis-Konzepts steht die These, dass das städtische Einkommen und damit die Stadtentwicklung von den Exporten und dem damit verbundenen Einkommens- oder Kapitalzustrom in die städtische Wirtschaft determiniert ist. ... Die städtische Wirtschaftsentwicklung ist nach diesem Konzept primär von einem nachfragebedingten Wachstum des Exportsektors abhängig, das den regionsinternen Service-Sektor stimuliert und, vermittelt über Multiplikatoreffekte, die gesamte städtische Wirtschaft wachsen lässt (z. B. in Form einer Vermehrung der städtischen Arbeitsplätze). So wird der Export-Sektor als Basis der städtischen Wirtschaft betrachtet („Basis-Sektor"), während den nicht exportorientierten Wirtschaftsaktivitäten eine „sekundäre" beziehungsweise dienende Funktion zugeschrieben wird („Service-Sektor")." (Krätke 1995, 41)
    Diese Beispiele sind hier ohne den jeweiligen Planungskontext wiedergegeben (Planungsfragestellung, verwendeter Planungsansatz etc.) und deshalb zwangsläufig fragmentarisch.
Für die räumliche Planung sind, was die Intension angeht, vor allem drei Punkte von Bedeutung.
    Erstens: Die Intension sollte eine Beschreibung der jeweiligen Wirkungsmechanismen enthalten, um für Planung relevant zu sein. Dieser Punkt wurde in Kapitel 3.4 ausführlich erläutert.
    Zweitens: In der räumlichen Planung (Architektur, Städtebau, Stadtplanung, Regionalplanung etc.) spielt vor allem das Räumlich-Gegenständliche eine Rolle. Die räumliche Planung ist „... ein Prozess der permanenten Auseinandersetzung mit anfallenden räumlichen Problemen." (Lendi 1998, 25) Schließlich geht es bei der Bearbeitung von Planungsproblemen in der räumlichen Planung fast immer darum, eine Handlungsanleitung für die Veränderung einer als nachteilig empfundenen Gegenstandskonstellation zu erar-

beiten. Daraus folgt, dass in der Intension eine Beschreibung der jeweiligen Gegenstände – sie werden im Folgenden auch als „faktische Referenten" bezeichnet – enthalten sein muss. Fehlt in der Intension eine Beschreibung der jeweils relevanten faktischen Referenten, so fehlt genau das, womit sich Planer beschäftigen. Folglich ist das Konstrukt ohne Bezug zur Aufgabenstellung des Planers und damit für die räumliche Planung oft irrelevant.

Genau genommen ist hier zwischen drei Typen von Konstrukten zu unterscheiden: Für die räumliche Planung sind Konstrukte im hiesigen Kontext *direkt* relevant, wenn sie Beschreibungen derjenigen faktischen Referenten enthalten, mit denen sich Planer beschäftigen. Konstrukte können dagegen *indirekt* relevant sein, wenn sie keine Beschreibung entsprechender faktischer Referenten enthalten, zugleich jedoch in einem konzeptuellen Zusammenhang mit einem anderen Konstrukt stehen, welches selbst direkt relevant ist. Fehlt beides, nämlich die Beschreibung entsprechender faktischer Referenten und ein konzeptueller Bezug zu einem direkt relevanten Konstrukt, sind Konstrukte für die räumliche Planung irrelevant.

Drittens: Beim Planen trifft man zudem mitunter auf folgende Situation, die für interdisziplinäres Arbeiten bedeutsam ist: Angenommen, ein Planer und ein Sozialwissenschaftler bearbeiten zusammen das Thema „Wohnen". Für den Planer sind in diesem Zusammenhang vor allem folgende Attribute von Interesse: Die Räume, in denen gewohnt wird, einschließlich der Wände, welche diese Räume umschließen, die Größe der Räume, die Zuordnung der Räume zueinander und zu bestimmten Himmelsrichtungen, die Ausstattung der Räume, die Ver- und Entsorgungsleitungen (Strom, Wasser, Abwasser etc.) und manches mehr. Der Sozialwissenschaftler jedoch definiert „Wohnen" unter Umständen völlig anders: „Wohnen beschreibt die physischen, sozialen und psychologischen Transaktionen, mittels derer eine Person ihr Leben erhält, das Leben anderer teilt, neue Leben und soziale Kategorien schafft sowie diesem Prozess Bedeutung gibt. Auf diese Weise gewinnt die Person ein Gefühl der Identität und einen Platz in der Welt" [Saegert 1985, 288] (Übersetzung von Harloff & Ritterfeld, 1993, 31). „Mit diesem *Platz in der Welt* ist jedoch kein konkreter Ort wie die Wohnung *als die Summe der Räume, welche die Führung eines Haushalts ermöglichen* (Flade, 1996, 485) gemeint." (Hellbrück und Fischer 1999, 387; Hervorhebungen im Original)

In beiden Beschreibungen wird (auf der Ebene der Zeichen/Sprache) das gleiche Wort benutzt, nämlich „Wohnen". Völlig verschieden hingegen ist die Intension beider Beschreibungen, weil beide unterschiedliche Attribute zur Präzisierung des Konstruktes „Wohnen" heranziehen. Das heißt, was die Intension angeht, gibt es keine gemeinsame Schnittmenge zwischen beiden Konstrukten. Folglich diskutieren die Beteiligten zwar über „Wohnen" und benutzen dabei das gleiche Wort, reden aber ansonsten von ganz verschiedenen Entitäten. Eine produktive interdisziplinäre Zusammenarbeit ist unter diesen Umständen nicht möglich. Wollte der Sozialwissenschaftler den Planer bei dessen Arbeit unterstützen, so ginge dies nur, wenn er die Attribute, mit deren Hilfe der Planer die Intension beschreibt, in seine sozialwissenschaftlichen Konstrukte integriert und sie zugleich mit den Attributen seiner eigenen, sozialwissenschaftlichen Beschreibung in Beziehung setzt.[40]

Entsprechend können auch Konstrukte anderer Fachwissenschaften (Geographie, Bodenkunde, Meteorologie, Wirtschaftswissenschaften etc.) oft nicht in der Planung benutzt werden, auch wenn sie gleich sind, was die jeweils verwendeten Zeichen/Sprachen angeht. Erst eine Anpassung der jeweiligen Intension schafft die Voraussetzung dafür, dass die Beteiligten von der gleichen Sache reden. Als Konsequenz sind Planer manchmal gezwungen, in Zusammenarbeit mit den Fachwissenschaftlern neue Konstrukte zu erarbeiten – ein in der Praxis nicht selten dornenreiches Unterfangen, weil auch Fachwissenschaftlern die ontologischen und semiotischen Zusammenhänge des Themas „Konstrukte" oft nicht geläufig sind.

Import (Implikationen)

„… the import of a construct in a given context is the collection of constructs that hang from it, or that are determined by it …" (Bunge 1974a, 142) Import sind also diejenigen Konstrukte, die mögliche Folgen, Konsequenzen oder Auswirkungen eines Konstrukts beschreiben. Es ist die Sammlung der Konstrukte, die ihrerseits von der Intension determiniert werden.

Ein Beispiel: „Nachhaltige Entwicklung" wird mitunter so definiert: „Eine nachhaltige Entwicklung ist erreicht, wenn die heute lebenden Menschen sich so verhalten, dass die Möglichkeiten künftiger Generationen, ihre eigenen Bedürfnisse zu befriedigen und ihren eigenen Lebensstil zu wählen, nicht gefährdet werden." Weil diese Beschreibung vor allem die künftigen Generationen und deren Bedürfnisse und Lebensstile fokussiert, konzentriert sie sich auf den Import, also auf die Folgen eines Konstrukts, sie sagt im Grunde jedoch nichts darüber, wie sich die heute lebenden Menschen konkret verhalten sollen, also zur Intension.

Reference (Bezug)

Beim Thema Reference geht es um die Fakten (Gegenstände und Ereignisse), auf die sich ein Konstrukt bezieht.

„… every well-formed proposition is about, or refers to, something or other. For example, „flows" is about some fluid. The collection of referents of a … proposition is called its reference class. For example, „mass" refers to all bodies …" (Bunge 1999a, 244 f). „The semantic concept of reference comes up when asking *what a statement is about* quite apart from the way it is conceived, applied, misapplied, or tested." (Bunge 1974a, 32; Hervorhebung vom Verfasser)

---

[40] Nach der Erfahrung des Verfassers mit der Kooperation von Planern und Sozialwissenschaftlern ist genau dies eines der zentralen konzeptuellen Probleme, welches dazu geführt hat, dass die Zusammenarbeit zwischen diesen Disziplinen in den vergangen drei Jahrzehnten nur in Ausnahmefällen zu fruchtbaren Ergebnissen geführt hat (vgl. hierzu zum Beispiel Schönwandt 1982).

3 Das semiotische Dreieck – Ein gedankliches Werkzeug beim Planen

Oben – bei Intension – wurde bereits darauf hingewiesen, dass eine Intension nur dann für die räumliche Planung direkt relevant ist, wenn die relevanten faktischen Referenten mit beschrieben sind. Fehlt in der Intension eine Beschreibung dieser faktischen Referenten, ist das Konstrukt ohne Bezug zur Aufgabenstellung des Planers und damit für die räumliche Planung oft irrelevant.

Eine Intension ohne Beschreibung der faktischen Referenten ist das eine Extrem. In der Stadtplanung zum Beispiel gibt es jedoch auch das andere Extrem, also Arbeiten, in welchen versucht wird, das Konstrukt – etwa „Stadt" als „Stadtmodelle" (Raith 2000, 10) – nur mittels faktischer Referenten zu beschreiben, und zwar ohne dass die jeweiligen konzeptuellen Inhalte gleichzeitig mit erläutert werden. In seinem ansonsten lesenswerten Buch liefert Raith hierzu ein Beispiel, das in Abbildung 6 wiedergegeben ist (vgl. Raith 2000, 10).

Solche Darstellungen konzentrieren sich auf das Räumlich-Gegenständliche einer Stadt und sind deshalb keine bedeutungshaltigen Beschreibungen, weil sie keine hinreichenden Angaben zu Purport, Intension oder Import enthalten. Sie definieren damit das Konstrukt „Stadt" genauso wenig wie sich das Konstrukt „Staat" mit Hilfe der Beschreibung des jeweiligen räumlich-gegenständlichen Territoriums definieren lässt.

Extension (Umfang, Geltungsbereich)

Die Unterscheidung zwischen der Intension und der Extension eines Konstrukts hat Gottlob Frege (1952) herausgearbeitet. „The *intension* of a concept consists of the set of attributes that define what it is to be a member of the concept, and the *extension* is the set of entities that are members of the concept." (Eysenk und Keane 1998, 235) „Every predicate [= Attribut] determines a class called the ‚extension' of the predicate. This is the collection of individuals (or couples, triples, etc.) that happen to possess the property designated by the predicate concerned." (Bunge 1996, 52)[41]

Die Extension ist also die Menge aller Objekte, auf die ein Begriff zutrifft, sein Geltungsbereich. Beispielsweise ist die Intension des Begriffs „Junggeselle" die Menge der diesen Begriff definierenden Attribute (männlich, alleinstehend, erwachsen), während die Extension dieses Begriffs die vollständige Menge aller Junggesellen der Welt ist, vom Papst bis zu Herrn Schmidt nebenan. Im Gegensatz dazu ist die Referenzklasse dieses Begriffs die Menge aller Männer dieser Welt. Zwei weitere Beispiele: Die Referenzklasse des Begriffs „Energie" ist die Menge aller materiellen Gegenstände, und die Referenzklasse von „Armut" ist die menschliche Spezies. Da alle materiellen Gegenstände Energie besitzen oder austauschen, ist die Extension und die Referenzklasse von „Energie" identisch. Weil jedoch nicht alle Menschen arm sind, ist die Extension von „Armut" nur eine Teilmenge der Referenzklasse dieses Begriffs.

---

[41] „... while both predicates [= Attribute] and propositions can be assigned referents, only predicates are normally said to have an extension. And even in the case of predicates a distinction between extension and reference class is needed." (Bunge 1974a, 119)

3.7 Bedeutung von Konstrukten

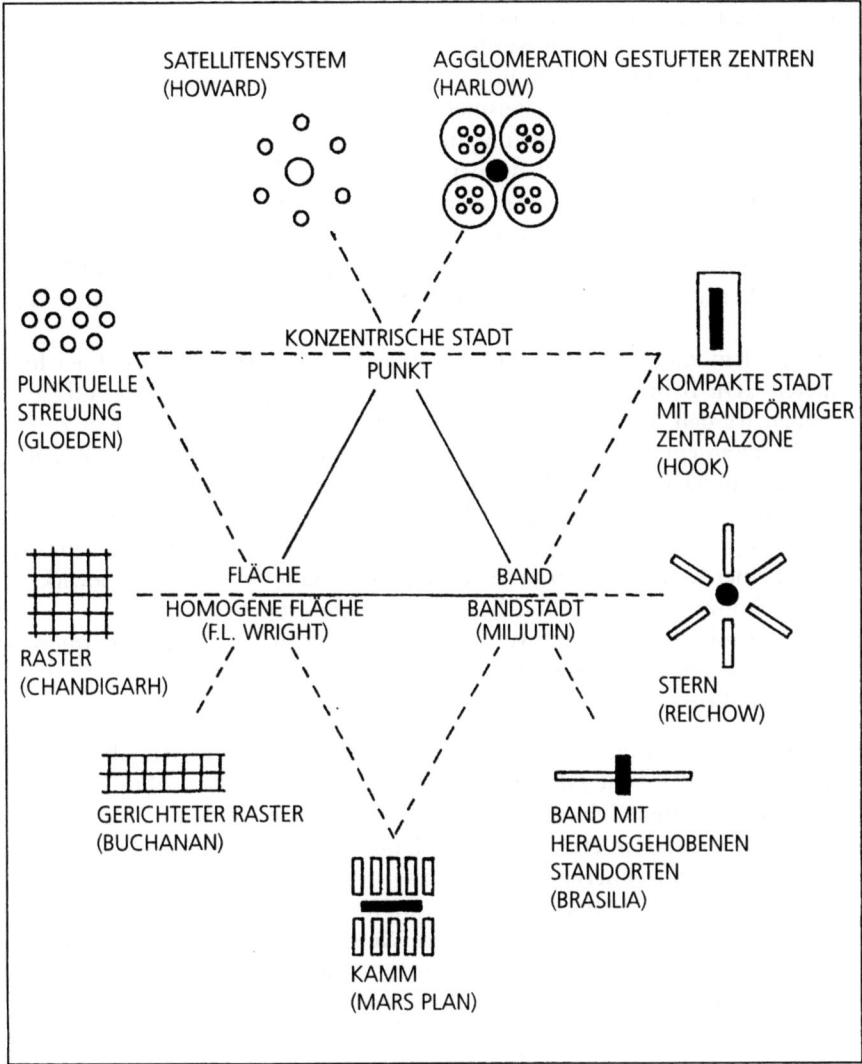

Abb. 6 Ein System möglicher Stadtmodelle von Gerd Albers (Quelle: Raith 2000, 10)

Die fünf Begriffe Purport, Intension, Import, Reference und Extension lassen sich anhand einer Textpassage von Maurer (1998, 78) illustrieren:

„Zur Bahn „2000" gehört untrennbar die Erneuerung und Entwicklung der Bahnhofsbereiche, die sich überwiegend inmitten der Stadt- und Ortskerne befinden, und eine Raumstruktur, deren Dichten und Aufbau es erlauben, Bahnen und die mit ihnen verknüpften anderen Verkehrsmittel kundenfreundlich und mit tragbarem Aufwand zu betreiben. Eine solche Raumstruktur setzt voraus, dass die bestehenden Siedlungsflächen nicht oder höchstens

3 Das semiotische Dreieck – Ein gedankliches Werkzeug beim Planen

sehr begrenzt ausgeweitet und neue Anforderungen in den schon weitgehend besiedelten Zonen befriedigt werden. Damit wird zudem die Wirtschaftlichkeit der Infrastrukturen erhöht und gewichtige negative Umwelteinwirkungen werden vermindert wie zum Beispiel der Primärenergieverbrauch pro Kopf, das Ausmaß der Bodenversiegelung und die Beeinträchtigung von Landschaften. Ebenfalls werden dadurch die negativen Effekte der zu erwartenden Überlastung zahlreicher Teile des Straßennetzes gemildert, weil ein alternatives Transportmittel besteht." (Maurer 1998, 78)

Zu *Purport* gehören beispielsweise: Konzept Bahn „2000", Bahnhofsbereiche, Stadtkerne, Ortskerne, Raumstruktur, kundenfreundlich, tragbarer Aufwand etc.

Die in dem Zitat enthaltene *Intension* lässt sich, vereinfacht, wie folgt formulieren: „Die Bahn „2000" soll kundenfreundlich und mit tragbaren Aufwand betrieben werden. Dazu sind die Bahnhofsbereiche in den Ortskernen zu erneuern, außerdem sollten die bestehenden Siedlungsflächen nicht ausgeweitet und Bauwünsche innerhalb der vorhanden Siedlungsfläche befriedigt werden."

In dieser Intension sind folgende Wirkungsmechanismen (vgl. Kapitel 3.4) – als Teilmenge der Intension – enthalten: Das Konzept der „Bahn 2000", zusammen mit einer Konzentration der Siedlungsfläche nahe der Bahnhöfe bewirkt
- eine Erhöhung der Wirtschaftlichkeit des Bahnbetriebs,
- eine Verminderung negativer Umwelteinwirkungen (Primärenergieverbrauch, Bodenversiegelung, Beeinträchtigung von Landschaft),
- eine Reduktion des Straßenverkehrs etc.

Diese Intension enthält zudem explizit oder implizit einige Angaben dazu, was im Hinblick auf die *faktischen Referenten* getan werden sollte, zum Beispiel: „Die bebauten Gebiete sollen nicht ausgeweitet werden." „Neue Wohnungen, Arbeitsstätten etc. sollen innerhalb der bestehenden Siedlungen gebaut werden, nicht außerhalb."

Das Wesentliche zu *Import* wurde (im vorliegenden Beispiel) bereits bei den Wirkungsmechanismen beschrieben: Werden Maurers Vorschläge umgesetzt, so führt dies seiner Meinung nach zu folgenden Konsequenzen:
- einer Erhöhung der Wirtschaftlichkeit des Bahnbetriebs,
- einer Verminderung negativer Umwelteinwirkungen (Primärenergieverbrauch, Bodenversiegelung, Beeinträchtigung von Landschaft),
- einer Reduktion des Straßenverkehrs etc.

Die faktischen Referenten (*References*) in Maurers Beschreibung sind beispielsweise: Bahnhofsgebäude, Wohngebäude, Fabriken, Straßen, Eisenbahnzüge, Öl, Gas, Erdboden, Pflanzen, Tiere etc.

Die *Extension* in diesem Beispiel beinhaltet alle relevanten/betroffenen Objekte (Bahnhofsgebäude, Wohngebäude, Fabriken, Straßen, Eisenbahnzüge, Öl, Gas, Erdboden, Pflanzen, Tiere etc.), die bei jenen neu nach dem Konzept der „Bahn 2000" betrieben Bahnhöfen vorkommen.

Fazit: Um mit bedeutungshaltigen Konstrukten arbeiten zu können, sollten Purport, Intension, Import eines Konstrukts möglichst klar formuliert und die entsprechende Reference sowie Extension möglichst eindeutig sein. Wird dies nicht geleistet, haben wir es mit unklaren Konstrukten zu tun (vgl. hierzu Kapitel 3.11).

Bisher haben wir die einzelnen Komponenten des semiotischen Dreiecks beschrieben:
- Sprache/Zeichen
- Gegenstände/Ereignisse und – etwas ausführlicher –
- Konstrukte.

Wenden wir uns jetzt den Beziehungen zwischen den drei Komponenten des semiotischen Dreiecks zu.

3.8 Die Beziehungen im semiotischen Dreieck

Im semiotischen Dreieck gibt es zunächst drei Beziehungen, sozusagen die „Hinwege" zwischen den Komponenten: Benennung, Bezeichnung und Verweisung/Referenz[42]. Außerdem gibt es zwei „Rückwege": Belege/Evidenzen und semiotische Interpretationen (für Details vgl. Bunge 1974a, 1974b; wobei wir die Darstellung vereinfachen).

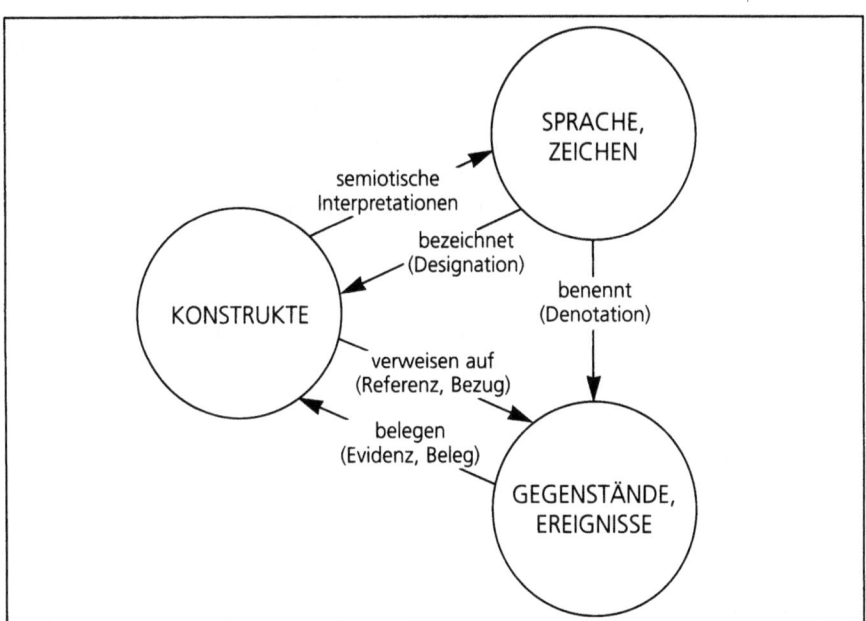

Abbildung 7 Das semiotische Dreieck (erweitert), Erläuterung siehe Text

---

[42] Es handelt sich um die gleiche Relation – „reference" – wie im Abschnitt 3.7 „Bedeutung von Konstrukten".

3 Das semiotische Dreieck – Ein gedankliches Werkzeug beim Planen

Benennung (Denotation):
Sprache benennt Gegenstände beziehungsweise Ereignisse
Sprache/Zeichen haben in der Darstellung des semiotischen Dreiecks eine zweifache Ausrichtung. Die Worte, die wir verwenden, benennen (zum einen) die Gegenstände/Ereignisse. Das bedeutet nichts anderes, als dass Gegenständen/Ereignissen Namen gegeben werden, sie werden „getauft". Bestimmten Worten sind bestimmte Gegenstände/Ereignisse zugeordnet. Damit ist Sprache darauf gerichtet, die Entsprechung von Zeichen und Gegenständen/Ereignissen sicherzustellen.

Bei Planungsproblemen ist diese sprachliche Entsprechung von Zeichen und Gegenständen/Ereignissen oder Fakten oft ausschlaggebend für die Eindeutigkeit von Plänen (Flächennutzungsplänen, Bewehrungsplänen etc.). Diese Entsprechung ist für eine effiziente Kommunikation unverzichtbar.

Im Sinne dieser Benennungsrelation ist es nicht selten missverständlich zu sagen: „S *sind* die Straßenverkehrsteilnehmer", eindeutiger wäre: „S benennt die (faktischen) Straßenverkehrsteilnehmer."

Bezeichnung (Designation):
Sprache/Zeichen bezeichnen Konstrukte
Die zweite Richtung, in der Sprache kennzeichnet, ist in Richtung Konstrukte. Wir benutzen viele verschiedene Konstrukte in unserem Denkorgan, die durch Bezeichnungen voneinander unterschieden werden. Wenn Konstrukte sprachlich bezeichnet werden, wie durch die Worte „Fußgängerzone" oder „Haus", wird im Denkorgan ein bestimmtes Konstrukt generiert beziehungsweise aufgerufen. Sprache aktiviert so die bereits gelernten und erprobten Konstrukte und macht damit das Wissen verfügbar, das in unserem Denkorgan vorhanden ist.

Missverständnissen lässt sich vorbeugen, wenn man deshalb statt „S *sind* die Straßenverkehrsteilnehmer" sagt: „S bezeichnet (das Konstrukt der) Straßenverkehrsteilnehmer".

Signer gibt ein weiteres Beispiel dafür, dass sich am sprachlichen Ausdruck beziehungsweise den Zeichen nicht immer eindeutig erkennen lässt, ob damit ein Gegenstand benannt oder ein Konstrukt bezeichnet wird. Das Zeichen ist mehrdeutig:
„IRIS
- Frauenname
- Botin der Götter (griechische Mythologie)
- Blume (Schwertlilie)
- Regenbogenhaut im Auge
- Akronyme:
    - Infra-Rot-Informations-System (im Zusammenhang mit der Beeinflussung von Lichtsignalanlagen)
    - Integrated Road Safety, Information and Navigation System (europäisches Forschungsprogramm DRIVE)
    - Institut de Recherche et d'Information socio-économique, Travail et Société (Université Paris Dauphine)." (Signer 1994, 107)

3.8 Die Beziehungen im semiotischen Dreieck

Ohne zusätzliche Kontextangaben ist nicht entscheidbar, was der sprachliche Ausdruck „IRIS" bedeutet. Ist es ein Name, so handelt es sich um eine Benennung, ist es ein Konstrukt, um eine Bezeichnung.

Verweisung (Referenz):
Konstrukte verweisen auf Gegenstände/Ereignisse
Das Konstrukt „Haus" verweist auf das Faktum Haus. Das Konstrukt „Haus" hat somit eine Entsprechung in der Wirklichkeit, nämlich reale Gegenstände, auf die es sich bezieht. „... a (real) fact is either the being of a thing in a given state, or an event occurring in a thing" (Bunge 1977, 267; vgl. Kapitel 3.1). Beispiel: Die materiellen Gegenstände des Konstrukts „Motorisierungsgrad", das heißt seine faktischen Referenten, sind – wie oben beschrieben – die Einwohner eines bestimmten Gebietes und die in diesem Gebiet zugelassenen Personenwagen.

Die Verweisungs-Relation besteht also zwischen den Konstrukten einerseits (Begriffen, Propositionen, Kontexten, Theorien) und den materiellen Gegenständen oder Ereignissen (Fakten) andererseits. Die Menge der materiellen Gegenstände oder Ereignisse, das heißt der Referenten eines gegebenen Konstrukts, wird Referenz- oder Bezugsklasse genannt.

In Kurzform geht der Weg so: Von den sprachlichen Ausdrücken → über Bezeichnung (Designation) → zu den Konstrukten, und von dort aus → über Verweisung (Referenz) zu den Gegenständen.

Während Benennung, Bezeichnung und Verweisung beziehungsweise Referenz jeweils die „Hinwege" zu den Gegenständen/Ereignissen kennzeichnen, sollen im Folgenden die „Rückwege" skizziert werden.

Beleg (Evidenz):
Manche Gegenstände/Ereignisse belegen Konstrukte
Die Relation der faktischen Verweisung (Referenz) weist von den Konstrukten zu den Gegenständen/Ereignissen beziehungsweise Fakten (= Bezugsklasse). Demgegenüber geht die Relation des Belegs von den Gegenständen/Ereignissen beziehungsweise Fakten aus zurück zu den Konstrukten; allerdings nur zu derjenigen Teilmenge der Konstrukte, die prüfbar ist. Unprüfbare Konstrukte haben keinen Bezug zu entsprechenden materiellen Gegenständen oder Ereignissen (Referenten). Das ist so, weil oft nur einige wenige Aussagen eines Konstrukts (und nicht etwa in jedem Fall alle Aussagen) einer empirischen Überprüfung überhaupt zugänglich sind.

Das heißt, nicht jeder Gegenstand und jedes Ereignis, welches als Beleg für ein Konstrukt herangezogen werden kann, muss in diesem Sinne auch tatsächlich etwas belegen. Die Menge der Gegenstände und Ereignisse, auf die ein Konstrukt verweist, ist nicht automatisch identisch mit derjenigen Menge an Gegenständen und Ereignissen, die ein Konstrukt belegen. In der Diskussion von Stadtentwicklungsfragen könnte man beispielsweise die Form der Stadtränder mit Hilfe fraktaler Geometrien untersuchen. Fraglich ist jedoch, ob sich aus der Form der Stadtränder etwas herauslesen lässt, was auf diejenigen Zusammenhänge verweist, die die Entwicklung der Stadt tatsächlich beeinflussen.

Das bedeutet, Referenzklassen (Bezugsklassen) sind keine Evidenzklassen (Belegklassen).

Semiotische Interpretationen

Die semiotische Interpretation ist die Zuweisung von Konstrukten (Begriffen, Propositionen, Kontexten, Theorien) zu Sprache/Zeichen, allerdings nur zu den Symbolen und den Indizes, da Ikone aufgrund ihrer faktischen Ähnlichkeit Gegenständliches benennen, nicht jedoch Konstrukte bezeichnen. Semiotische Interpretationen sind also der „Rückweg" von den Konstrukten zur Sprache beziehungsweise zu den Zeichenarten Symbol und Index. Anders ausgedrückt: Wenn wir das bisher Gesagte anwenden und die Bedeutung der Konstrukte präzisieren, die eine Planungsaufgabe ausmachen, nehmen wir semiotische Interpretationen vor. Dabei benutzen wir vor allem Symbole – der sprachliche Ausdruck „Stadtentwicklung" ist zum Beispiel ein solches Symbol –, und Symbole sind Zeichen, die prinzipiell einer semiotischen Interpretation bedürfen, schließlich beruhen Symbole per definitionem auf vorheriger Übereinkunft.

Semiotische Interpretationen sind also erforderlich, um die inhaltlichen Annahmen klarzulegen, die mit den Konstrukten und den mit ihnen verknüpften Gegenständen/Ereignissen verbunden sind. Das heißt, ein wesentlicher Teil der Arbeit, die Planer tun müssen, sind semiotische Interpretationen.

Wir unterscheiden drei Arten semiotischer Interpretationen (vgl. Bunge 1974b, 1 ff):
- Konzeptuelle Interpretation; hier geht es darum, die Beziehung zwischen zwei Konstrukten zu klären, beispielsweise die Beziehung zwischen einem allgemeineren Konstrukt einerseits und einem spezielleren, „eingeschränkteren" Konstrukt andererseits. Konzeptuelle Interpretationen sind Konstrukt-Konstrukt-Relationen.
- Faktische Interpretation; hier geht es um die Beziehung zwischen einem Konstrukt und den faktischen Gegenständen/Ereignissen, auf die das Konstrukt verweist, die wiederum ihrerseits Belege für das Konstrukt sein können.
- Empirische Interpretation; hier geht es um die Beziehung zwischen einem Konstrukt und den Daten[43], die man über faktische Gegenstände und Ereignisse zur Verfügung hat. Empirische Interpretationen beziehen sich somit auf erhobene beziehungsweise berechnete Daten, während faktische Interpretationen sich direkt auf die faktischen Gegenstände und Ereignisse beziehen, das heißt, ohne datengenerierende Zwischenschritte.

Ein Beispiel: Hat man es bei der Planung eines Standesamtes mit einer Anzahl beziehungsweise Menge verheirateter Paare zu tun, so geht die semioti-

---

[43] „... in ordinary language „datum" and „fact" are often used interchangeably. This usage is incorrect, for data are propositions, not facts." (Bunge 1996, 85)

sche Interpretation (vgl. Tab. 4) – via Sprache/Zeichen – von dem allgemeinen mathematischen Konstrukt einer „Menge" (per konzeptueller Interpretation) zu einem spezielleren Konstrukt wie „die Menge der Paare", und von hier (per faktischer Interpretation) zu den faktischen Gegenständen, wie der Kollektion der verheirateten Paare oder (per empirischer Interpretation) zu den empirischen Daten wie der von einem statistischen Amt gezählten Kollektion verheirateter Paare.

Tabelle 4 Arten semiotischer Interpretation (analog Bunge 1974b, 2)

Arten von Interpretationen	Beziehung	Beispiel
1) Konzeptuell	Allgemeines Konstrukt → Spezielles Konstrukt	(mathematische) Menge → Menge der Paare
2) Faktisch	Spezielles Konstrukt → Faktischer Gegenstand	Menge der Paare → Kollektion verheirateter Paare
3) Empirisch	Spezielles Konstrukt → Empirische Daten	Kollektion verheirateter Paare → Gezählte Kollektion verheirateter Paare

Wesentlich ist, dass Interpretationen keine Inkonsistenzen einführen sollten. Sie sollten exakt sein und nicht bildhaft sowie möglichst keine Analogien enthalten. Außerdem sollten sie im Hinblick auf die Planungsfragestellung möglichst umfassend und allgemeingültig sein und nicht „gesprenkelt", das heißt, sie sollten nicht nur für kleine Teilbereiche gelten. Konstrukte sind also symbolisch, trotzdem nicht metaphorisch oder bildhaft, und zwar auch dann, wenn sie einige bildhafte Bestandteile enthalten mögen.

Zusammengefasst: Auch in der Planung symbolisieren Symbole nichts ohne semiotische Interpretation. Ein Symbol, wie das sprachliche Zeichen „Stadtentwicklung", ist ohne semiotische Interpretation inhaltsleer.

Bisher habe wir die Komponenten des semiotischen Dreiecks beschrieben. Dieses Kapitel 3.8 war den Relationen zwischen diesen Komponenten gewidmet. Dabei wurden immer wieder einzelne Attribute von Konstrukten erwähnt. Im nächsten Kapitel 3.9 sollen deshalb die wichtigsten Attribute von Konstrukten zusammengefasst werden. Im Kapitel 3.10 werden einige Konsequenzen benannt, die sich daraus für die Planung ergeben. Das Kapitel 3.11 befasst sich dann mit einigen Fehlermöglichkeiten beim Erarbeiten von Konstrukten.

3.9 Attribute von Konstrukten

Konstrukte haben vor allem folgende Attribute, die für die Planung von Bedeutung sind.

3 Das semiotische Dreieck – Ein gedankliches Werkzeug beim Planen

Konstrukte sind die Träger unseres Wissens

Das sicher wichtigste Attribut von Konstrukten ist: Sie sind die Träger unseres Wissens – ein Aspekt, der in seinem Wert kaum überschätzt werden kann, denn dadurch erhalten sie ihre herausragende Stellung. Konstrukte sind das, was „Bedeutung", „Inhalt" oder „Sinn" trägt. „Bedeutung", „Inhalt" und „Sinn" finden sich weder in, an noch auf den Gegenständen/Ereignissen oder Sprache/Zeichen. Bei den Konstrukten geht es damit um die eigentlichen Inhalte, den konzeptuellen Kern eines Themas. Ohne Konstrukte sind Sprache/Zeichen und Gegenstände/Ereignisse inhalts- und damit bedeutungsleer, deshalb in der treffendsten Bedeutung des Wortes sinnfrei – sinnlose Lautbildung.

Vergleich der Attribute von Konstrukten mit den Eigenschaften materieller Gegenstände

Andere, auf den ersten Blick weniger „gewichtige" Attribute der Konstrukte lassen sich verdeutlichen durch eine Gegenüberstellung mit den Eigenschaften materieller Gegenstände. Materielle Gegenstände, belebte wie unbelebte, natürliche wie künstliche, haben unter anderem folgende Eigenschaften: Sie sind an einem bestimmten Ort, sie haben Ausdehnung und Dauer, sie haben Energie und sind veränderungsfähig (vgl. Bunge 1983a, 47). Dagegen ist die natürliche Zahl 7, das Konstrukt „Region" oder das Konstrukt „Abfall" (anders als die leere, verbeulte Getränkedose aus Weißblech) an keinem Ort. Diese Konstrukte haben auch keine Ausdehnung und Dauer. Man kann sie deshalb auch nicht nass machen oder anstreichen. Sie haben keine Energie. Sie befinden sich nicht in irgendeinem Zustand. Ihr Zustandsraum ist leer, das heißt, Konstrukte sind nicht hungrig oder müde, wie Menschen es sein können, oder grün und bemoost, wie feuchte Steine. Und weil sie sich nicht in irgend einem Zustand befinden, kann sich ihr Zustand auch nicht ändern. Das bedeutet beispielsweise, wenn in diesem Buch von der „Veränderung" von Konstrukten die Rede ist, sind immer „neue" oder „andere" Konstrukte gemeint. Konstrukte handeln auch nicht, das heißt, sie unterschreiben keine Verträge, reden nicht, nehmen nicht wahr etc.

Konstrukte sind Fiktionen

Während die materiellen Gegenstände real existieren, sind Konstrukte kognitive Artefakte, Fiktionen.[44] Sie existieren konzeptuell, und zwar aufgrund

---

[44] Das ist die Position des so genannten epistemologischen Konstruktivismus, wie er unter anderem von Aristoteles, Kant, Engels, Einstein, Piaget, Popper und Bunge vertreten wird. Sie besagt, dass alle Begriffe, Theorien etc. menschliche Konstruktionen sind. Dieser Ansatz ist nicht zu verwechseln mit dem ontologischen Konstruktivismus, wonach alle *Fakten* menschliche Konstruktionen sein sollen. Ontologische Konstruktivisten „... confuse reality with our representation of it: the explored with the explorer, the known with the knower, the territory with its maps, America with Vespucci, facts with data, objective patterns with law statements." (Bunge 1996, 336)

von Konventionen. „... constructs, they are total fictions: what is real is the brain process that consists in thinking of some object." (Bunge 1974a, 27) Konstrukte sind somit Gedankengebilde, im Prinzip nicht anders als Asterix oder Einhörner. Als Artefakte hängen sie – eben weil sie Gedankengebilde sind – völlig vom Menschen ab. Wenn die Menschheit eines Tages ausgestorben sein wird, wird es keine Konstrukte mehr geben: keine „Fußgängerzone", keine „Region", keinen „Abfall", keine „Urbanität" und keine „7". Es gibt dann vielleicht noch Druckerschwärze auf Papier in einer bestimmten Form, aber es wird niemanden mehr geben, der dies lesen und das entsprechende Konstrukt in seinem Denkorgan generieren könnte.

Die Existenzweise von Konstrukten ist einer der Kernpunkte unseres Themas. Deshalb wollen wir an dieser Stelle mit einem kurzen Exkurs darauf eingehen:

Exkurs zur Frage: In welcher Weise existieren Konstrukte?

Die Frage, welches die Natur der Konstrukte ist, in welcher Weise sie existieren, hat nahezu alle Philosophen seit dem klassischen Altertum fasziniert und bewegt. Die diesbezüglichen philosophischen Hauptthesen sind bekannt. Bunge beschreibt sie folgendermaßen (1983a, 42 ff):
- Platonismus. Die begrifflichen Objekte (Konstrukte) sind ideale Entitäten, die an sich existieren (etwa in der „dritten Welt" von Popper), unabhängig von der physischen Welt und besonders von den denkenden Wesen.
- Nominalismus. Die begrifflichen Objekte (Konstrukte) bilden eine Untermenge der linguistischen Objekte. Sie sind Zeichen und existieren nur als solche.
- Empirismus. Die begrifflichen Objekte (Konstrukte) sind mentale Objekte und existieren auf die gleiche Weise wie die übrigen Ideen, das heißt wie Empfindungen oder Bilder.

Für „naive Realisten" (vgl. Bunge 1996, 354) sollte man es deutlich hervorheben: Keine dieser philosophischen Sichtweisen geht davon aus, dass es sich bei Konstrukten um irgendetwas Gegenständliches handelt. Sie werden statt dessen entweder einer gesonderten ideellen Welt zugeordnet oder es sind rein sprachliche oder mentale Objekte.

Allerdings ist keine dieser traditionellen Philosophien der Konstrukte zufriedenstellend.

Der Nachteil des Platonismus „... besteht darin, dass er (a) kein Fundament liefert für die Psychologie der Erfindung (weil er ja nur die Entdeckung oder Erfassung von präexistierenden Entitäten anerkennt) und (b) die Existenz von Formen (Ideen) postuliert, die von der Materie getrennt und nur teilweise der Erfahrung zugänglich sind." (Bunge 1983a, 42)

Ein wesentlicher Nachteil des Nominalismus ist, dass er das bezeichnete Objekt (das Konstrukt) mit dem bezeichnenden Objekt (Sprache, Zeichen) verwechselt und dadurch die theoretische Untersuchung in eine bloß willkürliche Manipulation von Symbolen verwandelt.

3 Das semiotische Dreieck – Ein gedankliches Werkzeug beim Planen

Die Nachteile des Empirismus sind, dass er nicht in der Lage ist, den abstrakten Ideen ein Fundament zu geben. Dazu gehören beispielsweise einige Spezialthemen der Mathematik, die nicht durch die Verfeinerung der Wahrnehmung gebildet werden, wie zum Beispiel die so genannten topologischen Gruppen oder die mathematischen Räume (vgl. Bunge 1983a, 42 f).

Bunge (vgl. zum Beispiel 1974a, 1974b, 1983a, 1996) bietet eine Alternative, die er als wissenschaftlichen Materialismus bezeichnet. In diesem zweiten Teil des Buches werden die für uns relevanten Teile seines Ansatzes benutzt beziehungsweise beschrieben, allerdings oft in einer vereinfachten Form.

So weit dieser Exkurs, kehren wir zurück zu den Attributen von Konstrukten.

Konstrukte sind nicht beobachtbar

Weil Konstrukte Fiktionen sind, kann man sie nicht sehen, sie sind unbeobachtbar. Beobachtbar ist – vereinfacht gesagt – nur etwas, was Photonen eines bestimmten Frequenzspektrums aussendet oder reflektiert, etwa zwischen 4000 und 7000 Ångström, das aber tun Konstrukte nicht.

Konstrukte sind keine Bilder

Es gibt eine Analogie zwischen Konstrukten und graphischen Bildern (als Abbildungen von Gegenständen/Ereignissen der Alltagswelt). Diese Analogie ist die Basis für Sätze wie: „Wissenschaft spiegelt (reflektiert) die Realität", oder „Wissenschaftliche Konstrukte (beziehungsweise Theorien) bilden ihre Referenten ab oder porträtieren sie." (vgl. Bunge 1974a, 83 f)

Solche Sätze treffen jedoch den Kern der Sache nicht. Konstrukte sind nämlich keine Abbilder. Deshalb ist es zweckmäßig, von konzeptuellen Rekonstruktionen und nicht von Bildern der Realität zu sprechen. Konstrukte sind Konstruktionen, Artefakte, die in der Regel mit entsprechendem intellektuellen Aufwand erarbeitet werden müssen. Es sind keine Eindrücke oder Bilder, die man ohne Mühe umsonst haben kann, sondern konzeptuelle Repräsentationen von Objekten, die nicht beobachtet werden können.

Die Analogie zwischen Konstrukten und Bildern ist aus folgenden Gründen unzutreffend (vgl. Bunge 1974a, 83 f):
- Bild-Repräsentationen sind selbst physikalische Objekte. Konstrukte sind dagegen Dinge des Verstandes, des Nachdenkens – „a thing of reason" (Bunge 1974a, 83).
- Bilder zeigen nur Sichtbares. Alles andere kann nur angedeutet werden, es kann nur Anspielungen darauf geben. Es soll aber auch Unbeobachtbares erfasst werden, schließlich bleiben Konstrukte nicht an der sichtbaren Oberfläche der Realität stehen: Das Ziel ist vielmehr, das Reale zu repräsentieren, das der Beobachtung meist verborgen bleibt.
- Konsequenterweise sind Konstrukte eher symbolisch (trotzdem nicht metaphorisch), und nicht bildhaft, und zwar auch dann, wenn sie einige bildhafte Bestandteile enthalten mögen.

- Vor allem Bilder von Künstlern müssen interpretiert werden, und zwar meist auf so viele unterschiedliche Arten und Weise, wie es Betrachter in unterschiedlichen Stimmungen gibt. Dagegen wird bei Konstrukten vorausgesetzt und angenommen, dass sie intersubjektiv überprüfbar sind.

Angesichts dieser Unterschiede zwischen Konstrukten und bildhaften Repräsentationen ist es angebracht, von konzeptuellen Rekonstruktionen der Realität zu sprechen und nicht von Bildern („images").

Tiere haben ein Bild der Wirklichkeit, genauso haben Menschen ein Bild der Wirklichkeit. Menschen eignen sich jedoch zusätzlich das an, was sie geschaffen haben, nämlich die Konstrukte als konzeptuelle Repräsentationen der Objekte, die nicht beobachtet werden können. Diese Rekonstruktionen sind sicher nur partiell und bestenfalls annähernd zutreffend, aber sie können geprüft und entweder verbessert oder durch zutreffendere Repräsentationen ersetzt werden (vgl. Bunge 1974a, 83 f).

Entsprechend sind beispielsweise städtebauliche „Leitbilder ... sozusagen die Bilder, die wir nicht vor Augen, sondern, oft ohne es zu wissen, „hinter" den Augen haben. Bilder, deren Muster wir in Stadtbildern deshalb wiederfinden - oder eben vermissen –, weil sie unseren eigenen Blick und unser eigenes Urteil steuern. Ein Leitbild ist ... nicht identisch mit dem reproduzierbaren, sichtbaren äußeren Bild..." (Schneider 1998, 124).

Nur Propositionen – nicht Begriffe – können „wahr" oder „falsch" sein

Bunge erläutert diesen Punkt wie folgt: „Definitions [of concepts] are stipulations, or conventions, not assumptions. They are true by conventions, not by proof or by virtue of empirical evidence. ... In principal, nothing but practical convenience stands in the way of changing the conventional name for a thing, property, or process. In fact, such changes happen all the time. Thus in American political lingo, ‚working class', ‚state', and ‚reactionary' have been replaced by ‚middle class', ‚government', and ‚conservative', respectively." (Bunge 1996, 69)

Und – wie oben bereits angeführt: „Concepts [Begriffe]... are the units of meaning and hence the building blocks of ... discourse. We use concepts to form propositions, just as we analyse complex propositions into simpler ones and these, in turn, into concepts. *A proposition or statement „says" something about one ore more items: it is an assertion or denial. Even statements of possibility and of doubt are affirmations. ... Propositions are the bearers of testability and untestability, as well as of truth and falsity. That is, only propositions can be tested for truth. Concepts cannot be tested, because they neither assert nor deny anything. Hence there are no true or false concepts*: concepts can only be exact or fuzzy, applicable or inapplicable, fruitful or barren." (Bunge 1996, 49; Hervorhebung vom Verfasser)

Nur Propositionen können also „wahr" oder „falsch" sein, weil sie etwas behaupten oder etwas negieren. Begriffe können nicht auf Richtigkeit überprüft werden, weil sie weder etwas behaupten noch negieren. Begriffe sind also nicht „wahr" oder „falsch", sondern präzise oder vage, anwendbar oder unbrauchbar, nützlich oder unergiebig.

3.10 Konsequenzen für die Planung

Nachdem wir verschiedene Attribute von Konstrukten beschrieben haben, sollen im Folgenden einige Konsequenzen für die Planung umrissen werden; siehe hierzu vor allem auch Kapitel 3.13 (wobei die grundlegenden Zusammenhänge keineswegs nur für die Planung, sondern auch für andere Professionen von Bedeutung sind):

Konstrukte müssen per Sprache beziehungsweise Zeichen ausgedrückt werden

Da Konstrukte nicht-beobachtbare Gedanken sind, kann man sich ihnen nicht durch bloßes Hinschauen nähern, sondern nur auf einem einzigen Wege: Konstrukte müssen per Sprache (gesagt oder geschrieben) oder Zeichen ausgedrückt werden, um für Dritte begreif- und nachvollziehbar zu sein, zumindest, so lange die Technik des Gedankenlesens beziehungsweise der Gedankenübertragung nicht ausreichend erforscht oder gar ausgereift ist (vgl. Paulus 1994, 112). Sind die Konstrukte nicht beschrieben, dann sind sie nicht existent, außer im Denkorgan desjenigen, der sie denkt. Anders ausgedrückt: Ein Text beispielsweise zum Thema „Stadtplanung" mag noch so viele Worte und Sätze enthalten. Sind die Konstrukte nicht näher beschrieben, so ist dieser Text in diesem Sinne substanzlos.

Inhalt wie Definitionsgrenzen von Konstrukten müssen mit Bezug zur Planungsfragestellung erarbeitet/geprüft werden

Begriffe sind (in gewissem Sinne) beliebig: Begriffe sind, wie alle Konstrukte, unbeobachtbare kognitive Fiktionen von uns Menschen. Sie sind – wie beschrieben – nicht „wahr" oder „falsch". Das bedeutet, dass man auch beim Planen die Existenz eines jeden beliebigen Begriffs behaupten oder fordern kann. Gerät man dabei nicht in Widersprüche, kann das niemand widerlegen; bestenfalls wird die Existenzbehauptung ignoriert, weil ein Begriff für uninteressant gehalten wird. Dass man Begriffe „einfach so" erfinden kann, bedeutet für Planer jedoch nicht, dass sie willkürlich sind beziehungsweise sein sollten. Man behauptet nicht die Existenz nutzloser Begriffe. Begriffe haben in unserem Zusammenhang vor allem der Lösung von Planungsaufgaben zu dienen. Das bedeutet, planerische Begriffe müssen in Abstimmung und im Wechselspiel mit Planungsfragestellungen entwickelt und überprüft werden. Nicht selten wandeln sich dabei beide, Begriffe wie Planungsfragestellungen.

Konstrukte sind nie allumfassend: Jedes Mal, wenn wir ein Konstrukt (Begriff, Proposition, Kontext etc.) benutzen (gleichgültig, ob bewusst oder unbewusst), geht dies mit dem Erzeugen einer partiellen Blindheit einher. Unsere Sicht ist eingeschränkt auf das, was wir in diesem Konstrukt subsumieren. Die Tatsache, dass Konstrukte menschliche Fiktionen sind, hat unter anderem zur Folge, dass sie sich nicht im strengen Sinne des Wortes „abschließend" und „richtig" definieren lassen. Unsere Definitionen können nicht *alle* theoretisch möglichen Aspekte integrieren beziehungsweise die reale Wirklichkeit in *allen* Facetten widerspruchsfrei repräsentieren, schließlich gibt es unendlich viele Attribute, mit deren Hilfe sich beispielsweise Begriffe definieren lassen. Konstrukte „treffen" die Realität immer nur graduell. Das, was in die Definition mit einbezogen wird, ist immer nur eine Teilmenge dessen, was einbezogen werden könnte. Wir erzeugen mit den Konstrukten stets beides, Verständnismöglichkeiten und Blindheit. Konstrukte bestimmen deshalb, welche Gegenstände und Ereignisse in die Betrachtung beim Planen einbezogen werden, sie legen fest, was als „Fakt" zählt und somit letztlich, welche Argumente als relevant und „durchschlagend" akzeptiert werden.

Die Arbeit innerhalb des Bereiches, den wir mit einem Konstrukt definiert haben, macht oft blind für die Zusammenhänge jenseits seiner Definitionsgrenzen, öffnet jedoch auch den Zugang zu den unbekannten Perspektiven dieses Bereiches. Diese unerforschten Aspekte decken neue Gestaltungsmöglichkeiten auf, und dieser Prozess wiederholt sich entlang einer im Prinzip endlosen Spirale. Das ist jedoch kein Schwachpunkt im Denken, der vermieden werden sollte – im Gegenteil, solche Beschränkung ist unvermeidlich und notwendig. Ohne die erst dadurch mögliche Abstraktion, die diese perspektivische Blindheit erzeugt, ist konzeptuelle Reflexion nicht möglich. Wenn wir, wissentlich oder unwissentlich, die Grenzen akzeptieren, die mit einem bestimmten Konstrukt verbunden sind, tun wir das nur vorläufig. Denn es ist jederzeit möglich, gewählte Beschreibungen zu verwerfen, sie neu zu strukturieren und so über die jeweilige Blickwinkelverengung hinauszugehen (vgl. Winograd und Flores 1989).

Konstrukte sind also, weil begrenzt und nie allumfassend, vorläufig und wandelbar. Sie sind immer kontextabhängig. Gerade beim Planen entstehen größere Umbrüche oft durch die Änderung von Konstrukten. Beispiele: die autogerechte Stadt vor zwanzig Jahren und heute, genauso der Energiebedarf etc. Auch hat sich beispielsweise das Konstrukt „Bahnhof" verändert, heute finden wir dort Ausstellungen, Supermärkte und großformatige Fernsehbildschirme. Genauso haben wir heute andere Wohnkonstrukte als vor fünfzig Jahren, etwa was die Größe von Wohnungen angeht, oder, dass das Einplanen von Kinderzimmern zum Standard gehört.

Konstrukte bestimmen unsere Planungshandlungen

Weil nur die Konstrukte Träger unseres Wissen sind, bestimmen und leiten sie unser Planungshandeln. Und dies ist völlig unabhängig davon, ob uns das klar ist oder nicht. Das geht auch nicht anders, schließlich können wir beim Planen keine „Bedeutung" benutzen, die uns in unserem Denkorgan in diesem Moment nicht zur Verfügung steht. Das heißt, es sind kognitive Fiktionen, welche die Basis für unser Planungshandeln abgeben, und nicht etwa in erster Linie die so genannte „Realität".

Sicher, Konstrukte werden auch im Wechselspiel mit der gegenständlichen Welt verändert, den so genannten Fakten. Genauso werden Konstrukte jedoch auch aufgrund anderer oder neuer Konstrukte verändert, das heißt, ohne Bezug zur Realität außerhalb unserer Denkorgane. Daraus folgt: Diese Realität ist in der Planung keineswegs so dominant, wie viele Laien meinen.

Einige Beispiele zu Konstrukten, die unser Planungshandeln lenken:
- Wer unter dem Konstrukt „Abfall" nur Gegenstände subsumiert, die irgendwo verbrannt oder in Deponien gelagert werden müssen, wird – wie bis Ende der siebziger Jahre geschehen – die Möglichkeiten der Abfallvermeidung oder der Wiederverwertung außen vor lassen.
- Wer die Konstrukte „Stadtplanung", „Städtebau" und „Architektur" im Wesentlichen so definiert, dass es dabei um das Ausweisen von Flächen in Flächennutzungsplänen, Bebauungsplänen etc. und das Planen und Errichten von Gebäuden oder Gebäudegruppen mit ihren Außenanlagen geht, wird alle Planungsmaßnahmen außen vor lassen, die *das Verhalten der Benutzer* dieser Flächen (z. B. der Straßen, Gebäude, Gebäudegruppen, Außenanlagen etc.) *regeln oder beeinflussen*, wie Anwohnerparken, Car Sharing, Car Pooling, Straßenbenutzungsgebühren, Logistik-Systeme (Güterverkehrsmanagement) usw.
- Wer unter dem Konstrukt „Individualverkehr" nur den motorisierten Individualverkehr versteht, wird sich bei seinen Planungen kaum Gedanken über die Fußgänger machen; entsprechend stiefmütterlich wurden sie jahrelang in der Verkehrsplanung behandelt. Solche Fehler sind keine Marginalie, weil zu Fuß gehen einen erheblichen Anteil an der gesamten Fortbewegung ausmacht, nämlich ungefähr zwanzig Prozent. Auch die Radfahrer haben bis etwa Anfang der achtziger Jahre aus dem gleichen Grund in der Verkehrsplanung nur eine untergeordnete Rolle gespielt.
Weiter: Wer unter dem Konstrukt „Individualverkehr" nur die Arbeitsplatzpendler versteht, wird sich keine Gedanken über den Freizeitverkehr machen. Dieser macht jedoch in vielen Orten bereits 30 Prozent des Verkehrs aus. Genauso wurde lange Zeit ein Konstrukt „Individualverkehr" benutzt, in dem der Gütertransport auf Lastkraftwagen nicht vorkam. Diese Verkehrsart hat jedoch in vielen Städten, zum Beispiel in München, ebenfalls einen Anteil von etwa 30 Prozent.
- Wer die Standorte von Krankenhäusern beispielsweise nach dem „Zentrale-Orte"-Konstrukt plant, wird sich – weil das in diesem Konstrukt so vorgesehen ist – vor allem an der Zahl der Bewohner orientieren, die in einem bestimmten Gebiet zu versorgen sind. Kaum berücksichtigen wird er die Spezialisierungen, die sich in den vergangenen Jahren unter den Krankenhäusern ergeben haben. Das Ergebnis: Heute sind wir dabei, die durch solche Blickwinkelverengungen entstandenen Fehlentwicklungen zu berei-

3.10 Konsequenzen für die Planung

nigen, zum Beispiel bei den so genannten Kreiskrankenhäusern, von denen nicht wenige am Bedarf vorbei geplant wurden.
- Wer das Konstrukt „Naturschutz" als etwas begreift, was sich in „Naturschutzgebieten", „Landschaftsschutzgebieten", „Ausgleichsflächen" etc. abspielt, also in irgendwelchen Reservaten, wird die Möglichkeiten des Naturschutzes im Alltag übersehen: Stromsparen im Haushalt und Gewerbe, wassersparende und abwasserarme Technologien etc.
- Wer beim Konstrukt „Nachhaltigkeit" das *Regenerationsmodell* favorisiert – bei diesem Modell darf die Abbaurate erneuerbarer Ressourcen deren Regenerationsrate nicht überschreiten –, wird beispielsweise aus einem Wald nur so viel an Holz entnehmen, wie im gleichen Zeitraum nachwächst. Ein Befürworter des *Substitutionsmodells* der Nachhaltigkeit dagegen gelangt zu anderen Handlungsempfehlungen: Nach diesem Modell ist Substitution erlaubt, sofern die jeweilige Funktion auf Dauer erhalten bleibt; ein Beispiel: Wenn die Funktion, uns Menschen mit Energie zu versorgen, durch neue Energiequellen erfüllt werden kann, dürfen wir das vorhandene Erdöl oder Erdgas aufbrauchen. Wieder anders wird jemand handeln, der die *Erhaltung eines Systems* für das Entscheidende beim Thema Nachhaltigkeit hält. Bei diesem Modell ist Nachhaltigkeit dann gegeben, wenn das jeweilige System – zum Beispiel das System „Mensch" oder „Maispflanze" – erhalten bleibt. Deshalb wird er beispielsweise damit zufrieden sein, wenn das System resistent gemacht wird gegen Schadstoffeinwirkungen von außen.

Wir erzeugen also unsere Welt mit Hilfe fiktiver Konstrukte – „Fußgängerzone", „Region", „Natur" – via Sprache beziehungsweise Zeichen. Zu Beginn einer Planungsarbeit muss deshalb zunächst Klarheit über die zentralen Konstrukte geschaffen werden – ein Arbeitsschritt, der nicht selten unterbleibt.

Es gibt zu einer bewussten und kontrollierten Erarbeitung der Konstrukte keine angemessene Alternative, und eine größere Schärfe im Denken führt zu graduell besseren Konstrukten. Wobei Konstrukte jeweils vor allem dann „besser" sind, wenn sie – wie bereits erwähnt – nicht unter konzeptuellen Widersprüchen leiden, zu möglichst vielen anderen Konstrukten logisch widerspruchsfrei in Beziehung stehen (beziehungsweise möglichst viele (Teil)Konstrukte logisch integrieren), mit dem vorhandenem Faktenwissen übereinstimmen und zugleich hilfreich in Bezug auf die jeweilige Planungsfragestellung sind.

Drei Kategorien von Konstrukten: definierte, zu definierende und selbsterklärende Konstrukte
Das Arbeiten mit Konstrukten ist immer dann vergleichsweise unkompliziert, wenn für eine Planungsfragestellung bereits geeignete Konstrukte zur Verfügung stehen.

Entsprechend lassen sich drei Kategorien von Konstrukten unterscheiden:
- Definierte Konstrukte; bei diesen Konstrukten sind die Definitionen vorhanden und in der Regel unstrittig, weil sie sich in der Anwendung bewährt

haben. Beispiele dafür in der Bauplanung sind Konstrukte wie „Ringanker" oder „Wärmedurchgangszahl" und in der Stadtplanung „Grundflächenzahl" oder „Geschossflächenzahl".
- Zu definierende Konstrukte; das sind solche Konstrukte, deren Inhalte nicht ausreichend präzisiert sind. Beim Planen und Entwerfen gibt es im Grunde immer einige Konstrukte, die noch nicht ausreichend definiert sind. Oft sogar ist der Anteil des Planungsproblems sehr gering, der durch bereits definierte Konstrukte abgedeckt ist. „Stadtentwicklung" ist eine dieser Leerformeln. Was gemeint ist, ist ohne weitere Angaben nicht zu erkennen. Feststehende Komponenten sind in der Regel die Stadt als physisches Gebilde und als soziales Konstrukt. Alles andere ist oft vage. Stadtentwicklung kann sich an einer Zunahme des Tourismus oder der Industrieproduktion, an der Ausweisung von Erholungsflächen, an einem besseren Verkehrssystem, an einem Autobahnanschluss oder Ähnlichem festmachen.
- Selbsterklärende Konstrukte; das sind solche, bei denen eigentlich jeder weiß, was damit gemeint ist, wie etwa „Wohnzimmer" oder „Fußgängerzone".

Allerdings: Selbsterklärende Konstrukte entpuppen sich nicht selten als trügerisch und wandeln sich zu Konstrukten, die definiert werden müssen. Bei einem „Wohnzimmer" gehen wir in der Regel davon aus, dass es einen Tisch gibt, um den Sessel oder andere Sitzgelegenheiten gruppiert sind. Das ist jedoch beispielsweise in einem pakistanischen Haushalt völlig anders. Dort gibt es keinen zentralen Tisch und die Sitzgelegenheiten werden, wenn überhaupt vorhanden, entlang der Wände aufgestellt. Wenn wir „Haus" sagen, ist in Deutschland oder der Schweiz ein anderes Konstrukt gemeint als auf den Philippinen. Genauso bedeutet „Planung" in Deutschland nicht etwa das gleiche wie in Großbritannien, weil es dort kaum Pläne mit gesetzlicher Bindungskraft gibt.

Auch selbsterklärende Konstrukte können also zu Problemen führen, weil das „Selbsterklärende" in aller Regel auf einen bestimmten Kulturkreis beschränkt, also kontextabhängig ist. Wird der Kontext verändert, müssen auch die Konstrukte überprüft und gegebenenfalls verändert werden. Besonders in der Entwicklungshilfe beziehungsweise technischen Zusammenarbeit lassen sich viele Planungsfehler darauf zurückführen, dass dieses Problem nicht angemessen berücksichtigt wurde (vgl. zum Beispiel Hagen 1988).

3.11 Fehlermöglichkeiten

Die mit dem semiotischen Dreieck getroffenen Unterscheidungen bieten nun die Möglichkeit, einige typische Fehlerquellen im Umgang mit Konstrukten aufzeigen, die bei Planungsarbeiten natürlich auch in Kombination vorkommen können.

Unbestimmte Konstrukte

Konstrukte sind oft vage oder nebulös. Vor allem, wenn sie zum ersten Mal auftauchen, sind sie fast immer ungenügend ausgearbeitet. Schließlich gilt:

„A good idea, even if somewhat fuzzy, is preferable to an exact but pointless ... one." (Bunge 1996, 61) Konstrukte sind zu Beginn eher eine ungeordnete Menge irgendwie lose verbundener Aussagen, die mehr oder weniger unklare Begriffe enthalten. Solche „Embryonen" entwickeln sich, wenn überhaupt, durch Zusammenfügen und/oder Aussortieren von Teilkomponenten, durch Erläuterung mit Hilfe von Beispielen, Generalisierungen, Begriffsverfeinerungen und durch die Überprüfung mittels empirischer Daten. Aber die meisten Konstruktembryonen reifen nicht, entweder weil sie empirischen Daten widersprechen, oder weil die Menschen, die sich mit ihnen befassen, nicht wissen, wie sie entwickelt und verfeinert werden können, oder weil die Probleme, auf die sie sich beziehen, für uninteressant gehalten werden (vgl. Bunge 1996, 114 f). „Ironically, both intellectual immaturity and intellectual decadence share the one trait: namely, conceptual imprecision." (Bunge 1996, 57) Eine Regel: „Avoid any words that fail to convey clear ideas: obscurity is not the mark of profundity but of confusion or even of intellectual swindle. As for fuzzy ideas – all ideas are fuzzy when newly born – try and refine them." (Bunge 1977, 8)

Bisweilen wird sogar nur der sprachliche Ausdruck als Name für etwas genannt, das Konstrukt wird jedoch inhaltlich nicht weiter beschrieben. Wenn wir ein Wort, einen Namen für etwas gefunden haben, glauben wir manchmal, wir hätten die Bedeutung dessen erfasst, was das Wort bezeichnet. Dieses Phänomen ist zum Teil die Basis für die einander ablösenden Modebegriffe in der Planung: Auf das „umweltbewusste" folgte das „ökologische" Planen und auf die „behutsame" Stadtentwicklung die „nachhaltige". Aber: „Being a conceptual defect, vagueness can be reduced only by conceptual means: purely linguistic tricks will not help." (Bunge 1983b, 183) Auch in diesen Fällen haben wir es mit „Embryokonstrukten" zu tun, deren Ausformulierung noch bevorsteht.

Der Modebegriff „Nachhaltigkeit" beispielsweise ist ein solcher sprachlicher Ausdruck, der bis heute in vielen Veröffentlichungen, in denen er eine zentrale Rolle spielt, wenn überhaupt, dann nur vage definiert ist. Nicht selten wird auf die Definition der benutzten Begriffe sogar völlig verzichtet.[45, 46]

Die Frage liegt nahe: „Handelt es sich nur um Planungsrhetorik, die man nicht weiter ernst zu nehmen braucht? Auch Stadtplaner halten Sonntagsreden. Gelungene Sonntagsreden zeichnen sich dadurch aus, dass sie sowohl

---

[45] Beispielsweise enthält das Heft der Zeitschrift PlanerIn vom Juli 1999 zur Dritten Europäischen Planerbiennale vom 14. bis 17. September 1999 unter dem Titel „Nachhaltige Entwicklung – Herausforderung an die Entwicklung europäischer Regionen" insgesamt siebzehn Artikel. Begriffe wie „nachhaltig", „Nachhaltigkeit" etc. kommen in vierzehn dieser Artikel vor. Mehr oder weniger nachvollziehbar definiert werden sie jedoch nur in zwei Aufsätzen.

[46] An dieser Stelle ließe sich einwenden, in vielen Fällen ginge es im Grunde gar nicht um das Thema „Nachhaltigkeit". „Nachhaltigkeit" sei vielmehr oft nur ein vorgeschobenes Etikett, um beispielsweise leichter Fördermittel für die Bearbeitung anderer Themen zu erhalten. Trifft dies zu, ändert sich dadurch am Kernproblem freilich nichts: Die Aufgabe, präzisere Konstrukte zu erarbeiten, verlagert sich nur auf die Ebene jener „anderen Themen".

3 Das semiotische Dreieck – Ein gedankliches Werkzeug beim Planen

Redner als auch Zuhörer erbauen, gleichzeitig jedoch beide voneinander wissen, dass sie sie nicht ernst nehmen, ohne dies jedoch auszusprechen." (Jessen 1996, 17)

Planer sind meist hoch trainiert im Herstellen ikonischer Darstellungen von Gebäuden oder Stadträumen, die auf faktischer Ähnlichkeit mit den später herzustellenden Gegenständen (Häuser etc.) beruhen, das heißt, im Zeichnen abbildhafter Pläne und im Bauen anschaulicher Modelle aus Pappe, Draht etc. Dabei benutzen sie natürlich bewusst oder unbewusst unzählige Konstrukte, und zwar via verschiedener Arten von Sprache und Zeichen.

Worin sie dagegen weniger geübt sind, ist das kontrollierte Wechselspiel von Bezeichnung (Designation) und semiotischer beziehungsweise konzeptuell-inhaltlicher Interpretation, mit dem Zweck, die benutzten Konstrukte so weit zu definieren, dass sie Bedeutung haben, möglichst substanzreich sowie konzeptuell widerspruchsarm sind, zu möglichst vielen anderen Konstrukten logisch widerspruchsfrei in Beziehung stehen (beziehungsweise möglichst viele (Teil)Konstrukte logisch integrieren), mit dem vorhandenem Faktenwissen weitgehend übereinstimmen und zugleich hilfreich in Bezug auf die jeweilige Planungsfragestellung sind. Statt dessen wird gelegentlich Jargon produziert – „unverständliches Gemurmel" (Bußmann 1990, 361) –, und zwar mit der Folge, dass man bei nicht wenigen der verwendeten Konstrukte nur mit dem Risiko genauer nachfragen kann, am Ende mit einem vagen, nebulösen Wirrwarr dazustehen. Weil es jedoch Konstrukte sind, die unser Planungshandeln bestimmen, zieht dies, was die Planungsergebnisse angeht, erhebliche Unsicherheiten nach sich.

Planer, aber auch Designer, haben hier zudem eine weitere Schwierigkeit: Wenn es um das Entwickeln dreidimensionaler Gestaltungsideen zum Beispiel für Gebäude geht, das heißt den klassischen architektonischen beziehungsweise städtebaulichen Entwurf, dann ist der wenig kontrollierte Gebrauch von Worten, das heißt, das freie Assoziieren, eine wichtige und nützliche Kreativitätstechnik (vgl. DeBono 1972). Wer hier jedes Wort auf die Goldwaage legt, wird kaum eine gute Entwurfsidee vorweisen können. Von daher kommt es wesentlich darauf an, zu unterscheiden, was man gerade tut: Geht es um das Finden einer Entwurfs- oder Gestaltungsidee, dann ist der Gebrauch unbestimmter Worte nicht nur erlaubt, sondern sogar notwendig. Geht es jedoch um die Bearbeitung von Konstrukten, dann ist das gleiche Verhalten abträglich.

Konstrukte – das dürfte deutlich geworden sein – müssen bewusst und kontrolliert erarbeitet werden. Insbesondere sollte man das Erarbeiten von Konstrukten nicht allein der menschlichen Intuition überlassen, den unreflektiert arbeitenden Teilen unseres Verstandes. In diesem Fall ist „intuitiv" nämlich mit „fehleranfällig" gleichzusetzen, und zwar in dem Sinne, dass es eine Vielzahl empirischer Belege aus den Kognitionswissenschaften dafür gibt, dass unser Denkorgan beim intuitiven, dem nicht bewusst kontrollierten Denken, gehirnimmanente Denktendenzen benutzt, die zu Denkergebnissen führen, die vor allem eine Folge der Arbeitsweise des menschlichen

Denkorgans sind und weniger mit dem gedanklich zu bearbeitenden Thema beziehungsweise Objekt zu tun haben – dieser Punkt wurde bereits erwähnt (vgl. hierzu oben Kapitel 2. oder Schönwandt 1986). Einige Beispiele: Anschauliche Informationen werden beim Bilden von Konstrukten über- und abstrakte unterbewertet. Wir haben die Tendenz, auf der Basis der „Gestalt"-Findung und des Figur-Grund-Prinzips der Wahrnehmung bevorzugt simplifizierende Konstrukte (Muster oder Zusammenhänge) anzunehmen. Wir sind oft nicht in der Lage, nichtlineare konzeptuelle Zusammenhänge halbwegs richtig abzuschätzen etc.

Mit diesem Plädoyer für das Ausarbeiten von Konstrukten soll nicht bestritten werden, dass es Situationen gibt, in denen die Verwendung unklarer Konstrukte von Vorteil ist. Werden unklare oder mehrdeutige Konstrukte beispielsweise bei der Ausarbeitung eines städtebaulichen Wettbewerbsentwurfs benutzt, so lassen sich dadurch unter Umständen Handlungsspielräume für künftige Nutzungen aufrechterhalten, eben weil keine allzu präzisen Festlegungen getroffen werden. Zudem bietet sich den Preisrichtern die Möglichkeit, ihre eigenen Vorstellungen, also Konstrukte, in den jeweiligen städtebaulichen Entwurf „hineinzulesen".

Ein Nachteil jedoch bleibt: Bei unklaren Konstrukten ist es kaum möglich, über ihre Bedeutung, ihren Inhalt effizient zu kommunizieren und sie gegebenenfalls gemeinsam zu verbessern.

Mehrdeutige Konstrukte

Konstrukte sind oft mehrdeutig. In diesem Fall verweist ein sprachlicher Ausdruck auf mehr als ein Konstrukt (Begriff, Proposition etc.).

Das Konstrukt „Arbeitsplatz" wird beispielsweise in der Volkszählung anders definiert als in der Arbeitsstättenzählung (vgl. UVF 1984, 97 ff). Beide Konstrukte werden oft durcheinandergeworfen, zum Beispiel, wenn die erhobenen Zahlen ohne entsprechende Erläuterungen miteinander verglichen werden. Anders als bei der Volkszählung werden nämlich bei der Arbeitsstättenzählung Personen mehrfach gezählt, die an mehreren Orten beschäftigt sind. Heute jedoch stimmt die Gleichung „1 Person = 1 Arbeitsplatz = 1 Stelle" (Signer 1994, 61) längst nicht mehr, was erhebliche Auswirkungen hat, etwa auf den Platzbedarf der Betriebe und das Verkehrsaufkommen.

Der Begriff „Arbeitsplatz" kommt darüber hinaus in wenigstens drei Fachsprachen vor:
- als Büroausstattung (Schreibtisch, Schreibtischstuhl, Computer, Telefon etc.),
- als Stelle in einem Stellenplan mit allen Kosten einschließlich der Lohnnebenkosten und
- zur Beschreibung der Tätigkeit einer arbeitenden Person, wobei es auch zwei oder mehr arbeitende Personen sein können, die sich einen Arbeitsplatz – nämlich eine „Stelle" – teilen.

3 Das semiotische Dreieck – Ein gedankliches Werkzeug beim Planen

Diese Beschreibungen des Konstrukts „Arbeitsplatz" machen überdies deutlich, dass Planer keine Arbeitsplätze schaffen, wenn sie beispielsweise (nur) Industrie- oder Gewerbeflächen ausweisen.

Dass der Übergang zwischen unklaren und mehrdeutigen Konstrukten mitunter fließend ist, zeigt das Beispiel der städtebaulichen Leitbilder: „Das Spektrum dessen, was unter „Leitbild" firmiert, reicht vom synonymen Gebrauch für Ziele, Prinzipien und Konzepte von Städtebau, Stadtplanung und Raumordnung über die bloße Etikettierung ohnehin ablaufender Trends und die Formulierung pathetischer Leitformeln mit missionarischem Gehalt bis zum Motivangebot zur Imagepflege und Public Relations Strategien." (Becker et al. 1998a, 13) Gleichzeitig schwanken die Urteile über die Nützlichkeit von Leitbildern von: „Städtebauliche Entwicklungsleitbilder sind heute – wie eh und je – unabdingbare Voraussetzungen für die Arbeit an und mit der Stadt" (Zahn 1998, 186) bis zu: „Ich möchte behaupten, dass das Fiasko in der Stadtentwicklung angefangen hat zu eben dem Zeitpunkt, als man begann, mit Leitbildern zu operieren." (Kollhoff 1998, 92)

Schwierig wird die Angelegenheit auch dann, wenn unterschiedliche Fachdisziplinen das gleiche Wort verwenden, damit aber, ohne es zu merken, unterschiedliche Konstrukte bezeichnen (vgl. hierzu Kapitel 3.7). So führt zum Beispiel die Verwendung des Wortes „Raum" nicht selten zu Missverständnissen. Während Planer damit meist den gegenständlichen Raum meinen, verstehen Soziologen oder Psychologen darunter oft den „sozialen Raum", wie zum Beispiel das Konstrukt des „Personal Space" von Sommer (1969) oder Politologen den „politischen Raum", also durchaus unterschiedliche Konstrukte.

Mit Krätke lassen sich beispielsweise vier Raum-Konzepte in der Planung, Ökonomie und den Gesellschaftswissenschaft unterscheiden:

„1. „Nicht-räumliche" Konzepte
    Diese lassen Wirtschaft und Gesellschaft in einen abstrakten Raumpunkt „zusammenschnurren"; hier gibt es keine räumlichen Hindernisse oder Ungleichmäßigkeiten.
2. Konzept des Behälter-Raums
    Hier wird z.B. der nationale Wirtschaftsraum als „Behälter" von Regionen, oder die Stadt als „Behälter" einer Vielzahl von Betriebsstätten betrachtet. Diese Raumvorstellung ist z. B. in Stadtentwicklungskonzepten traditioneller Form verbreitet: Das Stadtgebiet soll „angefüllt" werden mit Betriebsstätten (aus Wachstumsbranchen), mit Infrastruktureinrichtungen, oder mit Standortangeboten (bzw. „positiven Standortfaktoren") aller Art.
3. Konzept des relationalen Ordnungsraums materieller Objekte
    Hier wird z.B. die Anordnung von Funktionsflächen, Betriebsflächen oder Gebäuden (und deren Distanzbeziehungen) innerhalb eines (Stadt-) Gebietes in den Mittelpunkt gestellt. Diese Raumvorstellung ist u. a. in der Geographie, aber auch in der Stadtplanung verbreitet: Man will die Lage, Zuordnung und Größe von Funktionsflächen regulieren (die ihrerseits wiederum als Behälter-Räume für Objekte/Gebäude erscheinen),

oder man will die Zuordnung von physischen Gestalt-Elementen des Stadtraumes (Baukörper u. ä.) regulieren.
4. Konzept des Verflechtungs-Raums
Hier wird z. B. der durch Kommunikationsbeziehungen sowie materiell-physische Transferbeziehungen (d. h. industrielle Liefer-Verflechtungen, Transporte, Verkehrsströme, u. ä.), oder der durch wirtschaftliche Kontrollbeziehungen (Entscheidungs- und Verfügungsrechte), oder finanzielle Transferbeziehungen (Kapitalströme) konstituierte Raum betrachtet. Diese Raumvorstellung ist z. B. für die sozialwissenschaftliche Raumforschung, die Wirtschafts- und Sozialgeographie, Stadtökonomie und Stadtentwicklungspolitik relevant: Man konzentriert sich auf die Interaktionsbeziehungen und Verflechtungszusammenhänge zwischen ökonomischen und gesellschaftlichen Aktivitäten und Akteuren im Raum." (Krätke 1995, 15)

Ontologisch schlecht geformte Konstrukte

Jedes Konstrukt, das die Aufteilung in Konstrukte und materielle Gegenstände verletzt, nennen wir ontologisch schlecht geformt. Werden materiellen Gegenständen konzeptuelle Attribute und Konstrukten physische (aber auch chemische, biologische, soziale oder psychische) Eigenschaften zugeschrieben, erhält man ontologisch schlecht geformte Konstrukte. Beispiel: „Die natürlichen Zahlen sind uralt" anstelle von „Der Mensch erfand die natürlichen Zahlen in prähistorischer Zeit." (vgl. Bunge 1983a, 47) Carnap spottete über ontologisch schlecht Geformtes: „Cäsar ist eine Primzahl". Cäsar war ein Mensch, also ein Gegenstand, und als solcher kann er nicht zugleich ein Konstrukt sein, zum Beispiel eine Primzahl.

Weitere Beispiele:
- „Die Natur sorgt dafür, dass unangepasste Lebewesen aussterben." „Natur" ist ein Konstrukt und Konstrukte handeln nicht, deshalb „sorgen" sie auch nicht für irgend etwas.
- „Die Natur braucht den Menschen nicht." Ein Konstrukt, wie „Natur", hat keine Bedürfnisse.
- „Die Berliner scheinen zu vergessen, dass Architektur eine Sprache hat, die kommuniziert, und dass Gesellschaft sich im Gehäuse der Architektur artikuliert." „Architektur" ist ein Konstrukt, und Konstrukte haben keine Sprache sondern werden durch Sprache bezeichnet. „Gesellschaft" ist ebenfalls ein Konstrukt, und Konstrukte artikulieren sich nicht.
- „Die Mobilität der Menschen und Güter wird zum materiellen Objekt." „Mobilität" ist ein Konstrukt, Konstrukte werden nicht zu materiellen Gegenständen, sie verweisen nur auf materielle Gegenstände.

Pragmatische Interpretation

Bisweilen werden Konstrukte nicht inhaltlich in ihrer Struktur beschrieben, sondern pragmatisch dargestellt beziehungsweise interpretiert. Damit ist folgendes gemeint: Man kann, als Beispiel, den Ausdruck „3 + 2 = 5" durch

3 Das semiotische Dreieck – Ein gedankliches Werkzeug beim Planen

Fingerzählen verdeutlichen. Die Hebelgesetze des Archimedes lassen sich folgendermaßen beschreiben (vgl. dazu Bunge 1974b, 35): „Wenn ich mich auf die eine Seite der Wippschaukel setze und Sie sich auf die andere, dann gehen Sie hoch"; was allerdings nur dann zutrifft, wenn derjenige, der diesen Satz ausspricht, der Schwerere von beiden ist. Genauso kann man das Konstrukt des Vertaktens und Verknüpfens in der Verkehrsplanung des öffentlichen Verkehrs so erklären: „Wenn Sie aus dem Zug steigen, steht der Anschlusszug auf dem Bahnsteig gegenüber und fährt gleich ab."

Als didaktisches Mittel sind solche Beschreibungen zulässig (vgl. Bunge 1974b, 35 ff). Falsch wäre jedoch, diese pragmatischen Interpretationen mit Konstrukten zu verwechseln. Pragmatische Interpretationen sind meist zufällig. Sie beschreiben nicht die Struktur eines Konstrukts, sondern sie verweisen auf Individuen, zum Beispiel als Beobachter und auf Handlungen, wie zum Beispiel Messungen. Sie verwenden eine ausgeprägte menschliche Tendenz, genannt „Anthropomorphismus", die uns dazu veranlasst, möglichst viele Dinge mit Hilfe menschlicher Gefühle und menschlicher Handlungen zu beschreiben. Insofern ersetzen pragmatische Interpretationen nicht die Erarbeitung von Konstrukten mit Hilfe semiotischer Interpretationen.

Konstrukte, die keine Angaben zu den faktischen Referenten enthalten, auf die sie verweisen

Ein Beispiel ist der Begriff „Entwicklung". Die Verwendung dieses Begriffs ist nur dann sinnvoll, wenn klar ist, was sich – konkret – auf der faktischen Ebene entwickelt: „Entwicklung" ist die Änderung einer Eigenschaft – aber welche faktische Eigenschaft ist gemeint? Geht es, zum Beispiel bei einer Stadt, um die Zahl ihrer Bewohner, um die städtischen Finanzausgaben, um die Menge der Schadstoffe in der Atemluft, um die Zahl der Mitarbeiter in der städtischen Verwaltung etc.? Der Begriff „Entwicklung" sagt dazu per se nichts (vgl. Heidemann 1993). Ein Beispiel: „Spezifische Kombination von Standortfaktoren in einem Gebiet (als „Raumqualität") beeinflusst regionales „Entwicklungspotenzial"". (Krätke 1995, 25)

Gleiches gilt für die Begriffe „Ausgleichsfläche" oder „Ersatzfläche" in der ökologischen Planung. Ohne Informationen darüber, was konkret ausgeglichen oder ersetzt wird, sind diese Begriffe ohne faktischen Bezug.

Konstrukte müssen zutreffend auf Gegenstände und Ereignisse verweisen

Zuweilen finden wir folgende Situation: Die Konstrukte sind formuliert und verweisen auf Gegenstände und Ereignisse. Werden die Zusammenhänge dann aber überprüft, stellt sich heraus, dass diese Verweisung unzutreffend ist. Anders ausgedrückt: Ein auf der konzeptuellen Ebene behaupteter Zusammenhang hält der empirischen Überprüfung nicht stand. Dazu die folgenden drei Beispiele (vgl. hierzu auch die im Abschnitt „Planerische Regeln" (Kapitel 3.12) genannten Beispiele zum gleichen Thema):

Beispiel 1: Die „Stadt der kurzen Wege"
„Das Leitbild der ... [Stadt der kurzen Wege] ... beruht auf der zunächst plausiblen Annahme, dass dichte und funktionsgemischte Stadtstrukturen mit hoher Freiraum- und Ausstattungsqualität weniger Verkehr erzeugen. Dies ist ein fester Bestandteil planerischer Standardargumentation. Man möchte vermuten, dass sich diese Annahme auf umfangreiche Forschungen zum Zusammenhang von Siedlungsstruktur und Verkehrsentwicklung stützen könnte." (Jessen 1996, 3) Allerdings: „Das Gegenteil ... ist der Fall." (Jessen 1996, 3) Die „These ..., funktionsgemischte Quartiere seien Quartiere mit kurzen Wegen, [kann sich] auf keine soliden empirischen Befunde stützen. Hier wird besonders viel behauptet und wenig gewusst." (Jessen 1996, 4)

Beispiel 2: Zusammenhang von gebauter Umwelt und sozialem Verhalten im Wohn- und Wohnumfeldbereich
Eine umfangreiche Re-Analyse empirischer Untersuchungen zu diesem Thema kommt zu dem Ergebnis, dass nur die wenigsten der in diesem Bereich vertretenen Thesen einer empirischen Überprüfung standhalten. Empirische Belege zum Beispiel für folgende Thesen konnten nicht gefunden werden: In sozial benachteiligten Vierteln ist die Kriminalitätsrate besonders hoch, in Wohnhochhäusern ist die Kommunikation unter den Bewohnern geringer als anderswo etc. (vgl. Schönwandt 1982).

Beispiel 3: Neue Kommunikationstechnologien führen zu einer Reduktion der Mobilität im Alltag
Mitunter wird beziehungsweise wurde die These vertreten, die neuen Kommunikationstechnologien würden dazu beitragen, dass der Verkehr auf den Straßen, in der Luft etc. wenn schon nicht abnehmen, so doch zumindest weniger stark zunehmen werde. Erste empirische Untersuchungen dazu erhärten dagegen eine andere These, nämlich, dass unsere Alltagsmobilität durch die Kommunikationstechnologien eher zu- als abnimmt (vgl. Zoche 2000 oder Zumkeller 2000).

Die genannten Beispiele machen deutlich, dass bei bloß behaupteten Zusammenhängen Skepsis angebracht ist. Wie aber lassen sich solche Behauptungen ad hoc überprüfen? Dazu gibt es einige Ergebnisse denkpsychologischer Untersuchungen, die helfen können, die Seriosität behaupteter Zusammenhänge einzuschätzen. Wenn nämlich ein Autor oder Redner über empirische Zusammenhänge berichtet, so kann er dies aufgrund von zwei Arten von Informationen tun: Entweder auf der Grundlage von Daten oder nur anhand von Konstrukten (Begriffen, Propositionen etc.), das heißt ohne Daten. Wenn zur Beurteilung eines Zusammenhangs keine Daten vorhanden sind, sondern ausschließlich Konstrukte herangezogen werden, neigt das menschliche Denkorgan dazu, Zusammenhänge von beträchtlicher Stärke anzunehmen. Die angenommene Stärke der Zusammenhänge geht dabei meist weit über die tatsächlich vorhandenen empirischen Zusammenhänge hinaus (vgl. Jennings, Amabile und Ross 1982). Das heißt, real existierende Zusammenhänge werden in der Regel überschätzt, wenn sie nur anhand von Konstrukten vorgenommen werden, also ohne Daten. Man muss deshalb bei jeder Argumentation zunächst fragen, wovon der Autor oder Redner ausgeht, von Daten oder von Konstrukten. Hat er keine Daten zur Verfügung, ist man gut beraten, von vornherein entsprechende Abschläge einzukalkulieren, falls der Urheber dies nicht schon selber getan hat (vgl. Schönwandt 1986, 50 ff).

Mit Bestandserhebungen allein lassen sich Konstrukte nicht erfassen

Manche Planungsarbeiten beschreiben im Wesentlichen nur die materiellen Gegenstände beziehungsweise Ereignisse, das heißt die Gebäude, Außenräume, die Gegenstände der Natur (Auflistung der Pflanzen und Tiere), die Menschen etc. und deren Veränderungen, ohne auf die konzeptuellen Zusammenhänge einzugehen. Zur Beschreibung der Gegenstände werden dabei vor allem selbsterklärende Konstrukte benutzt, wie „Baum" oder „Haus". Als Grundlagenarbeiten sind solche Bestandsdarstellungen notwendig. Sie haben jedoch ihre Grenzen, weil viele sprachliche Ausdrücke in der Planung keine Gegenstände benennen, sondern – wie dargestellt – Konstrukte bezeichnen.

So viel zu einigen Fehlermöglichkeiten im Umgang mit Konstrukten.

Reaktionen auf unklare Konstrukte

Das Thema Konstrukte ist für die Planung bisher nur wenig aufgearbeitet worden. Zu dem Ausnahmen gehören zum Beispiel Heidemann 1990, Schön und Rein 1994, Signer 1994 oder Seni 1996, die sich jeweils aus unterschiedlichen Perspektiven mit diesem Thema befasst haben.

Das bedeutet jedoch nicht, dass entsprechende Defizite bei der Beschreibung und Erklärung von Planungsaufgaben, aber auch in anderen Wissenschaftsbereichen, bisher nicht aufgefallen und deshalb nicht bemängelt worden wären. Im Gegenteil, eine ganze Reihe von Autoren benennen das Problem unklarer Konstrukte mit mehr oder weniger deutlichen Worten. Die folgenden sechs Beispiele mögen genügen:

Beispiel: Bächer (Architektur)
Inhaltlich geht es um die Planung des deutschen Pavillons für die EXPO 2000 in Hannover: „Beim Startschuss für den Wettbewerb lag noch kein Ausstellungskonzept vor. Die Auslober fanden nichts dabei: Man hatte doch schließlich ein Thema: „Mensch – Natur – Technik". Das hat schon die Kohle-Union 1958 in Brüssel ausgezeichnet repräsentiert. Erste Zweifel werden laut, ob ... der Unterschied zwischen einem Titel und einem Konzept [sprich: Konstrukt] bekannt sei. Im Übrigen, so konstatierte der Träger, sei aber gar nicht der Inhalt oder der Pavillon die Aufgabe, sondern dessen spätere Wiederverwendung ... August Everding wird als künstlerischer Berater [des Preisgerichts] vorgestellt. Er komme sich vor, sagt er, wie einer, der ein Bühnenbild entwerfen soll, aber niemand könne ihm sagen, welches Stück gespielt werde." (Bächer 1998, 1255)

Beispiel: Möller (Nachhaltigkeit)
„Ist Nachhaltigkeit nur eine Worthülse?" (Möller 1999, 12); und: „Misstrauen bei allem, was heute unter Nachhaltigkeit firmiert, ist ... angebracht." (Möller 1999, 12)

Beispiel: Strohmeyer (Stadtplanung)
„Drei Städtetypen tauchen im begrifflichen Nebel der widersprüchlichen Einsichten auf: die geschlossene, „europäische Stadt"......... die offene Stadt, bei der offen bleibt, wem sie sich öffnen muss...[und] die Riesenstädte der Dritten Welt ..." (Strohmeyer 1999, 60)

Die folgenden Beispiele zeigen, dass das Problem unklarer Konstrukte nicht nur in der räumlichen Planung bemängelt wird.

Beispiel: Malik (Wirtschaftswissenschaften)
„Der vielleicht größte Qualitätsmangel bei der Strategieplanung resultiert aus der leichtfertigen Verwendung von Schlagwörtern und Leerformeln. Sowohl in der Literatur wie auch in den Planungsdokumenten der Praxis finden sich immer wieder völlig nichts sagende Formulierungen. So werden beispielsweise die ... grundlegenden Strategien von Unternehmen häufig mit Formulierungen beschrieben wie etwa: „Marktanteil ausweiten", „Umsatz steigern", „Vorwärtsstrategie", „Position halten" usw. Solche Umschreibungen genügen höchstens in Ausnahmefällen; sie sind nicht geeignet, die Unternehmung mit dem zu versorgen, was sie aus strategischer Sicht wirklich braucht, nämlich *Orientierungskraft* ... Die Kunst und Notwendigkeit besteht eben genau darin, zu sagen, *wie, womit, wo, zu wessen Lasten* Marktanteile gewonnen werden sollen, und schließlich zu beurteilen, ob dies im Lichte aller Gegebenheiten und Faktoren auch vernünftig ist, ob man sich die Strategie leisten kann oder ob sie der Anfang vom Ende sein wird... Eine Leerformel *kann* ohne zusätzliche Angaben gar nicht konkretisiert werden, weil sie mit jeder denkbaren Konkretisierung verträglich ist."(Malik 1999, 130 ff)

Beispiel: Saltzwedel (Geisteswissenschaften)
„So einfach ist den Wörtern anzumerken, dass sie nicht aus Mühe um Erkenntnis entstanden sind, sondern nach Bedürfnissen und Gesetzen eines Unterhaltungsmarktes. Und der verlangt pausenlos Schnelles, Witziges, Neues. ... Mitreden zählt, worüber kaum." (Saltzwedel 1998, 212)

Beispiel: Sokal und Bricmont (Philosophie)
„Dieses Buch handelt von Mystifizierung, bewusst verschleiernder Sprache, gedanklicher Verwirrung und dem Missbrauch wissenschaftlicher Begriffe." (Sokal und Bricmont 1999, 11) „Der Missbrauch kennt viele unterschiedliche Grade. Am einen Ende des Spektrums stehen Übertragungen wissenschaftlicher Begriffe in Bereiche außerhalb ihrer Gültigkeit.... Am anderen Ende stehen zahlreiche Texte, die voll von wissenschaftlichen Begriffen, aber völlig inhaltsleer sind." (Sokal und Bricmont 1999, 22) „Unser Ziel besteht genau

darin: zu sagen, der König sei nackt (und die Königin ebenfalls)" (Sokal und Bricmont 1999, 21).

Diese Auflistung ließe sich nahezu beliebig fortsetzen.

3.12 Planerische Regeln

In den vorangegangenen Kapiteln wurde das semiotische Dreieck und, etwas ausführlicher, das Thema Konstrukte erörtert sowie einige Konsequenzen, die sich daraus für die Planung ergeben.

Das bedeutet jedoch nicht, dass man nur dann planen kann, wenn man sich über die bisher beschriebenen Themen jeweils explizit Gedanken gemacht hat. Sicher, Planung ist ohne Konstrukte prinzipiell nicht möglich, daraus folgt jedoch keineswegs, dass sich der Planer dessen bewusst sein müsste.

Auch ohne die explizite Auseinandersetzung mit Konstrukten lässt sich Planung nämlich zum Beispiel auch mit Hilfe so genannter „planerischer Regeln" betreiben. Diese basieren freilich ebenso auf Konstrukten, und trotzdem lassen sie sich anwenden, ohne dass die ihnen jeweils zugrundeliegenden Konstrukte erkannt werden müssten.

Vor diesem Hintergrund befasst sich dieser Abschnitt mit „planerischen Regeln": Was sind planerische Regeln? Welche Rolle spielen sie beim Planen? Wie werden sie gebildet? Und vor allem, in welcher Weise fußen sie auf Zusammenhangsaussagen, die ihnen zugrunde liegen? Zusammenhangsaussagen sind dabei eine Teilmenge der Konstrukte[47]: Sie enthalten (zumindest) zwei Zustände A und B eines Systems und beschreiben darüber hinaus den „gesetzmäßigen" Übergang dieses Systems vom Zustand A in den Zustand B usw. (für Details siehe unten in diesem Kapitel 3.12).

Solche Regeln sind beim Planen immer beteiligt, und es gibt praktisch keine Möglichkeit, Planungen ohne sie durchzuführen. Gleiches gilt für die entsprechenden Zusammenhangsaussagen, auch sie sind immer involviert. Die jeweiligen Zusammenhangsaussagen können freilich mehr oder weniger fundiert sein. Mehr noch: Regeln und die dazu gehörenden Zusammenhangsaussagen bestimmen die beim Planen eingesetzten Mittel und damit unser Planungshandeln.

Dass planerische Regeln auf Zusammenhangsaussagen gründen, bedeutet allerdings nicht, dass sie sich stringent aus diesen herleiten lassen. Die Eigenart der Nahtstelle zwischen Regeln und Zusammenhangsaussagen bringt es zudem mit sich, dass das „Funktionieren" einer Regel nichts darüber aussagt, ob die zugrunde liegende Zusammenhangsaussage zutrifft oder nicht. Überdies kann das gewünschte Ergebnis mitunter auch auf der Grundlage teilweise unzutreffender Zusammenhangsaussagen erreicht werden.

---

[47] Vgl. Bunge 1996, 70 ff.

Planungen liegen Regeln zugrunde

Bei Planungen geht es – wie bereits mehrfach erwähnt – meist darum, eine als nachteilig empfundenen Sachlage zu verbessern. Um den gewünschten Zustand zu erreichen, schlagen Planer im Rahmen der von ihnen erarbeiteten „Anleitungen" entsprechende Handlungen vor, die oft als „Maßnahmen" bezeichnet werden. Beispiele solcher Maßnahmen sind der Bau einer Umgehungsstraße, das Anlegen eines Biotops oder das Subventionieren von Monats- oder Jahreskarten im öffentlichen Nahverkehr.

Bereinigt man diese „Maßnahmen" um die Komponenten, welche nur auf den einzelnen Planungsfall zutreffen, liegen ihnen planerische Regeln zugrunde; schließlich entwerfen Planer ihre Lösungsvorschläge für Planungsaufgaben nicht jedes Mal *komplett* neu. Sie verfügen vielmehr über professionelles Wissen, und dazu gehören die jeweiligen Regeln, die sie bei der Bearbeitung von Planungsaufgaben einsetzen.

(Die nachfolgenden Erläuterungen zum Thema Regeln folgen im Wesentlichen der Darstellung von Bunge 1983b, 1996 und 1998.)

Was sind planerische Regeln?[48] Es sind auf vergleichbare Planungsprobleme anwendbare Instruktionen, was zu tun ist, um ein bestimmtes Ziel zu erreichen. „A *rule* is an instruction for doing something definite with things, processes or ideas." (Bunge 1996, 73) „A rule prescribes a course of action: it indicates how one should proceed in order to achieve a predetermined goal. More explicitly: a rule is an instruction to perform a finite number of acts ... with a given aim. ... In contrast to law [statements], which say what the shape of possible events is, rules are norms." (Bunge 1998, 147) Regeln sind somit Anweisungen etwas zu tun, sei es intellektuell, manuell oder in Form von Kommunikation beziehungsweise Interaktion mit anderen. Geht es um konzeptuelle Probleme, leiten sie das Denken, sind es praktische Probleme, bestimmen sie das Handeln. Anders als zum Beispiel Zusammenhangsaussagen beschreiben Regeln nichts, sie erklären nichts und sie sagen nichts voraus: Sie schreiben vor.

Beispiele für solche Regeln in der Planung sind: „Um die vorhandene Flora und Fauna zu schützen, weise Landschaftsschutzgebiete aus", „Um mehr Autofahrer dazu zu bringen, auf den öffentlichen Nahverkehr umzusteigen, subventioniere die Monats- und Jahreskarten" oder „Um den Durchgangsverkehr innerorts zu reduzieren, baue eine Umgehungsstraße". Regeln beinhalten im Kern also zumindest zwei Zustände, (a) einen unerwünschten und (b) einen erwünschten, (im zuletzt genannten Beispiel wäre dies „starker Durchgangsverkehr" und „geringer (beziehungsweise weniger) Durchgangsverkehr") sowie (c) die Aktionen, die Menschen ausführen können, um ersteren Zustand in letzteren zu überführen, in diesem Beispiel das Bauen einer Umgehungsstraße.

Solche Regeln haben folgende abstrakte Struktur: Um das Ziel, den Sollzustand S zu erreichen, verwende das Mittel M beziehungsweise tue M. Oder:

---

[48] Regel (rule) ist der Begriff, der in der Wissenschaft in diesem Kontext üblicherweise verwandt wird; vgl. zum Beispiel Stone 1988, 231 ff oder Bunge 1996, 73 ff.

Um S zu vermeiden, unterlasse es, M zu tun[49]. In dem obigen Beispiel „Um mehr Autofahrer dazu zu bringen, auf den öffentlichen Nahverkehr umzusteigen, subventioniere die Monats- und Jahreskarten" wären die subventionierte Monats- und Jahreskarten das Mittel und das Umsteigen der Autofahrer auf den öffentlichen Nahverkehr das gewünschte Ziel.

Regeln werden immer angewandt, wenn eine Situation gewollt verändert werden soll

Regeln werden nicht nur in der räumlichen Planung (Architektur, Städtebau, Stadtplanung, Landschaftsplanung, Regionalplanung etc.) angewandt, sondern immer dann, wenn es darum geht, irgendetwas willentlich zu verändern, Probleme zu lösen, Teams zu führen etc. Das heißt, sie sind jeweils dann im Spiel, wenn mit einer Maßnahme etwas bewirkt, ein technisches, soziales oder anderes System kontrolliert beziehungsweise verändert oder ein neues Produkt hergestellt werden soll; folglich gibt es Regeln in vielfältigen Bereichen, etwa
- für die Konstruktion von Gebäuden: „Um Bauschäden bei Wänden aus stark schwindendem Material zu vermeiden, konstruiere sie so, dass sie eine geringe zusammenhängende Länge und/oder eine ausreichende Anzahl von Dehnungsfugen haben";
- für die Behandlung von Kranken: „Um eine bakterielle Erkrankung zu heilen, nimm Antibiotika";
- in der Wirtschaftspolitik: „Um das wirtschaftliche Wachstum zu stimulieren, fördere die Nachfrage" etc.

Kurz: Jeder, der etwas an der realen Welt mittels Planung verändern will, wendet irgendwelche planerischen (allgemeiner: technologischen oder sozial-

---

[49] Damit liegt diesem Abschnitt der Kern des so genannten Ziel-Mittel-Ansatzes zugrunde, der sich wie folgt formulieren lässt: Ein erwünschtes Ziel, welches sich nicht von alleine einstellt, kann durch geplantes Handeln nur erreicht werden, wenn dazu irgendwelche Mittel eingesetzt werden.
Bei der Anwendung des Ziel-Mittel-Ansatzes tauchen eine Reihe von Problemen auf, die jedoch den Kern diese Ansatzes nicht in Frage stellen: Ziele und Mittel sind nicht einfach gegeben oder wertfrei. Sich mit den Beteiligten beziehungsweise Betroffenen auf bestimmte Ziele zu einigen, gehört mit zu den schwierigsten Aufgaben beim Planen. Ziele wie Mittel verändern sich, schließlich verändern sich oft Wissensstand, Sichtweisen und Präferenzen der Beteiligten im Laufe der Zeit. Ziele können zudem aus mehreren Teilzielen bestehen, die sich überdies öfters widersprechen. Genauso sind meist verschiedene Mittel möglich, die nicht selten untereinander konkurrieren. Darüber hinaus kann die Beziehung zwischen dem gewünschten Ziel und den vorgesehenen Mitteln einfach sein, indem etwa ein direkter Zusammenhang zwischen beiden angenommen wird; Beispiel: „Um die Menge der auf einer Straße durch den motorisierten Individualverkehr erzeugten Schadstoffe (Stickoxide, Kohlenwasserstoffe etc.) zu verringern (= Ziel), reduziere die auf dieser Autostraße vorgeschriebene Geschwindigkeit (= Mittel)." Oder sie kann aus einer Vielzahl von Beziehungen bestehen, die zusammen ein komplexes systemisches Gefüge bilden. Und vor allem kann es, besonders bei Rückkopplungsprozessen, unterschiedliche Auffassungen darüber geben, was „Mittel" und was „Ziel" ist, weil ein bestimmtes Ziel auch ein Mittel für die Erreichung eines anderen Ziels sein kann (vgl. hierzu zum Beispiel Forester 1993, 20ff, Alexander 1992, 54 ff, Banfield 1973, 139 ff oder Schönwandt 1999).

technologischen) Regeln an, von denen er denkt, sie seien geeignet, den gewünschten Zustand zu erreichen.

Regeln basieren auf Zusammenhangsaussagen

Regeln basieren auf „darunterliegenden" Zusammenhangsaussagen. Ein Beispiel: Die Regel sei: „Um die Auslastung des öffentlichen Nahverkehrs zu verbessern (= Ziel), reduziere die Unannehmlichkeiten der Fahrgäste beim Umsteigen: Verkürze die Umsteigezeiten, schaffe angenehme Aufenthaltsmöglichkeiten an Haltestellen und Bahnhöfen (= Mittel)." Eine Zusammenhangsaussage, die diese Regel stützt, wäre beispielsweise: „Fahrstrecken des öffentlichen Nahverkehrs, auf denen die Fahrgäste umsteigen müssen, werden, im Vergleich zu Direktverbindungen ohne Umsteigen, viermal seltener benutzt; der Grund: Auf Anschlussverbindungen muss oft zu lange gewartet werden, und die Aufenthaltsmöglichkeiten an Haltestellen und Bahnhöfen sind häufig wenig angenehm."

Die den jeweiligen Regeln zugrunde liegenden Zusammenhangsaussagen können freilich in unterschiedlichem Maße fundiert sein. Bisweilen sind es bloße Vermutungen, die als solche dem Planer zudem nicht einmal bewusst sein müssen, in manchen Fällen sind sie wissenschaftlich begründet. Wissenschaftlich begründete Zusammenhangsaussagen sind Konstrukte und als solche – allgemein formuliert – empirisch bestätigte Hypothesen, gegebenenfalls eingebettet in eine Theorie, die eine Regelmäßigkeit repräsentiert. Als wissenschaftliche Aussagen beziehungsweise Konstrukte haben sie typischerweise folgende Struktur: In Systemen der Art S folgt – immer oder mit einer bestimmten Häufigkeit – auf den Zustand oder das Ereignis A der Zustand B, und zwar beständig oder mit einer in zeitlicher Hinsicht veränderlichen Regelmäßigkeit. Sie enthalten somit (zumindest) zwei Zustände A und B und beschreiben darüber hinaus den mit einer bestimmten zeitlichen Regelmäßigkeit auftretenden „gesetzmäßigen" Übergang des Systems vom ersten Zustand A in den zweiten Zustand B usw. Andere Formen sind: „A verursacht B, A wird gefolgt von B oder A macht B wahrscheinlich" (genauer: „Die Wahrscheinlichkeit von B, bei gegebenem A, ist signifikant größer als Null") (vgl. Bunge 1996, 73). Zusammenhangsaussagen schließen neben Prozessbeschreibungen als Abfolge verschiedener Zustände eines Systems auch ein Teil der oben in Kapitel 3.3 beschriebenen Relationen ein, und zwar vor allem statistische, funktionale, probabilistische und kausale Relationen, wobei wir die beiden letztgenannten zusammen als Wirkungsmechanismen bezeichnet haben (siehe Kapitel 3.4).

Damit sind Zusammenhangsaussagen eine Teilmenge der Propositionen, nämlich jene, bei denen die Begriffe vor allem via statistischer, funktionaler, probabilistischer oder kausaler Relation, oder einer Kombination dieser Relationen, zu Propositionen zusammengesetzt werden.

Der Unterschied zwischen Regeln und Zusammenhangsaussagen

Der strukturelle Unterschied zwischen Regeln und Zusammenhangsaussagen ist folgender: Eine Zusammenhangsaussage ist – wie beschrieben – die Darstellung eines Zustandes eines Systems und beschreibt den „gesetzmäßigen" Übergang dieses Systems von diesem Zustand A in einen anderen Zustand B (sowie, gegebenenfalls, in einen weiteren Zustand C, usw.).

Regeln dagegen stellen einen Zusammenhang her zwischen bestimmten Zuständen des jeweils interessierenden Systems (beispielsweise einem als nachteilig angesehenen Zustand sowie einem erwünschten Zustand, dem Ziel) auf der einen Seite, und einer *Menge möglicher Aktionen*, welche von Akteuren unternommen werden können, die dieses System verändern beziehungsweise den erwünschten Zustand erreichen wollen auf der anderen Seite.

Während also eine Zusammenhangsaussage feststellt, dass und gegebenenfalls wie sich ein Zustand A eines Systems in einen anderen Zustand B verändert, beinhaltet eine Regel nicht nur die Zustände eines Systems, sondern schließt zudem die Handlungen ein, die von Akteuren unternommen werden können, damit sich der Zustand des Systems von A nach B verändert. Das heißt, in jeder Regel ist im Kern die Beschreibung der Veränderung eines Zustandes A in einen Zustand B und somit eine Zusammenhangsaussage enthalten – auch wenn letztere nicht explizit formuliert wurde.

Aus diesem Grund können bei allen Planungsaufgaben die jeweils benutzten Zusammenhangsaussagen entdeckt beziehungsweise herausgeschält werden: Dies lässt sich bewerkstelligen, indem man

(a) den Ausgangszustand eruiert, sowie,

(b) welche Ziele mit der Maßnahme erreicht werden sollen, und zudem

(c) analysiert, was konkret als Planungsmaßnahme vorgeschlagen oder umgesetzt wird beziehungsweise werden soll.

Wird, als Beispiel, in einem als benachteiligt angesehenen Stadtviertel (= Ausgangszustand) ein Stadtteil- oder Einkaufszentrum gebaut (= Planungsmaßnahme), um diesen Stadtteil aufzuwerten (= Sollzustand, Ziel), so wird dabei folgende (schlichte) Regel angewandt: „Um einen benachteiligten Stadtteil aufzuwerten, baue ein Stadtteil- oder Einkaufszentrum." Dieser Regel liegt – bewusst oder unbewusst – folgende (schlichte) Zusammenhangsaussage zugrunde: „Neu gebaute Stadtteil- oder Einkaufszentren führen zu Veränderungen im jeweiligen Stadtteil, die diesen Stadtteil aufwerten."

Zur Konstruktion von Regeln

Wie werden planerische Regeln auf der Grundlage von Zusammenhangsaussagen konstruiert? Man bildet sie, indem eine Regel für zumindest eine der Thesen eingesetzt wird, die in der Zusammenhangsaussage enthalten sind. Die folgende Tabelle zeigt einige Beispiele (vgl. Bunge 1983b, 371):

3.12 Planerische Regeln

Tabelle 5 Wie wird eine planerische Regel auf der Grundlage einer Zusammenhangsaussage gebildet?

Zusammenhangsaussage	Planerische Regel
Wenn A geschieht, ereignet sich B	Um B zu erreichen, tue A
Wenn A steigt, fällt B	Um B zu senken, erhöhe A
Der Grad der Veränderung von A entspricht der Änderung von B	Um A zu verändern, reguliere B

Das folgende Beispiel zeigt, wie sich aus einer Zusammenhangsaussage eine Regel bilden lässt: Grundlage ist die bereits zitierte These: „New York [erprobt] neuerdings große Anzeigetafeln in den Straßen, die die Luftverschmutzung messen und, wie in Sao Paulo bereits erfolgreich getestet, Pendler zum Umsteigen auf Bahn und Bus bewegen." (Mönninger 1999, 19) Aus dieser Formulierung lässt sich beispielsweise folgender Wirkungsmechanismus (Wirkungsmechanismen sind eine Teilmenge der Zusammenhangsaussagen) extrahieren (der hier allerdings nicht detailliert in der Form A führt zu B, B führt zu C, C führt zu D etc. beschrieben ist): „Die angezeigten Luftverschmutzungswerte bewirken, dass Pendler auf Bahn und Bus umsteigen." Dieser Wirkungsmechanismus kann die Grundlage für folgende Regel sein: „Um Pendler zum Umsteigen auf Bahn und Bus zu bewegen, bringe in den Straßen große Anzeigetafeln an, welche die Luftverschmutzungswerte anzeigen."

Regeln lassen sich nicht stringent aus Zusammenhangsaussagen ableiten

Zu sagen, eine planerische Regel gründe auf einer Zusammenhangsaussage, bedeutet nicht, dass sie sich stringent – „streng logisch", „deduktiv" etc. – aus dieser Aussage ableiten ließe. Das heißt: Es gibt keine Eins-zu-Eins-Korrespondenz zwischen Zusammenhangsaussage und planerischer Regel.

Für das Fehlen dieser Eins-zu-Eins-Korrespondenz lassen sich vor allem drei Gründe anführen:
Ein erster Grund ist, dass es viele Zusammenhangsaussagen gibt, auf deren Grundlage keine planerische Regel formuliert werden kann. So lassen sich beispielsweise – wie oben bereits erwähnt – neuere Erkenntnisse über die physikalischen oder chemischen Eigenschaften der in den Fahrzeugen des öffentlichen Personennahverkehrs (ÖPNV) verwendeten Materialien (Metalle, Kunststoffe etc.) sowie über die damit verbundenen Folgeeffekte nur selten direkt in planerische Regeln umformulieren, deren Anwendung im Rahmen der Planung des ÖPNV dazu beiträgt, das Angebot für die Bürger zu verbessern. Solche Zusammenhangsaussagen sind von ihrem Auflösungsgrad her dafür meist zu „feinkörnig".
Ein zweiter Grund ist folgender: Lässt sich beispielsweise zeigen, dass eine Regel auf einer Zusammenhangsaussage basiert, so rechtfertigt dies die je-

weilige Regel nur zum Teil, andere Aspekte müssen hinzu kommen: Grundsätzlich kann eine Aussage „Wenn Mittel M, dann Sollzustand S" zwar bedeuten, dass S erreicht werden kann, wenn M hergestellt beziehungsweise eingesetzt wird. Aber auch wenn diese Zusammenhangsaussage zutreffend ist, sagt dies nichts darüber aus, *ob M überhaupt hergestellt werden kann*. Dazu zwei Beispiele: „Wenn die Standortbedingungen für Firmen an jedem Ort der Welt absolut gleich sind, werden Unternehmen keine Arbeitsplätze mehr an andere Standorte verlagern, weil es dafür keinen Anlass mehr gibt." Oder: „Wenn alle Sicherheitsvorkehrungen für die Aufbewahrung von Plutonium über circa siebenhunderttausend Jahre Bestand haben, dann wird diese giftige Substanz keinen Schaden anrichten." In beiden Fällen dürfte es kaum möglich sein, die jeweilige Situation herzustellen: Aller Wahrscheinlichkeit nach wird es weder „weltweit gleiche Standortbedingungen" noch „Sicherheitsvorkehrungen für Plutonium, die über siebenhunderttausend Jahre Bestand haben", geben.

Regeln lassen sich auch aus einem dritten Grund nicht stringent aus Zusammenhangsaussagen ableiten: Jede Zusammenhangsaussage ist aktuell oder potenziell nicht nur Grundlage für eine, sondern für zwei verschiedene planerische Regeln: Eine, die vorschreibt, was man tun soll, um einen gewünschten Zustand zu erreichen, und ihre „Pendantregel", die beschreibt, wie man handeln soll, um das entsprechende Ergebnis zu vermeiden (in diesem Fall liegen zwei unterschiedliche Ziele vor).

Betrachtet man eine einfache Zusammenhangsaussage, nämlich „Wenn M, dann S", so ist diese Einzelaussage die Grundlage für folgendes Regelpaar:

Regel 1: Um S zu erreichen, tue M, oder veranlasse, dass M geschieht.
Regel 2: Um das Auftreten von S zu verhindern, vermeide es, M zu tun, oder verhindere das Auftreten von M.

Dazu ein Beispiel aus dem Bereich der Wirtschaft. Es gibt die gut bestätigte Zusammenhangsaussage: „Hohe Arbeitslosenzahlen führen in der Tendenz dazu, dass die Gehälter eingefroren oder reduziert werden. Niedrige Arbeitslosenzahlen führen dazu, dass die Gehälter steigen." Anders formuliert: „Wenn die Arbeitslosigkeit steigt, steigen die Gehälter nicht. Nimmt die Arbeitslosigkeit ab, steigen die Gehälter." Diese Aussage legt zwei Regeln nahe:

Regel 1: Um die Gehälter niedrig zu halten, erhöhe die Arbeitslosigkeit.
Regel 2: Um die Gehälter zu erhöhen, schaffe Arbeitsplätze.

Die Zusammenhangsaussage gibt keinen Hinweis darauf, welche dieser beiden Regeln angewandt werden soll. Das jeweilige Ziel – „Gehälter sollen niedrig bleiben" oder „Gehälter sollen erhöht werden" – muss aufgrund anderer, zusätzlicher Überlegungen zum Beispiel darüber, wessen Interessen Vorrang haben sollen, festgelegt werden.

Was die Konstruktion der Pendantregel angeht, muss zudem eine Restriktion beachtet werden. Oft stützt zwar die gleiche Zusammenhangsaussage, welche die Vorlage ist für die Regel „Um S zu erreichen, tue M" – wie beschrieben – auch die entsprechende Pendantregel: „Um zu verhindern, dass S geschieht, vermeide es, M zu tun." Für diese Negativaussage liefert die zugrunde gelegte Zusammenhangsaussage aber in manchen Fällen keine Basis, denn das „Nicht-S" kann nicht nur „Anti-S" bedeuten, sondern auch die Abwesenheit von S. Ein Beispiel: Gegeben sei die Aussage „Der Output eines ökonomischen Systems lässt sich beschreiben als eine *ansteigende* Funktion von Kapital und Arbeit." Auf der Grundlage dieser Aussage ließen sich zwei Regeln formulieren: „Um den Output eines ökonomischen Systems zu erhöhen, erhöhe das Kapital oder die Arbeit oder beides", und: „Um den Output zu senken, reduziere das Kapital oder die Arbeit oder beides." Was jedoch dazu führt, dass der Output eines ökonomischen Systems *sinkt*, ist nicht Thema der zugrunde liegenden Zusammenhangsaussage (siehe oben). In dieser ist nämlich nur von einer „ansteigenden Funktion" die Rede, eine Formulierung über eine „abfallende Funktion" kommt in dieser Zusammenhangsaussage nicht vor. Deshalb ist die letztere der beiden genannten Regeln durch die obige Zusammenhangsaussage nicht gedeckt und kann folglich in solchen Fällen auch nicht legitim formuliert werden.

Die moralische Ambivalenz von Regeln

Die Tatsache, dass eine Zusammenhangsaussage die Grundlage für zwei Regeln sein kann, ist eine der Wurzeln für die moralische Ambivalenz von Planung, im Gegensatz zur moralischen Univalenz der Grundlagenforschung. Gleiches gilt im Übrigen für alle technologischen oder sozialtechnologischen Regeln; entsprechend sind auch Technologie und Sozialtechnologie moralisch ambivalent. Eine Zusammenhangsaussage ist beschreibend, erklärend oder vorhersagend, folglich moralisch[50] neutral (nicht zu verwechseln mit wertfrei[51]). Eine planerische Regel dagegen ist eine Vorschrift für eine Handlung. Diese Regel kann moralisch „richtige" wie „falsche" Aktionen vorschreiben. Sind der gewünschte (Soll)Zustand S und die Mittel M, die benutzt werden, um S zu erreichen, moralisch „richtig", dann ist die Zusammenhangsaussage „Wenn M, dann S" die Grundlage für die moralisch „richtige" Regel: „Um den Sollzustand S zu erreichen, tue M". Sind dagegen der Sollzustand oder die Mittel moralisch bedenklich, dann ist die erste Regel moralisch falsch und es sollte ihre Pendantregel angewandt werden. Ein Beispiel: Die Zusammenhangsaussage sei: „Baufirmen, die Mitglieder eines Preiskartells sind, erzielen höhere Gewinne als solche, die keinem Preiskartell angehören." Es wäre moralisch (wie rechtlich) verwerflich, sich entsprechend der folgenden, aus dieser Zusammenhangsaussage ableitbaren Regel zu verhalten: „Um die Gewinne deiner Baufirma zu erhöhen, werde Mitglied in einem Preiskartell."

---

[50] Moralische Fragen beziehen sich darauf, wie man sich verhalten soll, wenn Eigeninteressen mit den Interessen Anderer kollidieren, es sind somit Merkmale sozialer Situationen.
[51] Beim Planen arbeiten wir unvermeidlich mit Vereinfachungen, Reduktionen, außerdem lassen uns Wahrnehmungsbeschränkungen und Motive die Welt nur durch „Filter" erkennen. All dies schließt Wertsetzungen ein, folglich ist Planung prinzipiell nie wertfrei.

Die Anwendung einer Regel kann folglich moralisch gerechtfertigt oder verwerflich sein.

Während also Zusammenhangsaussagen moralisch neutral sind, sind Regeln dies nicht, weil Ziele wie Mittel zwar für bestimmte Individuen oder Gruppen aus ökonomischen, moralischen oder sonstigen Gründen mehr oder weniger wertvoll sein, gleichzeitig jedoch anderen schaden können. Daraus folgt, dass für jede Regel bei ihrer Anwendung eine moralische Rechtfertigung der jeweiligen Ziele und Mittel erarbeitet werden muss. Ziele wie Mittel müssen mit ihren moralischen (beziehungsweise ethischen[52]) Vor- und Nachteilen untersucht und die jeweiligen Präferenzen offengelegt werden.

Regeln und Zusammenhangsaussagen sollten offengelegt und überprüft werden

Einer der wesentlichsten Gründe, warum Regeln und Zusammenhangsaussagen offengelegt und überprüft werden sollten, ist, dass planerische Regeln auf Dauer nur „funktionieren" können, wenn die ihnen zugrunde liegenden Zusammenhangsaussagen zumindest teilweise zutreffend sind. Deshalb sollte in der räumlichen Planung die bewusste Formulierung und Überprüfung planerischer Regeln und der ihnen zugrunde liegenden Zusammenhangsaussagen zum Standard professionellen Arbeitens gehören.

Ein weiterer Grund für diese Überprüfung ist folgender: Das Lernen planerischer Regeln ist ein wichtiger Teil der Berufsausbildung und -tätigkeit, aber auch ein relativ einfacher, weil man, um eine Regel benutzen zu können, nur wissen muss, *wie man sie anwendet*. Was man für eine Anwendung nicht wissen muss ist beispielsweise, warum oder sogar wie sie funktioniert und was sie *im Einzelnen* bewirkt (vgl. Bunge 1983b, 253). Die Anwendung einer Regel setzt auch keine sorgfältige Analyse des Planungsproblems beziehungsweise der Ausgangssituation voraus.[53] Damit ist jedoch die Gefahr verbunden, dass Regeln unreflektiert angewandt werden, und zwar in dem Sinne, dass nicht sorgfältig genug geprüft wird, ob eine bestimmte zur Bearbeitung einer Planungsaufgabe vorgesehene Regel in diesem speziellen Fall überhaupt angemessen ist.

Natürlich kommt es vor, dass in der Praxis hin und wieder mit Hilfe ungeeigneter Regeln geplant wird, und zwar ohne dass dies erkennbar zu Planungsfehlern führt und deshalb kritisiert würde. Ein wesentlicher Grund hierfür ist jedoch auch, dass nur wenige Planungsergebnisse wirklich systematisch evaluiert und mit den ursprünglichen Absichten verglichen werden. Deshalb können mögliche Planungsfehler, die durch die Anwendung ungeeigneter Regeln entstehen, oftmals nicht aufgedeckt und folglich beim nächsten Mal auch nicht vermieden werden.

---

[52] Die Ethik befasst sich als wissenschaftliche Disziplin mit Moral.
[53] Empirische Untersuchungen hierzu zeigen, dass die Ausgangssituation beim Planen in der Mehrzahl der Fälle nicht adäquat analysiert wird (vgl. zum Beispiel von der Weth 1999, 456).

3.12 Planerische Regeln

Eine bewusste Reflexion der Regeln und Zusammenhangsaussagen sollte auch aus einem weiteren Grund stattfinden, und zwar im Verbund mit einer Überprüfung der konkreten Planungshandlungen. Es ist nämlich keineswegs so, dass die jeweils durchgeführten Planungshandlungen immer mit den verbal gegebenen Beschreibungen dieser Handlungen übereinstimmen. Aus den Sozialwissenschaften (vgl. etwa Deutscher 1973 oder Nisbett und DeCamp Wilson 1977) ist bekannt, dass es bei den meisten Menschen einen Unterschied gibt zwischen ihren Handlungen und den verbalen Beschreibungen ihrer Handlungen. Dass dies auch bei der Anwendung von Regeln ein Problem ist, haben beispielsweise Argyris und Schön (1978) durch empirische Untersuchungen in Organisationen nachgewiesen. Deshalb sollten nicht nur die Regeln und Zusammenhangsaussagen untersucht und geprüft werden, die ein Planer *nach eigenen Angaben* einer Planungsaufgabe zugrunde legt, sondern auch, ob und in welchem Maße diese verbalen Erklärungen mit den wirklich durchgeführten Planungshandlungen übereinstimmen. Wird auf eine derartige Überprüfung konkret unternommener Planungshandlungen verzichtet, besteht die Gefahr, dass gegebenenfalls nur die verbalen Erklärungen korrigiert werden, sich an der praktischen Planung jedoch wenig ändert.

Regeln und Zusammenhangsaussagen sollten deshalb an die Oberfläche gebracht, und nicht als selbstverständlich oder gar irrelevant angesehen werden; denn so viel ist klar: Die Kenntnis und Verwendung fundierter Zusammenhangsaussagen steigert die Chance erfolgreichen Handelns – wobei Zusammenhangsaussagen vor allem dann „fundierter" sind, wenn sie nicht unter konzeptuellen Widersprüchen leiden und mit dem vorhandenem Faktenwissen übereinstimmen. Durch die konzeptuelle wie empirische Überprüfung der jeweiligen Zusammenhangsaussage lassen sich in der Folge auch die entsprechenden Regeln verbessern und anwendungssicherer machen.

Zur Überprüfung von Regeln und Zusammenhangsaussagen

Eine planerische Regel kann grundsätzlich auf zweierlei Weise gerechtfertigt werden:
- praktisch, als „nützlich" oder „brauchbar", das heißt durch Erfolg[54], und/ oder
- konzeptuell, das heißt durch Übereinstimmung mit einer Zusammenhangsaussage.

Die konzeptuelle Rechtfertigung planerischer Regeln besteht darin zu zeigen, *warum* sie etwas bewirkt, und zwar mit Hilfe einer möglichst gut bestätigten Zusammenhangsaussage. Dies setzt voraus, dass die jeweilige Zusammenhangsaussage einerseits klar formuliert und andererseits möglichst empirisch bestätigt ist.

---

[54] Eine Regel wird dann als erfolgreich bezeichnet, wenn sich auf Grund der entsprechenden planerischen Eingriffe ein Resultat einstellt, welches den ursprünglichen Intentionen entspricht (vgl. Schönwandt 1999).

Klare versus unklare Zusammenhangsaussagen

Eine Zusammenhangsaussage ist vor allem dann klar, wenn sie in Darstellung und Inhalt sprachlich präzise und logisch-konzeptuell konsistent beziehungsweise widerspruchsfrei ist.[55]

Das Problem planerischer Regeln, die auf vagen oder diffusen Zusammenhangsaussagen gründen, ist, dass man – im Vergleich zu überprüften Zusammenhangsaussagen – bei ihrer Anwendung meist sehr wenig über die erzielten Auswirkungen weiß, weder über die erwünschten noch über die unerwünschten.

Wird eine Zusammenhangsaussage unbewusst benutzt, oder kann sie nur vage, diffus formuliert werden, bezeichnen wir die entsprechende Regel als „konzeptuell unbegründet".

Wenn eine planerische Regel konzeptuell unbegründet und trotzdem effizient ist, wenn sie „funktioniert", obwohl wir nicht wissen warum, wenn also bei einer erfolgreichen Regel keine zugrunde liegende Zusammenhangsaussage formuliert werden kann, dann nennen wir sie eine „Faustregel".

Empirisch begründete versus empirisch unbegründete Zusammenhangsaussagen

Die einer Regel zugrunde liegende Zusammenhangsaussage kann durch empirische Untersuchungen fundiert sein oder nicht. Allerdings geht es beim Planen mitunter um die Anwendung von Lösungsvorschlägen, die grundsätzlich neu sind. Auch diese beinhalten Regeln, welche auf Zusammenhangsaussagen gründen. Was in diesem Fall naturgemäß fehlt, ist die Möglichkeit der empirischen Überprüfung der jeweiligen Zusammenhangsaussage, weil es noch keine empirisch überprüfbaren Anwendungsfälle gibt.

Ungeachtet dessen gibt es gleichwohl zahlreiche Beispiele dafür, dass so manche Zusammenhangsaussage, die beim Planen benutzt wird, einer empirischen Überprüfung nicht standhält; zwei Beispiele mögen genügen (weitere Beispiele hierzu wurden bereits in Kapitel 3.11 beschrieben):

Beispiel 1: Naturschutzflächen
Naturschutz hat – knapp formuliert – nicht zuletzt den Zweck, schützenswerte Flora und Fauna zu bewahren. Dazu werden Naturschutzgebiete ausgewiesen, wobei man sich in der Praxis im Wesentlichen an den Standorten der schützenswerten Flora orientiert. Die stillschweigende Annahme (= Zusammenhangsaussage) dabei ist, dass sich die schützenswerte Fauna ebenfalls in diesen Gebieten aufhält. Allerdings: Der zoologische Aspekt ist in den Na-

---

[55] Es ist schwierig, Zusammenhangsaussagen so zu formulieren, dass sie mit *allen* existierenden Zusammenhangsaussagen schlüssig übereinstimmen. Genau genommen ist dies sogar unmöglich, weil es immer unterschiedliche Erklärungen für die Ereignisse der realen Welt gibt. Worauf es ankommt ist, Zusammenhangsaussagen, die sich bei näherem Hinsehen als widersprüchlich erweisen, durch solche zu ersetzen, die konzeptuell *so weit wie möglich* konsistent beziehungsweise widerspruchsfrei sind.

turschutzgebieten oft nicht ausreichend berücksichtigt. Empirische Untersuchungen entsprechender Gebiete in Oberfranken zeigen, dass in der Mehrzahl der Fälle die botanische und zoologische Bedeutung von Biotopen nicht übereinstimmen, gerade die Lebensräume hochgradig gefährdeter Tierarten liegen überproportional selten in den botanisch als wertvoll bezeichneten Flächen (vgl. Reck 1994).

Beispiel 2: Suburbanisierung und Zunahme des Autoverkehrs
Seit Jahren wandern immer mehr Menschen aus den Kernstädten in die Peripherie ab. Weil dadurch die Wege zwischen den verschiedenen Orten für Wohnen, Arbeiten, Einkaufen und Freizeitbeschäftigung immer länger werden, nimmt der Autoverkehr entsprechend ständig zu, so die gängige These (= Zusammenhangsaussage). Eine Bremer Studie brachte dagegen folgende Ergebnisse: Die Entfernung zwischen Arbeitsplatz und Wohnort in den Stadtteilen der Stadt Bremen und den innerhalb eines Radius' von 30 Kilometern gelegenen Umlandgemeinden haben von 1970 bis 1987 nicht wesentlich zugenommen. „Für denselben Zeitraum ist in fast der Hälfte aller Umlandgemeinden sogar der gegenläufige Trend festzustellen: Die Berufswege verkürzten sich deutlich. Gleichzeitig mussten Berufstätige, die innerhalb der Stadt Bremen wohnten und arbeiteten, 1987 durchschnittlich 1,2 Kilometer mehr zurücklegen als 1970. Der Grund: In den Städten angesiedelte, traditionelle Firmen bauten Personal ab oder gaben auf. Neue Arbeitsplätze entstanden dagegen bevorzugt an der Peripherie. Die Suburbanisierung der Industrieunternehmen bringt also die Arbeitsplätze teils sogar wieder näher an die Wohnorte der Menschen heran. Somit ist die Behauptung, die aufgelockerte Siedlungsstruktur der Vorstädte zwinge die Menschen zu mehr Autofahren, nicht länger haltbar – zumindest für die Hansemetropole." (Wittmann 2000, 106; siehe vor allem auch Bahrenberg und Albers 1998)
 Diese Beispiele verdeutlichen, dass bei bloß behaupteten Zusammenhängen mitunter Skepsis angebracht ist.
 Planerische Regeln, denen empirisch fundierte Zusammenhangsaussagen zugrunde liegen, bezeichnen wir als „empirisch begründete Regeln".

Einige zusätzliche Anmerkungen zum Thema Regeln

Das Konstrukt „Wahrheit" gilt nicht für Regeln

Über Zusammenhangsaussagen, wie über Propositionen insgesamt, lässt sich sagen, sie seien zutreffend beziehungsweise „wahr" (zur Definition des Begriffs „Wahrheit" vgl. zum Beispiel Bunge 1974b, 81 ff oder Groeben und Westmeyer 1975, 142 ff). Weil planerische Regeln Instruktionen sind und keine Zusammenhangsaussagen, können sie nicht „wahr" oder „unwahr" sein. Regeln sind statt dessen mehr oder weniger relevant, und zwar im Hinblick auf die jeweilige Planungsfragestellung und damit die Möglichkeit, mit ihrer Hilfe einen erwünschten Zustand zu erreichen. Außerdem können Regeln in unterschiedlichem Ausmaß effizient[56] sein; wobei sich „Effizienz" zusammensetzt aus Effektivität[57], also Wirksamkeit, gepaart mit niedrigem Aufwand und geringerem Risiko.

Die Effektivität einer Regel sagt nichts darüber aus, ob die zugrunde liegende Zusammenhangsaussage zutrifft

Da das Konstrukt „Wahrheit" nicht für Regeln gilt, ist der mit Hilfe einer Regel erzielte praktische Erfolg kein Beleg dafür, dass die dieser Regel zugrunde liegende Zusammenhangsaussage zutrifft. Desgleichen ist ein Misserfolg kein Beleg dafür, dass die Zusammenhangsaussage nicht zutrifft. Die zu einer Regel gehörende Zusammenhangsaussage kann also unzutreffend sein und die Regel trotzdem erfolgreich, genauso wie die Regel praktisch fehlschlagen und die dazugehörige Zusammenhangsaussage im Wesentlichen zutreffend sein kann.

Die wesentlichsten Gründe für die Irrelevanz der Praxis zur Validierung von Zusammenhangsaussagen sind folgende: In realen Situationen sind die relevanten Merkmale selten adäquat bekannt und hinreichend präzise kontrolliert. Solche Situationen sind dafür fast immer zu komplex. Zudem lassen Planungsaufgaben meist keine Zeit für detaillierte Untersuchungen, bei denen einzelne Variablen isoliert erfasst und zu einer Zusammenhangsaussage verknüpft werden. Der Wunsch oder der Zwang, möglichst effizient zu handeln, führt zudem manchmal dazu, dass verschiedene Regeln gleichzeitig angewandt werden, die nicht selten untereinander konkurrieren. Sind die Ergebnisse zufriedenstellend, kann ein Planer, der mehrere Regeln zugleich angewandt hat, nicht wissen, welche seiner Regel effizient war. Und entsprechend dazu: War das Ergebnis nicht zufriedenstellend, woher will er wissen, an welcher Regel oder an welcher der einer Regel zugrunde liegenden Zusammenhangsaussage es gelegen hat?

Im planerischen Alltag lässt sich eine sorgfältige Unterscheidung und Kontrolle relevanter Variablen und eine kritische Überprüfung der Zusammenhänge zwischen diesen Variablen kaum verwirklichen – das bleibt empirischen Analysen vorbehalten. Dies ist auch der Grund, warum die in der Planung angewandten Zusammenhangsaussagen nicht in Architektur- und Planungsbüros sowie Planungsbehörden getestet werden können. Ob eine Zusammenhangsaussage zutrifft oder nicht, kann nur mit Hilfe systematischer Untersuchungen herausgefunden werden (vgl. hierzu zum Beispiel Campbell und Stanley 1966 oder Patton und Sawicki 1993).

---

[56] Die Formulierung, Regeln seien effizient, ist eine Kurzform für: Regeln sind Anstoß für Handlungen, welche nach ihrer Durchführung Ergebnisse bewirken, die, gemessen am Aufwand etc., mehr oder weniger effizient sind.

[57] „Effektivität" wie „Effizienz" müssen natürlich gesondert analysiert und bewertet werden, nicht zuletzt, weil ihnen axiologische beziehungsweise ethische Prinzipien zugrunde liegen: Wie effektiv ist beispielsweise eine planerische Regel, mit deren Hilfe zwar der gewünschte Zustand erreicht wird, als Nebeneffekte jedoch Arbeitslosigkeit oder Luftverschmutzung entstehen?

*Auch Zusammenhangsaussagen, die teilweise unzutreffend sind,
können Grundlage für effiziente Regeln sein*

Gerade weil es keine Eins-zu-Eins-Korrespondenz zwischen planerischen Regeln und den ihnen zugrunde liegenden Zusammenhangsaussagen gibt, kann es vorkommen, dass eine Regel auf einer unzutreffenden Zusammenhangsaussage basiert und dennoch „funktioniert", und zwar aus folgenden Gründen:

Erstens kann eine im Wesentlichen falsche Zusammenhangsaussage irgendwo einen Kern Wahrheit enthalten. Wird nur dieser Kern als Grundlage für die Formulierung der planerischen Regel herangezogen, kann trotzdem das gewünschte Ergebnis eintreten. Eine Zusammenhangsaussage ist schließlich meist ein Gefüge von Einzelaussagen, und es genügt manchmal, wenn einige davon zutreffen oder zumindest nahezu zutreffen, um die erwünschten Ergebnisse zu erzielen. Wesentlich ist, dass unzutreffende Bestandteile entweder nicht genutzt werden oder unschädlich sind.

Ein weiterer Grund für den möglichen praktischen Erfolg einer unzutreffenden Zusammenhangsaussage ist folgender: Die Genauigkeitsanforderungen der Praxis liegen oft weit unter denen, die in der Forschung benötigt werden. Beim Planen sind tief schürfende und komplizierte Zusammenhangsaussagen zudem manchmal ineffizient, weil zu viel Arbeit nötig ist, um mit ihrer Hilfe Ergebnisse zu erreichen. In manchen Fällen ist eine größere Genauigkeit schlicht sinnlos, weil sie niemand benötigt. Ein bekanntes Beispiel hierfür sind die Apolloflüge zum Mond, für die vor allem die newtonsche Mechanik herangezogen wurde und nicht etwa die zutreffenderen relativistischen Theorien. Genauigkeit, ein wichtiges Ziel der Forschung, ist in der Praxis bisweilen unangebracht. Beim Planen kommt es deshalb darauf an, den Genauigkeits- beziehungsweise Detaillierungsgrad so zu wählen, dass er für die Beantwortung der jeweiligen Planungsfragestellung geeignet ist – also weder zu grob- noch zu feinkörnig.

Aus den genannten Gründen – der Verwendung nur eines Teils einer Zusammenhangsaussage und den oft niedrigeren Genauigkeitsanforderungen der Praxis – können zudem verschiedene, möglicherweise sogar rivalisierende Zusammenhangsaussagen in der Praxis zum gleichen Ergebnis führen. Das heißt, es geht nicht immer darum, „richtige" Zusammenhangsaussagen zugrunde zu legen; ist das nutzbare Ergebnis zweier rivalisierender Zusammenhangsaussagen gleich, kann der Planer diejenige Zusammenhangsaussage einsetzen, deren Regeln sich am einfachsten zur Bearbeitung einer bestimmten Planungsfragestellung anwenden lassen.

Zusammenfassung

Planerische Regeln gründen auf Zusammenhangsaussagen, es gibt jedoch keine Eins-zu-Eins-Korrespondenz zwischen beiden. Trotzdem steigert die Kenntnis und Verwendung fundierter Zusammenhangsaussagen die Chancen erfolgreichen Planungshandelns. Regeln wie Zusammenhangsaussagen sollten deshalb an die Oberfläche gebracht sowie überprüft und nicht als selbstverständlich oder gar irrelevant angesehen werden.

3.13 Fazit

Im zweiten Teil dieses Buches wurde aufgezeigt, welche Bedeutung das semiotische Dreieck und damit die Themen Sprache/Zeichen, Gegenstände/Ereignisse („Fakten") und vor allem Konstrukte für die Planung haben.

Beim Planen sollte besonders auf die Erarbeitung und Prüfung der Konstrukte geachtet werden: Sie sind die Träger unseres Wissens und zugleich der konzeptuelle Kern einer Planungsaufgabe, vor allem leiten sie unsere Planungshandlungen. Sie bieten somit Erkenntnis und Orientierung.

Bei der Bearbeitung von Planungsaufgaben sollten Planer deshalb vor allem folgende Themen bearbeiten und entsprechende Fragen (die sich teilweise inhaltlich überschneiden) hinreichend präzise beantworten können. Dabei ist nicht jeder Aspekt bei jeder Planungsaufgabe gleichermaßen relevant; dem Leser sei gleichwohl empfohlen, einzelne Aspekte erst nach entsprechender Prüfung zu verwerfen.

Fragen zum Planungsproblem:
- Was ist das Planungsproblem? Genauer: Welches ist die als nachteilig empfundene Sachlage, die verbessert werden soll? Welche Sollzustände (Ziele) sollen erreicht werden? Und/oder: Welche als vorteilhaft empfundene Sachlage soll erhalten bleiben?
- Formulieren andere Beteiligte das Planungsproblem anders, obwohl es sich um die gleiche Angelegenheit handelt? Wenn ja, wie und warum?

Fragen (nur) zu Begriffen:
- Welche (Schlüssel)Begriffe werden bei der Beschreibung des Planungsproblems benutzt? Durch welche Attribute sind diese Begriffe definiert? Werden fälschlich Negationen („nicht a") zur Definition herangezogen?
- Werden die Begriffsdefinitionen mit Bezug zur Planungsfragestellung vorgenommen und sind sie für deren Bearbeitung hilfreich; passt – zum Beispiel – der „Auflösungsgrad" der Begriffsdefinitionen zur Planungsfragestellung?
- Wird irrtümlich nach „endgültigen" oder „wahren" Begriffsdefinitionen gesucht?
- Wird die Zuordnung von Attributen (Prädikation) dazu benutzt, um Planungsprobleme „wegzudefinieren"?
- Wird darauf geachtet, dass im Laufe des Planungsprozesses die ursprünglichen Begriffsdefinitionen nicht unbemerkt/stillschweigend verändert werden, indem beispielsweise bei der Durchführung eines Bewertungsverfahrens „unversehens" andere Attribute beziehungsweise Bewertungskriterien benutzt werden als bei der ursprünglichen Begriffsdefinition? (Das, was bei der Begriffsdefinition „Attribut" heißt, wird bei Bewertungsverfahren als „Bewertungskriterium" bezeichnet.)

3.13 Fazit

Fragen zu Konstrukten (Begriffen, Propositionen, Kontexten, Theorien):
- Haben die Konstrukte Bedeutung? Inwieweit sind Purport (Vorläuferkonstrukte), Intension (Kernkonstrukt, Gehalt), Import (Implikationen), Extension (Umfang, Geltungsbereich) und Reference (faktischer Bezug) hinreichend klar und umfassend beschrieben?
- Auf welche Weise werden die benutzten Symbole (zum Beispiel der sprachliche Ausdruck „Stadtentwicklung") semiotisch interpretiert? Handelt es sich um konzeptuelle, faktische und/oder empirische Interpretationen?
- Werden bei der Erarbeitung der Konstrukte ikonische Darstellungen mit semiotischen Interpretationen verwechselt?
- Was sind die für das Planungsproblem relevanten „Fakten" und empirischen Daten? Ist die Reference eines Konstrukts für das jeweilige Konstrukt evident (korrespondieren Referenz- und Evidenzklasse)? Gibt es empirische Daten, welche die verwendeten Propositionen oder Theorien belegen?
- Konstrukte fokussieren bestimmte thematische Schwerpunkte und grenzen andere Themen aus: Wird dieses Fokussieren und Ausgrenzen daraufhin überprüft, ob Themenbereiche ausgeblendet werden, die für die Bearbeitung der Planungsfragestellung bedeutsam sind?
- Welche Stufe der Konstruktbildung wird erreicht: Auflistung/Schema, Skizze/Diagramm, spezifische Theorie/theoretisches Modell, allgemeine Theorie?
- Werden unbestimmte, unklare oder ontologisch schlecht geformte Konstrukte vermieden? Genauso pragmatische Interpretationen sowie Konstrukte, die keine Angaben zu den faktischen Referenten enthalten?
- Wird bedacht, dass bei Planungen oft unbewusst mehrere Konstrukte angewandt werden: Solche, die das Handeln bestimmen, und andere, die als verbale Erklärung dieses Handelns gegeben werden, und dass beide keineswegs immer übereinstimmen?
- Werden Metaphern oder Analogien als Ersatz für Konstrukte benutzt? Wird bedacht, welche Fehlermöglichkeiten dies mit sich bringt? (Analogien sind keine Homologien (Strukturgleichheiten), und Konstruktbeschreibungen mittels Metaphern/Analogien sind änderungsresistenter als solche, die beispielsweise per Prädikation erarbeitet werden.)
- Konstrukte spielen beim Planen auf zumindest zwei Ebenen eine Rolle: Auf der Ebene der jeweiligen konkreten Planungsfragestellungen sowie auf einer „darunter liegenden" Ebene als „Planungsansatz" und Teil der „Planungswelt": Verschiedene Planungsansätze haben unterschiedliche konzeptuelle und methodische Inhalte, die den Rahmen für das Vorgehen im konkreten Planungsfall abstecken. Vor diesem Hintergrund: Werden beim jeweiligen Planungsfall die verschiedenen möglichen Planungsansätze geprüft und auf ihre Vor- und Nachteile hin untersucht?
- Wird bedacht, dass der Mensch bei der Konstruktbildung mitunter zu typischen Fehlern (Denkfallen) neigt?
- Werden Konstrukte bewusst mehrdeutig definiert (nicht zu verwechseln mit „ungenau")? Wenn ja, warum?

- Benutzen andere Beteiligte andere Konstrukte (Begriffe, Propositionen, Kontexte, Theorien beziehungsweise Metaphern, Analogien)? Wenn ja, welche und warum?

Fragen speziell zu Erklärungen beziehungsweise Wirkungsmechanismen und Kräften:
- Welches sind die relevanten systemspezifischen Wirkungsmechanismen, die in einer Planungssituation wirksam sind?
- Aufgrund welcher Informationen werden diese Wirkungsmechanismen angenommen? Aufgrund so genannter dynamischer Beschreibungen, oder werden statt dessen kinematische Beschreibungen, statistische Korrelationen, Klassenzuordnungen, teleologische, funktionale oder tautologische Beschreibungen, „erzählende Erklärungen", „Verstehens"-Erklärungen zugrunde gelegt?
- Welche Wirkungsmechanismen sollen im Rahmen der Planungsmaßnahmen angewandt werden?
- Wird bei Wirkungsmechanismen, die das Verhalten von Menschen beeinflussen sollen, von einer kombinierten Top-down- und Bottom-Up-Wirkung ausgegangen, das heißt die Tatsache berücksichtigt, dass wir unsere Umgebung formen und gleichzeitig die Umgebung uns?
- Gibt es empirische Belege für die Wirksamkeit der Wirkungsmechanismen, die angewandt werden sollen?
- Sind Kräfte in der Planungssituation wirksam, welche die Geschwindigkeit oder die Art und Weise des Operierens der Wirkungsmechanismen verändern können? Wenn ja, welche, und was soll im Hinblick auf diese Kräfte unternommen werden?
- Benutzen andere Beteiligte andere Erklärungen (Beschreibungen von Wirkungsmechanismen beziehungsweise Kräften)? Wenn ja, welche und warum?

Fragen zu planerischen Regeln:
- Welches sind die planerischen Regeln, mit deren Hilfe das Planungsproblem bearbeitet werden soll?
- Welches sind die Zusammenhangsaussagen, die diesen planerischen Regeln zugrunde liegen?
- Wie fundiert sind die Zusammenhangsaussagen und damit die verwendeten planerischen Regeln? Sind die Regeln konzeptuell und empirisch begründet, oder handelt es sich um „Faustregeln" und damit – wie Heidemann (1985) pointiert formuliert hat – um Mutmaßungen und Gerüchte?
- Benutzen andere Beteiligte andere planerische Regeln? Wenn ja, welche und warum?

Die Beantwortung dieser Fragen kann helfen, die inhaltliche Bearbeitung der Konstrukte zu strukturieren und zu leiten. Außerdem kann dieses Vorgehen dazu beitragen, die Verwendung solcher Konstrukte einzuschränken, die ohne erkennbare Bedeutung oder unklar und deshalb meist sinnlos sind.

4 Literatur

ALEXANDER, E. R. 1984: After Rationality, What?; in: Journal of the American Planning Association (50); Seite 62–69

ALEXANDER, E. R. 1992: Approaches to Planning; Introducing Current Planning Theories, Concepts and Issues; Luxembourg: Gordon and Breach Science Publishers

ALEXANDER, E. R. 1996: After Rationality: Towards a Contingency Theory of Planning; in: Mandelbaum, Mazza und Burchell 1996; Seite 45–64

ANDERSON, J. R. 1989: Kognitive Psychologie; Heidelberg: Spektrum der Wissenschaft Verlagsgesellschaft (zweite Auflage)

ARGYRIS, C.; SCHÖN, D. A. 1978: Organizational Learning; New York: Addison-Wesley

ARL (Akademie für Raumforschung und Landesplanung, Landesarbeitsgemeinschaft Baden-Württemberg) 2000: Stellungnahme zum Landesentwicklungsplan Baden-Württemberg – Anhörungsentwurf (Stand 03. 07. 2000)

ATHEARN, D. 1994: Scientific Nihilism. On the Loss and Recovery of Physical Explanation; Albany: State University of New York Press

BÄCHER, M. 1998: EXPO 2000 - Made in Germany; in: Deutsches Architektenblatt 10/1998, Seite 1255–1256

BÄCKER, A. 1996: Rationalität als Grundproblem der strategischen Unternehmensplanung. Ein Beitrag zur Erklärung und Überwindung der Rationalitätskrise in der Planungstheorie; Wiesbaden: Deutscher Universitätsverlag

BAHRENBERG, G.; ALBERS, K. 1998: Die Kernstadt, das Umland und die Folgen des Trends. Führt die Suburbanisierung zu mehr Autoverkehr?; in: Mitteilungen der DFG 4/1998; Seite 4–6

BANAI, R. 1988: Planning Paradigms: contradictions and synthesis; in: Journal of Architecture and Planning Research 5,1 (Spring); Seite 14–34

BANFIELD E. C. 1973: Ends and Means in Planning; in: Faludi 1973; Seite 139–149

BARTLETT, F. C. 1932: Remembering: A study in experimental an social psychology; Cambridge: Cambridge University Press

BECHTOLSHEIM, M. VON 1993: Agentensysteme: verteiltes Problemlösen mit Expertensystemen; Braunschweig: Vieweg

BECKER, H.; JESSEN, J.; SANDER, R. 1998: Ohne Leitbild? – Städtebau in Deutschland und Europa; Stuttgart, Zürich: Karl Krämer

BECKER, H.; JESSEN, J.; SANDER, R. 1998a: Auf der Suche nach Orientierung – das Wiederaufleben der Leitbildfrage im Städtebau; in: Becker et al. 1998; Seite 10–17

BEM, D. J.; ALLEN, A. 1974: On predicting some of the people some of the time: The search for cross-situational consistencies in behavior; in: Psychological Review, 1974, Vol. 81; Seite 506–520

BEM, D. J.; FUNDER, D. C. 1978: Predicting more of the people more of the time: Assessing the personality of situations; in: Psychological Review, Vol. 85, No. 6; Seite 485–501

BENSE, M. 1971: Zeichen und Design. Semiotische Ästhetik; Baden-Baden: Agis

BLOTEVOGEL, H. H. 1995: Zentrale Orte; in: Akademie für Raumforschung und Landesplanung (Hrsg.) 1995: Handwörterbuch der Raumordnung; Hannover: Akademie für Raumforschung und Landesplanung; Seite 1117–1124

BONNY, H. W. 1998: Funktionsmischung – zur Integration der Funktionen Wohnen und Arbeiten; in: Becker et al. 1998; Seite 242–254

BOSSEL, H. 1994: Modellbildung und Simulation: Konzepte, Verfahren und Modelle zum Verhalten dynamischer Systeme; Braunschweig, Wiesbaden: Vieweg (zweite Auflage)

VON BÖVENTER, E.; HAMPE, J. 1988: Ökonomische Grundlagen der Stadtplanung; Hannover: Verlag der Akademie für Raumforschung und Landesplanung

BREDENKAMP, K.; BREDENKAMP, J. 1974: Was ist Lernen?; in: Weinert et al. (Hrsg.) 1974; Seite 605-630

VON BREDOW, R. 2000: Genetik „Ist er nicht hübsch?"; in: Der Spiegel 17/2000; Seite 178–182

BREWER, W. F.; TREYENS, J. C. 1981: Role of Schemata in Memory of Places; in: Cognitive Psychology 13, 1981, Seite 207–230

BROWN, R. 1997: Group Processes. Dynamics within and between Groups; Oxford: Blackwell

BÜHRKE, TH. 2000: Die verborgenen Dimensionen; in: Bild der Wissenschaft, 10/2000, Seite 62–63

BUNGE, M. 1974a: Treatise on Basic Philosophy (Volume 1): Semantics I; Dordrecht, Bosten: Reidel

BUNGE, M. 1974b: Treatise on Basic Philosophy (Volume 2): Semantics II; Dordrecht, Bosten: Reidel

BUNGE, M. 1977: Treatise on Basic Philosophy (Volume 3): Ontology I; Dordrecht, Bosten: Reidel

BUNGE, M. 1979: Treatise on Basic Philosophy (Volume 4); Ontology II: A World of Systems; Dordrecht, Bosten: Reidel

BUNGE, M. 1983a: Epistemologie: aktuelle Fragen der Wissenschaftstheorie; Mannheim: Bibliographisches Institut

BUNGE, M. 1983b: Treatise on Basic Philosophy (Volume 5): Epistemology I: Exploring the World; Dordrecht, Bosten: Reidel

BUNGE, M. 1987: Kausalität, Geschichte und Probleme; Tübingen: Mohr

BUNGE, M. 1989: Treatise on Basic Philosophy (Volume 8): The Good and the Right; Dordrecht, Bosten: Reidel

BUNGE, M. 1996: Finding Philosophy in Social Science; New Haven, London: Yale University Press

BUNGE, M. 1998: Philosophy of Science, Volume 2: From Explanation to Justification; New Brunswick, London: Transaction Publishers
BUNGE, M. 1999a: Dictionary of Philosophy; Amherst, New York: Prometheus Books
BUNGE, M. 1999b: Mechanism; in: Bunge, M. 1999: The Sociology-Philospohy Connention; New Brunswick, London: Transaction Publishers; Seite 17 ff
BUßMANN, H. 1990: Lexikon der Sprachwissenschaft; Stuttgart: Kröner
CAMPBELL, D. T.; STANLEY, J. C. 1966: Experimental and quasi-experimental designs for research; Chicago: Rand McNally
CASTELLS, M. 1977: The Urban Question: A Marxist Approach; London: Edward Arnold
CASTELLS, M. 1978: The Social Function of Urban Planning: State Action in the Urban-Industrial Development of the French Northern Coastline; in: Castells, M. 1978: City, Class and Power; London: Macmillan; Seite 62–92
CATTON, W. R. 1980: Overshoot. The Ecological Basis of Revolutionary Change; Urbana: University of Illinois Press
CHERNIAK, CH. 1992: Minimal Rationality; Cambridge, Massachusetts: MIT Press (zweite Auflage)
CLAVEL, P. 1994: The Evolution of Advocacy Planning; in: Journal of the American Planning Association (60) 2 Spring; Seite 146–149
D'ABRO, A. 1939: The Decline of mechanism (in modern physics); New York: Van Nostrand
DAVIDOFF, P. 1965: Advocacy and Pluralism in Planning; in: Journal of the American Institute of Planners (31) November 1965; Seite 331–338
DAVIDOFF, P.; REINER T. A. 1962: A Choice Theory of Planning; in: Journal of the American Institute of Planners (28), Mai 1962; Seite 103–115
DEBONO, E. 1972: Die 4 richtigen und 5 falschen Denkmethoden; Reinbek: Rowohlt
DEUTSCHER, J. 1973: What we say / what we do; Glenview, Illinois: Scott, Foresman and Company
DIN 2330 1993: Begriffe und Benennungen; Allgemeine Grundsätze; Berlin: Deutsches Institut für Normung
DÖREN, B. 1998: Chemnitz – Leitlinien zur Entwicklung einer fragmentierten Stadt; in: Becker et al. 1998; Seite 188–194
DÖRNER, D. 1976: Problemlösen als Informationsverarbeitung; Stuttgart: Kohlhammer
DÖRNER, D. 1989: Die Logik des Misslingens, Strategisches Denken in komplexen Situationen; Reinbek bei Hamburg: Rowohlt
DÖRNER, D. 1995: Problemlösen und Gedächtnis; in: Dörner, D.; van der Meer, E. (Hrsg.) 1995: Das Gedächtnis; Göttingen: Hogrefe; Seite 295–320
DYM, C.L. 1994: Engineering Design: A Synthesis of Views; Cambrigde: University Press
ECO, U. 1977: Zeichen. Einführung in einen Begriff und seine Geschichte; Frankfurt am Main: Suhrkamp

Eco, U. 1991: Einführung in die Semiotik; München: Fink (siebte Auflage)

Eekhoff, J.; Heidemann, C.; Strassert, G. 1981: Kritik der Nutzwertanalyse; Karlsruhe: Institut für Regionalwissenschaft, Diskussionspapier Nr. 11

Eppinger, J. 1998: Hannover - Weltausstellung und Stadtzukunft; in: Becker et al. 1998; Seite 216–226

Esser, H. 1993: Soziologie. Allgemeine Grundlagen; Frankfurt am Main: Campus

Etzioni, A. 1967: Mixed-Scanning: A „Third" Approach To Decision-Making; in: Public Administration Review (27); Seite 385–392

Eysenck, M. W.; Keane, M. T. 1998: Cognitive Psychology; Hove: Psychology Press (3rd. Edition)

Faludi, A. 1973: A Reader in Planning Theory; New York: Pergamon Press

Faludi, A. 1986: Critical Rationalism and Planning Methodology. Research in Planning and Design; London: Pion

Faludi, A. 1987: A Decision-centred View of Environmental Planning; Oxford: Pergamon Press

Faludi, A. 1996: Rationality, Critical Rationalism, and Planning Doctrine; in: Mandelbaum, Mazza und Burchell 1996; Seite 65–82

Feldtkeller, A. 1998: Französisches Viertel Tübingen – „Mischen Sie mit!"; in: Becker et al. 1998; Seite 270–278

Feldtkeller, Ch. 1989: Der architektonische Raum: eine Fiktion; Braunschweig: Vieweg

Feyerabend, P. 1975/1979: Wider den Methodenzwang. Skizze einer anarchistischen Erkenntnistheorie; Frankfurt am Main: Suhrkamp 1979 (Original 1975: Against Method. Outline of an anarchistic theory of knowledge)

Fischer, F.; Forester, J. (Eds.) 1993: The Argumentative Turn in Policy Analysis and Planning; Durham: Duke University Press

Flade, A. 1990: Kriminalität und Vandalismus; in: Kruse, L. et al. (Hrsg.) 1990; Seite 518–524

Flyvbjerg, B. 1998: Empowering Civil Society: Habermas, Foucault and the Question of Conflict; in: Douglass, M.; Friedmann, J. (Eds.) 1998: Cities for Citizens. Planning and the Rise of Civil Society in an Global Age; Chichester, New York: John Wiley & Sons; Seite 187–211

Fodor, J.A. 1979: The Modularity of Mind; Cambridge, Massachusetts: MIT Press

Forester, J. 1989: Planning in the Face of Power; Berkeley: University of California Press

Forester, J. 1993: Critical Theory, Public Policy, and Planning Practice; New York: State University of New York Press

Foucault, M. 1982: The Subject and Power; in: Dreyfus, H.; Rabinow, P. (Eds.) 1982: Michel Foucault: Beyond Structuralism and Hermeneutics; Brighton: Harvester Press; Seite 214–232

Fredrickson, J. W.; Mitchell, T. R. 1984: Strategic decision processes: Comprehensiveness and performance in an industry with an unstable environment; in: Academy of Management Journal, 27; Seite 399–423

FREGE, G. 1952: On sense and reference; in: Geach, P.; Black, M. (Eds.) 1952: Translations from the philosophical writings of Gottlob Frege; Oxford: Basil Blackwell
FRIEDMANN, J. 1973: Retracking America: A Theory of Transactive Planning; Gardencity, New York: Anchor Press
FRIEDMANN, J. 1996: Two Centuries of Planning Theory: An Overview; in: Mandelbaum, Mazza und Burchell 1996; Seite 10–29
Friedrich Ebert Stiftung 2000: Fachtagung: Theoretische Grundlagen der Städtebau- und Stadtentwicklungspolitik; Bonn, 23. November 2000
FRITZ-HAENDELER, R. 1998: Regionale Leitbildentwicklungen in Brandenburg – ein Verständigungsprozess; in: Becker et al. 1998; Seite 228–238
GENTNER, D.; STEVENS, A. L. 1983: Mental models; Hillsdale, NJ: Lawrence Erlbaum
GIDDENS, A. 1988: Die Konstitution der Gesellschaft. Grundzüge einer Theorie der Strukturierung; Frankfurt am Main: Campus
GLASERSFELD, E. VON 1997: Wege des Wissens; Heidelberg: Carl Auer
GOLLWITZER, P. M. 1996: Das Rubikonmodell der Handlungsphasen; in: Kuhl. J.; Heckhausen, H. 1996: Motivation, Volition und Handlung; Enzyklopädie der Psychologie, Themenbereich C, Theorie und Forschung; Ser. 4, Motivation und Emotion, Band 4; Seite 531–582
GOODMAN, R. 1972: After the Planners; London: Penguin
GRAUMANN, C. F. 1975: Person und Situation; in: Lehr, U.; Weinert, F.E: 1975: Entwicklung und Persönlichkeit; Stuttgart: Kohlhammer; Seite 15–24
GROEBEN, N.; WESTMEYER, H. 1975: Kriterien psychologischer Forschung; München: Juventa
HABERMAS, J. 1981: Theorie des kommunikativen Handelns, I–II; Frankfurt: Suhrkamp
HABERMAS, J. 1983: Moralbewusstsein und kommunikatives Handeln; Frankfurt: Suhrkamp
HAGEN, T. 1988: Wege und Irrwege der Entwicklungshilfe; Zürich: Verlag Neue Zürcher Zeitung
HALENTZ, R. 1997: Haben Tiere doch ein Bewusstsein?; in: Bild der Wissenschaft (7); Seite 60–63
HALL, P. 1988: Cities of Tomorrow. An Intellectual History of Urban Planning and Design in the Twentieth Century; Oxford: Basil Blackwell
HAYEK, F. A. 1976: Law, Legislation and Liberty, Vol. 2: The Mirage of Social Justice; Chicago: University of Chicago Press
HAYES, N. 1996: Foundations of Psychology; Walton-on-Thames: Nelson
HECKHAUSEN, H. 1974: Anlage und Umwelt als Ursache für Intelligenzunterschiede; in: Weinert et al. 1974; Seite 275–312
HEDSTRÖM, P.; SWEDBERG, R. (Eds.) 1998: Social Mechanisms; Cambridge, New York: Cambridge University Press
HEIDEMANN, C. 1985: Zukunftswissen und Zukunftsgestaltung – Planung als verständiger Umgang mit Mutmaßungen und Gerüchten; in: Daimler-Benz-Aktiengesellschaft (Hrsg.) 1985: Langfristprognosen: Zahlenspie-

lerei oder Hilfsmittel für die Planung?; Düsseldorf: VDI-Verlag; Seite 47–62

HEIDEMANN, C. 1990: Darstellung, Verständnis und Verständigung. Hinweise zum Umgang mit semiotischen Tücken in der Planung; Karlsruhe: Institut für Regionalwissenschaft, Diskussionspapier Nr. 18

HEIDEMANN, C. 1992: Regional Planning Methodology. The First & Only Annotated Picture Primer on Regional Planning; Karlsruhe: Institut für Regionalwissenschaft, Discussion Paper Nr. 16

HEIDEMANN, C. 1993: Die Entwicklungsvokabel – Redenschmuck oder Gedankenstütze?; Institut für Regionalwissenschaft der Universität Karlsruhe (Hrsg.); Diskussionspapier Nr. 23

HEIDEMANN, C. 1995: Vorlesung Planungstheorie; Karlsruhe: Institut für Regionalwissenschaft (unveröffentlichtes Manuskript)

HELLBRÜCK, H.; FISCHER, M. 1999: Umweltpsychologie; Göttingen: Hogrefe

HELLWEG, U. 1998: Stadtumbau auf historischem Grundriß – die neue Unterneustadt in Kassel; in: Becker et al. 1998; Seite 280–286

HESKIN, A. 1980: Crisis and response: An Historical Perspective on Advocacy Planning; in: Journal of the American Planning Association, (46) 1; Seite 50–63

HOFFMANN, J. 1986: Die Welt der Begriffe; Berlin: VEB Deutscher Verlag der Wissenschaften

HUBER, R. 1976: Einführung in die Systemtechnik. Grundlagen, Möglichkeiten und Grenzen; in: VDI (Hrsg.) 1976: Grundlagen und Anwendungen der Systemtechnik als rationales Hilfsmittel für Wirtschaft, Staat und Forschung; Düsseldorf: VDI-Verlag; Seite 5–17

HUDSON, B. M. 1979: Comparison of Current Planning Theories: Counterparts and Contradictions; in: Journal of the American Planning Association (45), 1979; Seite 387–405

INNES, J. E. 1995: Planning Theory's Emerging Paradigm: Communicative Action and Interactive Practice; in: Journal of Planning Education and Research 1995, Seite 183–189

IPSEN, D. 1998: Moderne Stadt – was nun; in: Becker et al. 1998; Seite 42–54

JANIS, I. L. 1972: Victims of Groupthink; Boston: Houghton Mifflin

JANTSCH, E. 1992: System, Systemtheorie; in Seiffert und Radnitzky 1992; Seite 329–338

JENNINGS, D. L.; AMABILE, T. A.; ROSS, L. 1982: Informal covariation assessment: Data-based versus theory-based judgements; in: Kahneman, D.; Slovic, P.; Tversky, A. (Eds.) 1982: Judgement under uncertainty: Heuristics and biases; Cambridge: Cambridge University Press; Seite 210–230

JESSEN, J. 1996: Der Weg zur Stadt der kurzen Wege – versperrt oder nur lang? Zur Attraktivität eines Leitbildes; in: Archiv für Kommunalwissenschaften (AfK) (35), I 1996; Seite 1–19

JOHNSON-LAIRD, P. N. 1983: Mental models; Cambridge, MA: Harvard University Press

KAMBARTEL, F. 1996: Kritische Theorie; in: Mittelstraß 1996 (Band 4); Seite 270–271

KANT, E. 1963: Critique of pure reason (2nd. Edn.); London: Macmillan (Original 1787)

KLIX, F. 1992: Die Natur des Verstandes; Göttingen: Hogrefe

KOLLHOFF, H. 1998: Beitrag zum Streitgespräch „Zukunft der Stadt – leitbildorientiert oder nicht?" zwischen Manfred Birk, Hans Kollhoff, Willi Polte, Christiane Thalgott, Rudolf Schäfer u. a.; in: Becker et al. 1998; Seite 81–108

KOSCHITZ, P. 1993: Zur Darstellung raumplanerischer Problemsituationen; ORL-Bericht 90; Zürich: Verlag der Fachvereine

KRÄTKE, ST. 1995: Stadt – Raum – Ökonomie; Einführung in aktuelle Problemfelder der Stadtökonomie und Wirtschaftsgeographie; Basel, Boston: Birkhäuser

KRUMHOLZ, N. 1994: Dilemmas of Equity Planning: A Personal Memoir; in: Planning Theory (10/11); Seite 45–58

KRUMHOLZ, N.; Forester, J. 1990: Making Equity Planning Work; Philadelphia: Temple University Press

KRUSE, L.; GRAUMANN, C.-F.; LANTERMANN, E.-D. (Hrsg.) 1990: Ökologische Psychologie. Ein Handbuch in Schlüsselbegriffen; München-Weinheim: Psychologie Verlags Union

KUHN, TH. S. 1962/1981: Die Struktur wissenschaftlicher Revolutionen; Frankfurt am Main: Suhrkamp (fünfte Auflage) (Original 1962: The Structure of Scientific Revolutions)

KUNST, F. 1998: Leitbilder für Berliner Stadträume – der „innovative Nordosten" und die „Wissenschaftsstadt Adlershof"; in: Becker et al. 1998; Seite 206–214

LEFEBVRE, H. 1968: Le Droit à la ville; Paris: Éditions Anthropos

LEFEBVRE, H. 1972: Espace et politique: Le Droit à la ville II; Paris: Éditions Anthropos

LENDI, M. 1998: Grundkonstanten der Raumplanung. Bauen und Umnutzung von Bauten außerhalb des Siedlungsgebietes – Fragwürdigkeiten; in: DISP 34, 1998, 132; Seite 25–34

LENK, H.; SPINNER, H. F. 1989: Rationalitätstypen, Rationalitätskonzepte und Rationalitätstheorien im Überblick; Zur Rationalismuskritik und Neufassung der „Vernunft heute"; in: Stachowiak, H. (Hrsg.) 1989; Seite 1–31

LINDBLOM, C. 1959: The Science of „Muddling Through"; in: Stein, J. M. (Ed.) 1995: Classic Readings in Urban Planning; New York: McGraw-Hill; Seite 35–48; Original in: Public Administration Review 19; Seite 78–88

LORENZ, K. 1996: Tautologie; in: Mittelstraß 1996; Seite 213–214

LUHMANN, N. 1979: Öffentliche Meinung; in: Langenbucher, W. R. (Hrsg.) 1979: Politik und Kommunikation. Über die öffentliche Meinungsbildung; München, Zürich: Piper

LUHMANN, N. 1996: Soziale Systeme; Frankfurt am Main: Suhrkamp Taschenbuch Wissenschaft (sechste Auflage)

MAHNER, M.; BUNGE, M. 1997: Foundations of Biophilosophy; Berlin, Heidelberg: Springer
MALIK, F. 1999: Management-Perspektiven; Bern, Stuttgart: Paul Haupt (zweite Auflage)
MANDELBAUM, S. J. 1979: A complete general theory of planning is impossible; in: Policy Sciences 11,1 (August); Seite 59–71
MANDELBAUM, S. J.; MAZZA, L.; BURCHELL, R. W. (Eds.) 1996: Explorations in Planning Theory; New Brunswick, New Jersey: Rutgers, Center for Urban Policy Research (CUPR)
MARCH, J. G. 1978: Bounded rationality, ambiguity, and the engineering of choice; in: The Bell Journal of Economics (9); Seite 587–608
MARCH, J. G. 1982: Theories of Choice and Making Decisions; in: Society 1 (20); Seite 29–39
MAURER, J. 1993: Über die Methodik der Raumplanung; in: Strohschneider und von der Weth 1993; Seite 208–218
MAURER, J. 1998: Strategische und organisatorische Anforderungen zur Konkretisierung und Umsetzung von Leitbildern; in: Becker et al. 1998; Seite 72–80
MAYNTZ, R. 1976: Conceptual models of organisational decision-making and their application to the policy process; in: Hofstede, G.; Kassem, M. S. (Eds.) 1976: European contributions to organization theory; Assen: Van Gorcum; Seite 114–125
MCCLOSKEY, M. 1983: Intuitive physics; in: Scientific American, 24, 1983; Seite 122–130
MEYERSON, M.; BANFIELD, E. C. 1955: Politics, Planning, and the Public Interest. The Case of Public Housing in Chicago; London: The Free Press of Glencoe
MILL, J. S. 1859: On Liberty. In: Collected Works, Vol. XVIII; Toronto: University of Toronto Press, 1977
MILLER, G. A. 1981: Language and Speech; San Francisco: Freeman
MILLER, G. A.; GALANTER, E.; PRIBAM, K. K. 1960/1991: Strategien des Handelns, Pläne und Strukturen des Verhaltens; Stuttgart: Klett-Cotta (zweite Auflage) (Original 1960: Plans and Structure of Behavior)
MINSKY, M. 1975: A framework for representing knowledge; in: Winston, P. H. (Ed.) 1975: The psychology of computer vision; New York: McGraw-Hill
MITTELSTRASS, J. (Hrsg.) 1996: Enzyklopädie Philosophie und Wissenschaftstheorie (Band 4); Stuttgart, Weimar: Metzler
MÖLLER, K. P. 1999: Ist Nachhaltigkeit nur eine Worthülse?; in: Bild der Wissenschaft Nr.1 1999; Seite 12
MÖNNINGER, M. (Hrsg.) 1999: Stadtgesellschaft; Frankfurt am Main: Suhrkamp
MULLER, J. 1992: From survey to strategy: twentieth century developments in western planning method; in: Planning Perspectives. An International Journal of History, Planning and the Environment (7); Seite 125–155
MYERS, D.; KITSUSE, A. 2000: Constructing the Future in Planning: A Survey of Theories and Tools; in: Journal of Planning Education and Research, 19, Nr. 3 2000; Seite 221–231
NEISSER, U. 1979: Kognition und Wirklichkeit; Stuttgart: Klett-Cotta

NEWELL, A.; SIMON, H. A. 1972: Human Problem Solving; Englewood Cliffs: Prentice-Hall

NISBETT, R. E.; DECAMP WILSON, T. 1977: Telling More Than We can Know: Verbal Reports on Mental Processes; in: Psychological Review, Volume 84, Nr. 3, May 1977; Seite 231–259

NOZICK, R. 1974: Anarchy, State and Utopia; New York: Basic Books

ORTONY, A. 1975: Why metaphors are necessary and not just nice; in: Educational Theory 25, Nr. 1; Seite 45–53

PARSONS, T. 1949: The Structure of Social Action; Glencoe, Illinois: The Free Press

PATTON, C. V.; SAWICKI, D.S. 1993: Basic Methods of Policy Analysis and Planning; Englewood Cliffs: Prentice Hall (zweite Auflage)

PAULUS, J. 1994: Auf Gedanken-Fang; in: Spektrum der Wissenschaft 12/1994; Seite 112

PEATTIE, L. 1968: Reflections on Advocacy Planning; in: Journal of the American Institute of Planning (31) 4; Seite 331–338

PIAGET, J. 1967: The child's conception of the world; Totowa, NJ: Littlefield, Adams

PIAGET, J. 1970: Piaget's theory; in: Mussen, J. (Ed.) 1970: Carmichael's manual of child psychology (Vol.1); New York: Basic Books

PIAGET, J. 1974: Biologie und Erkenntnis. Über die Beziehungen zwischen organischen Regulationen und kognitiven Prozessen; Frankfurt: Fischer

PIAGET, J. 1976: Die Äquilibration der kognitiven Strukturen; Stuttgart: Klett

POPPER, K. 1987: Das Elend des Historizismus; Tübingen: Mohr

POULTON, M. C. 1991a: The case for a positive theory of planning. Part 1: What is wrong with planning theory?; in: Environment and Planning B: Planning and Design, 1991, Volume 18; Seite 225–232

POULTON, M. C. 1991b: The case for a positive theory of planning. Part 2: A positive theory of planning.; in: Environment and Planning B: Planning and Design, 1991, Volume 18; Seite 263–275

PYLYSHYN, Z. W. 1986: Computation and Cognition (Toward a Foundation for Cognitive Science); London: The MIT Press, Bradford Books

RAITH, E. 2000: Stadtmorphologie; Wien, New York: Springer

REASON, J. 1990: Human Error; Cambridge: University Press

REASON, J. 1994: Menschliches Versagen: psychologische Risikofaktoren und moderne Technologien; Heidelberg: Spektrum Akademischer Verlag

RECK, H. 1994: Umweltverträglichkeitsuntersuchung und Landschaftspflegerischer Begleitplan im Straßenbau: Entwicklung eines Handlungsrahmens zur Ermittlung und Beurteilung straßenbedingter Auswirkungen auf Pflanzen, Tiere und ihre Lebensräume; Stuttgart: Dissertation an der Fakultät für Architektur und Stadtplanung

RESCHER, N. 1998: Complexity; New Brunswick, New Jersey: Transaction Publishers

RICHARDSON, H. W. 1978: „Basic" Economic Activities in Metropolis; in: Leven, C. L. (Ed.) 1978: The Mature Metropolis; Lexington, Toronto

RIEDL, R. 1980: Biologie der Erkenntnis. Die stammesgeschichtlichen Grundlagen der Vernunft; Berlin, Hamburg: Paul Parey

RITTEL, H. 1970: Der Planungsprozess als iterativer Vorgang von Varietätserzeugung und Varietätseinschränkung; in: Institut für Grundlagen der Modernen Architektur (Hrsg.) 1970: Arbeitsberichte zur Planungsmethodik 4; Seite 17–31

RITTEL, H. 1972: On the Planning Crisis: Systems Analysis of the ‚First and Second Generations'; in Bedriftsøkonomen, No.8, October; Seite 390–396

RITTEL, H.; WEBBER, M. 1973: Dilemmas in a General Theory of Planning; in: Policy Sciences 4(2) June; Seite 155–169

RODI, F. 1992: Semiotik; in: Seiffert und Radnitzky 1992; Seite 297–301

ROS, A. 1989: Begründung und Begriff: Wandlungen des Verständnisses begrifflicher Argumentation; Band 1: Antike, Spätantike und Mittelalter; Hamburg: Felix Meiner

ROS, A. 1990a: Begründung und Begriff: Wandlungen des Verständnisses begrifflicher Argumentation; Band 2: Neuzeit; Hamburg: Felix Meiner

ROS, A. 1990b: Begründung und Begriff: Wandlungen des Verständnisses begrifflicher Argumentation; Band 3: Moderne; Hamburg: Felix Meiner

RUDOLPH, M. 2000: Eine kritische Betrachtung der nachhaltigen (Stadt-)Entwicklung; Stuttgart: Diplomarbeit am Institut für Grundlagen der Planung der Universität Stuttgart

RUMELHART, D. E. 1975: Notes on a schema for stories; in: Bobrow, D. G.; Collins, A. (Eds.) 1975: Representation and understanding: Studies in cognitive science; New York: Academic Press

RUMELHART, D. E. 1980: Schemata: The basic building blocks of cognition; in: Spiro, R.; Bruce, B.; Brewer, W. (Eds.) 1980: Theoretical issues in reading comprehension; Hillsdale, NJ: Lawrence Elbaum

RUMELHART, D. E.; ORTONY, A. 1977: The representation of knowledge in memory; in: Anderson, R. C.; Spiro, R. J.; Montague, W. E. (Eds.) 1977: Schooling and the acquisition of knowledge; Hillsdale, NJ: Lawrence Erlbaum

SALTZWEDEL, J. 1998: Karneval der Ideen; in: Der Spiegel Nr. 11 1998; Seite 210–213

SANDERCOCK, L. 1998: The Death of Modernist Planning: Radical Praxis for a Postmodern Age; in: Douglass, M.; Friedmann, J. (Eds.) 1998: Cities für Citizens. Planning and the Rise of Civil Society in an Global Age; Chichester, New York: John Wiley & Sons; Seite 163–184

SAUGA, M. 2000: Riesters Rententrick; in: Der Spiegel, 12/2000, Seite 28

SCHÄFER, M.; Schön, S. 2000: Nachhaltigkeit als Projekt der Moderne; Berlin: Edition Sigma

SCHANK, R. C. 1972: Conceptual dependency: A theory of natural language understanding; in: Cognitive Psychology, 3, 1972; Seite 552–631

SCHANK, R. C.; ABELSON, R. P. 1977: Scripts, plans, goals and understanding; Hillsdale, NJ: Lawrence Erlbaum

SCHELLING, T. C. 1978: Micromotives and Macrobehavior; New York: Norton

SCHIMANK, U. 1996: Theorien gesellschaftlicher Differenzierung; Opladen: Leske und Budrich

SCHLICKSUPP, H. 1992: Ideenfindung; Würzburg: Vogel

SCHNEIDER, B. 1998: Städtebauliche Leitbilder – Weltbilder, Trugbilder, Selbstbildnisse; in: Becker et al. 1998; Seite 124–134

SCHÖN, D. A.; REIN, M. 1994: Frame Reflection. Toward the Resolution of Intractable Policy Controversies; New York: Basic Books

SCHÖNWANDT, W. L. 1982: Hinweise der Sozialwissenschaften zur Wohnungsplanung; Bad Godesberg: Schriftenreihe „Bau- und Wohnforschung" des Bundesministers für Raumordnung, Bauwesen und Städtebau, 04.077

SCHÖNWANDT, W. L. 1986: Denkfallen beim Planen; Braunschweig: Vieweg

SCHÖNWANDT, W. L.; WASEL, P. 1997: Das semiotische Dreieck – ein gedankliches Werkzeug beim Planen; Teil I in: Bauwelt 1997 (88), Heft 19; Seite 1028–1042; Teil II in: Bauwelt 1997 (88), Heft 20; Seite 1118–1130

SCHÖNWANDT, W. L. 1999: Grundriss einer Planungstheorie der ‚dritten Generation'; in: DISP 136/137, April 1999 (35. Jahrgang); Seite 25–35

SCHÖNWANDT, W. L. 2000: Sieben Planungsmodelle; in: RaumPlanung 93, Dezember 2000; Seite 292–299

SCHROEDER-HEISTER, P. 1984: Kausalanalyse; in: Mittelstraß, J. 1984: Enzyklopädie Philosophie und Wissenschaftstheorie, Band 2; Mannheim: Bibliographisches Institut; Seite 371–372

SEIFFERT, H.; RADNITZKY, G. (Hrsg.) 1992: Handlexikon zur Wissenschaftstheorie; München: Deutscher Taschenbuch Verlag

SELLE, K. 1994: Expositionen. Materialen zur Diskussion um die Expo 2000; Dortmund: Vertrieb für Bau- und Planungsliteratur

SELLE, K. 1997: Planung und Kommunikation; in: DISP 129 (33); Seite 40–47

SENI, D .A. 1996: Planning Theory or the Theory of Plans?; in: Kuklinski, A. 1996: Production of Knowledge and the Dignity of Science; Warsaw (Warschau): Rewasz; Seite 147–159

SIEGWART, G. 1996: Systemtheorie; in: Mittelstraß 1996; Seite 190–194

SIGNER, R. 1994: Argumentieren in der Raumplanung; Zürich: Dissertation an der Eidgenössischen Technischen Hochschule Zürich

SIMON, H. A. 1947: Administrative Behavior; New York: Macmillan

SIMON, H. A. 1965: The Shape of Automation for Men and Management; New York: Harper & Row

SIMON, H. A. 1968: The Science of the Artificial; Cambridge, Massachusetts: MIT Press

SIMON, H. A. 1973: The Structure of Ill-structured Problems; in: Artificial Intelligence, Vol.4; Seite 181–201

SIMON, H. A. 1976: Administrative Behavior; New York: Free Press (3rd Edn.)

SOKAL, A.; BRICMONT, J. 1999: Eleganter Unsinn. Wie die Denker der Postmoderne die Wissenschaft missbrauchen; München: Beck

SOMMER, H. 1998: Projektmanagement im Hochbau; Berlin: Springer (zweite Auflage)

SOMMER, R. 1969: Personal Space – The Behavioral Basis of Design; Englewood Cliffs: Prentice Hall
SORENSEN, A. D. 1983: Toward a Market Theory of Planning; in: The Planner 69 (3); Seite 78–80
SORENSEN, A. D.; DAY, R.A. 1981: Libertarian Planning; in: Town Planning Review 52; Seite 390–402
SPAEMANN, R. 1992: Teleologie; in: Seiffert, H.; Radnitzky, G. 1992: Handlexikon der Wissenschaftstheorie; München: Deutscher Taschenbuch Verlag; Seite 366–368
STACHOWIAK, H. (Hrsg.) 1989: Pragmatik, Handbuch pragmatischen Denkens, Band III Allgemeine philosophische Pragmatik; Hamburg: Felix Meiner
STACHOWIAK, H. 1992: Planung; in: Seiffert und Radnitzky 1992; Seite 262–267
STEIN, N. L.; GLENN, C. G. 1979: An analysis of story comprehension in elementary school children; in: Freedle, R. (Ed.) 1979: Multidisciplinary perspectives in discours comprehension; Norwood, New Jersey: Ablex
STEGMÜLLER, W. 1983: Probleme und Resultate der Wissenschaftstheorie und Analytischen Philosophie. Band I: Erklärung – Begründung – Kausalität; Studienausgabe, Teil A, 2. Auflage; Berlin: Springer
STONE, D. A. 1988: Policy Paradox and Political Reason; Glenview: Scott Foresman
STRASSERT, G. 1995: Das Abwägungsproblem bei multikriteriellen Entscheidungsproblemen; Grundlagen und Lösungsansatz unter besonderer Berücksichtigung der Regionalplanung; Frankfurt am Main: Peter Lang
STROHMEYER, K. 1999: Kursbücher für das Chaos der Städte; in: Die Zeit, Nr. 41, 7. Oktober 1999; Seite 60
STROHSCHNEIDER, ST.; VON DER WETH, R. (Hrsg.) 1993: Ja, mach nur einen Plan. Pannen und Fehlschläge – Ursachen, Beispiele, Lösungen; Bern: Hans Huber
SÜSKIND, P. 1985: Das Parfüm. Die Geschichte eines Mörders; Zürich: Diogenes
TANK, H. 1987: Stadtentwicklung – Raumnutzung – Stadterneuerung; Göttingen: Vandenhoeck & Ruprecht
THIEL, CH. 1972: Grundlagenkrise und Grundlagenstreit; Meisenheim am Glan: Hain
THOMAS, M. J. 1982: The Procedural Planning Theory of A. Faludi; in: Paris, Ch. (Ed.) 1982: Critical Readings in Planning Theory; Oxford: Pergamon Press; Seite 13–25
THORNDYKE, P. W. 1977: Cognitive structures in comprehension and memory of narrative discourse; in: Cognitive Psychology; 9, 1977; Seite 77–110
TOULMIN, ST. 1972/1978: Kritik der kollektiven Vernunft; Frankfurt am Main: Suhrkamp 1978 (Original 1972: Human Understanding, Volume I, General Introduction and Part I: The Collective Use and Evolution of Concepts)
UEXKÜLL, J. VON 1928/1973: Theoretische Biologie; Frankfurt am Main: Suhrkamp (erste Auflage 1928)
UVF (Umlandverband Frankfurt) 1984: Flächennutzungsplan Erläuterungsbericht; Frankfurt am Main: Selbstverlag

VENTURI, M. 1998: Leitbilder? Für welche Städte?; in: Becker et al. 1998; Seite 56–70

VOIGT, A.; WALCHHOFER, H. P. (Hrsg.) 2000: Planungstheorie – Bebauungsplanung – Projektsteuerung; in: Schriftenreihe des Instituts für örtliche Raumplanung (IFOER), Technische Universität Wien, E268-3

VOLLMER, G. 1988: Was können wir wissen? Band 1. Die Natur der Erkenntnis; Stuttgart: Hirzel (zweite Auflage)

VOLLMER, G. 1993: Wissenschaftstheorie im Einsatz; Stuttgart: Hirzel

WARBURTON, N. 1996: Thinking from A to Z; London: Routledge

WEAVER, C.; JESSOP, J.; Das, V. 1985: Rationality in the public interest: notes towards a new synthesis; in: Breheny, M.; Hooper, A. (Eds.) 1985: Rationality in Planning; London: Pion

WEGENER, M. 1994: Operational Urban Models: State of the Art; in: Journal of the American Planning Association, Winter 1994, Volume 60, Number 1; Seite 17–29

WEIK, K. E. 1985: Der Prozeß des Organisierens; Frankfurt am Main: Suhrkamp

WEINERT, F. E.; GRAUMANN, C.F.; HECKKAUSEN, H.; HOFER, M. (Hrsg.) 1974: Pädagogische Psychologie, Band 1 und 2; Frankfurt am Main: Fischer

VON DER WETH, R. 1999: Design instinct? – the development of individual strategies; in: Design Studies 20 (5) 1999; Seite 453–463

WIENER, N. 1948/1968: Cybernetics; New York: Wiley; (deutsch 1968; Reinbek: Rowohlt)

WILDAVSKY, A. 1979: Speaking Truth to Power; Boston: Little Brown

WINKELMANN, U. 1998: Modelle als Instrument der räumlichen Planung; in: Akademie für Raumforschung und Landesplanung (ARL) (Hrsg.) 1998: Methoden und Instrumente räumlicher Planung; Hannover: Verlag der ARL; Seite 51–66

WINOGRAD, T.; FLORES F. 1989: Erkenntnis Maschinen Verstehen; Berlin: Rotbuch

WITTMANN, P. 2000: Vorstädte unschuldig an Blechlawine; in: bild der wissenschaft 8/200; Seite 106–107

YIFTACHEL, O. 1989: Towards a new typology of planning theories; in: Environment and Planning B: Planning and Design 16,1 (January); Seite 23–39

ZAHN, V. 1998: Leitbilder für Lübeck – Entwicklungsperspektiven für ein Weltkulturerbe; in: Becker et al. 1998; Seite 168–186

ZIMBARDO, PH. G. 1992: Psychologie; Berlin, Heidelberg, New York: Springer (fünfte Auflage)

ZOCHE, P. 2000: Auswirkungen neuer Medien auf die Raumstruktur; Karlsruhe: Fraunhofer Institut für Systemtechnik und Innovationsforschung

ZUMKELLER, D. 2000: Verkehr und Telekommunikation. Erste empirische Ansätze und Erkenntnisse; in: Jessen, J.; Lenz, B.; Voigt, W. (Hrsg.) 2000: Neue Medien, Raum und Verkehr. Wissenschaftliche Analysen und praktische Erfahrungen; Opladen: Leske und Budrich

ZWICKY, F. 1966: Entdecken, Erfinden, Forschen im morphologischen Weltbild; München: Knaur

www.kohlhammer-katalog.de

Michael Koch
Ökologische Stadtentwicklung
Innovative Konzepte für Städtebau,
Verkehr und Technik
2001. 205 Seiten mit zahlr. Abbildungen
Fester Einband/Fadenheftung. € 35,–
ISBN 3-17-014908-3

Die ökologische Stadtentwicklungsplanung wird angesichts wachsender globaler Umweltprobleme zu einer der wichtigsten Zukunftsaufgaben. Ökologische Ansätze sind an vielen Orten in unterschiedlicher Form entwickelt und realisiert worden; allerdings blieben diese räumlich oft sehr begrenzt und auf Detailfragen beschränkt. Dieses Buch erweitert die Perspektive auf das Gesamtsystem Stadt, seine Wirkung auf die Umwelt und die Möglichkeiten einer Ökologisierung der Stadtentwicklung.

W. Kohlhammer GmbH
70549 Stuttgart · Tel. 0711/7863 - 7280 · Fax 0711/7863 - 8430

www.kohlhammer-katalog.de

Paul Kuff
Tragwerke als Elemente der Gebäude- und Innenraumgestaltung
2001. 332 Seiten mit zahlr. Abbildungen
Fester Einband/Fadenheftung. € 39,80
ISBN 3-17-016006-0

Tragwerke sind unverzichtbar für jedes Gebäude. Sie sind aber auch Gestaltungselemente für Gebäude und Innenräume. In diesem Buch werden die konstruktiv-gestalterischen Entscheidungen verknüpft mit elementaren Kenntnissen des Tragverhaltens. In einer übersichtlich strukturierten Systematik werden die Grundtypen von Tragsystemen entwickelt und ihre spezifischen Gestaltungsformen dargestellt. Der Aufbau des Buches und die didaktische Konzeption orientieren sich an den Ausbildungserfordernissen für Architekten und Innenarchitekten.

W. Kohlhammer GmbH
70549 Stuttgart · Tel. 0711/7863 - 7280 · Fax 0711/7863 - 8430

MIX
Papier aus verantwortungsvollen Quellen
Paper from responsible sources
FSC® C105338

If you have any concerns about our products,
you can contact us on
ProductSafety@springernature.com

In case Publisher is established outside the EU,
the EU authorized representative is:
**Springer Nature Customer Service Center GmbH
Europaplatz 3, 69115 Heidelberg, Germany**

Printed by Libri Plureos GmbH
in Hamburg, Germany